Identifizierung von Innovationspotenzialen durch die Analyse von Produktnutzungsinformationen

Identification of Innovation Potential through the Analysis of Product Usage Information

Von der Fakultät für Maschinenwesen
der Rheinisch-Westfälischen Technischen Hochschule Aachen
zur Erlangung des akademischen Grades einer
Doktorin der Ingenieurwissenschaften
genehmigte Dissertation

vorgelegt von

Annika Kristin Schwarberg, geb. Becker

Berichter/in:

Univ.-Prof. Dr.-Ing. Dipl.-Wirt. Ing. Günther Schuh
apl. Prof. Dr.-Ing. Wolfgang Boos

Tag der mündlichen Prüfung: 26. Juni 2023

ERGEBNISSE AUS DER PRODUKTIONSTECHNIK

Annika Schwarberg

Identifizierung von Innovationspotenzialen durch die Analyse von Produktnutzungsinformationen

Herausgeber:
Prof. Dr.-Ing. T. Bergs
Prof. Dr.-Ing. Dipl.-Wirt. Ing. G. Schuh
Prof. Dr.-Ing. C. Brecher
Prof. Dr.-Ing. R. H. Schmitt

Band 23/2023

WZL | RWTHAACHEN UNIVERSITY

Fraunhofer IPT

Bibliografische Information der Deutschen Nationalbibliothek
Die Deutsche Nationalbibliothek verzeichnet diese Publikation in der Deutschen Nationalbibliografie; detaillierte bibliografische Daten sind im Internet über https://portal.dnb.de abrufbar.

Annika Schwarberg:

Identifizierung von Innovationspotenzialen durch die Analyse von Produktnutzungsinformationen

1. Auflage, 2023

Gedruckt auf holz- und säurefreiem Papier, 100% chlorfrei gebleicht.

Wissenschaftsverlag des Instituts für Industriekommunikation und Fachmedien an der RWTH Aachen
Steinbachstr. 25, 52074 Aachen
Internet: www.apprimus-verlag.de, E-Mail: info@apprimus-verlag.de

Druck: CPI Druckdienstleistungen GmbH, Ferdinand-Jühlke-Straße 7 I 99095 Erfurt

ISBN 978-3-98555-169-9

D 82 (Diss. RWTH Aachen University, 2023)

Vorwort

Die vorliegende Arbeit entstand während meiner Tätigkeit als wissenschaftliche Mitarbeiterin am Lehrstuhl für Produktionssystematik des Werkzeugmaschinenlabors WZL der RWTH Aachen. Diese Zeit wurde durch zahlreiche Personen geprägt, denen ich für ihre Unterstützung und die vielen bleibenden Erinnerungen von ganzem Herzen danken möchte.

Mein besonderer Dank gilt Herrn Professor Günther Schuh, meinem Doktorvater und Inhaber des Lehrstuhls für Produktionssystematik, für die Möglichkeit der Promotion sowie die vielen Gelegenheiten, gelerntes Wissen im Umfeld des RWTH Aachen Campus anwenden zu können. Weiterhin danke ich Herrn Professor Wolfgang Boos für die Übernahme des Koreferats.

Ich möchte mich herzlich bei Dr. Michael Riesener bedanken, der meine Begeisterung für das Innovationsmanagement während meiner Zeit als studentische Hilfskraft und meine Bewerbung als wissenschaftliche Mitarbeiterin durch seine offene und motivierende Art bekräftigt hat. Dr. Christian Dölle danke ich für die vielen inhaltlichen Diskussionen in der Anfangsphase meiner Promotionszeit und die stets ehrliche und gute Zusammenarbeit. Besonders bedanken möchte ich mich bei Dr. Maximilian Kuhn. Durch seine konstante Unterstützung insbesondere in der Endphase der Erstellung, die kritische Durchsicht der Arbeit und das offene Feedback hat er maßgeblich zum erfolgreichen Abschluss meiner Promotion beigetragen.

Neben der guten inhaltlichen Zusammenarbeit wird mir der freundschaftliche Zusammenhalt unserer Abteilung immer in Erinnerung bleiben. Ich danke meinen Kolleginnen und Kollegen für diese prägende und einzigartige Zeit. Insbesondere danke ich Christina Ruschitzka, Carsten Boßmann, Stefan Perau und Dr. Julian Kreß für die vielen konstruktiven, ehrlichen und lustigen Stunden während meiner Zeit als Leiterin der Gruppe Komplexitätsmanagement.

Ganz besonders danken möchte ich denjenigen Kolleginnen und Kollegen, die zu Freundinnen und Freunden wurden und für den nötigen Ausgleich auch in herausfordernden Zeiten gesorgt haben. Stellvertretend für viele möchte ich Isabelle Lürken,

Dr. Merle Jank, Dr. Johanna Ays, Dr. Alexander Menges, Michael Mendl-Heinisch, Dr. Carsten Fölling, Dr. Julian Kreß, Jonas Tittel und Hendrik Lauf nennen. Ich bin sehr dankbar dafür, dass unsere Verbindungen auch über die Institutszeit hinaus weiter bestehen bleiben.

Ich danke meinen Freundinnen Andrea, Giulia, Julie und Leonie für unsere bereits über Jahrzehnte bestehende Freundschaft und die unschätzbare liebevolle Unterstützung und Ermutigung in den Jahren meiner Promotion. Meiner Freundin Rebecca danke ich für die einzigartige Siegener Zeit und die unzählbaren lustigen Momente, die uns durch unser Bachelorstudium getragen haben und immer in meiner Erinnerung bleiben werden.

Von ganzem Herzen danke ich meiner Familie. Ich danke meinen Eltern Gisela und Stefan für ihren bedingungslosen Rückhalt und ihr Vertrauen während meines gesamten persönlichen und beruflichen Werdegangs. Meinen Brüdern Jan, Lars und Tim danke ich für unseren starken Zusammenhalt und die unzählbaren schönen Momente, seit ich denken kann. Die Gewissheit, auf Euch als Familie zählen zu können, hat mich durch viele anstrengende und herausfordernde Momente in den letzten Jahren getragen. Außerdem danke ich meiner Schwiegerfamilie Hilde, Andreas und Laura Schwarberg für den liebevollen Rückhalt und das stetige Mitfiebern in der Endphase der Erstellung dieser Arbeit.

Zuletzt gebührt der größte Dank Dir, Thommy, für Deine bedingungslose Liebe, Geduld und Unterstützung in den letzten Jahren. Ich bin stolz auf Dich und auf uns, dass wir diese Zeit zusammen gemeistert haben. Du und unsere Tochter Zoe seid das größte Geschenk für mich und ich freue mich auf alle weiteren Abenteuer mit Euch. Euch widme ich diese Arbeit.

Köln, im Juli 2023

Annika Kristin Schwarberg, geb. Becker

Zusammenfassung

Durch die steigende Wettbewerbsintensität sowie die zunehmende Bedeutung der ökologischen und ökonomischen Nachhaltigkeit ist es für Unternehmen des Maschinen- und Anlagenbaus entscheidend, die Effektivität und Effizienz ihrer Forschungs- und Entwicklungsaktivitäten zu steigern. Insbesondere im Innovationsmanagement gilt es, identifizierte Kundenbedürfnisse schnell und aufwandsarm in erfolgreiche Innovationen zu überführen. Dabei neigen die Unternehmen während der Entwicklung aufgrund mangelnder Kenntnis über tatsächliche Kundenbedürfnisse in der Nutzungsphase oft zu einem Over-Engineering von Produktfunktionen und deren Ausprägungen. Obwohl die Transformation von mechatronischen zu cyber-physischen Maschinen und Anlagen vermehrt einen Zugriff auf Informationen aus der Produktnutzungsphase ermöglicht, findet eine Ermittlung nutzenstiftender Innovationspotenziale basierend auf Erkenntnissen über die Produktnutzung häufig noch nicht statt. Eine fehlende Fokussierung der Entwicklungsaktivitäten resultiert dann in einer erheblichen Verschwendung materieller, zeitlicher und personeller Ressourcen.

Das Ziel dieser Dissertation besteht daher in der Entwicklung einer Methodik, welche die effektive und effiziente Identifizierung und Bearbeitung von Innovationspotenzialen durch die Analyse von Produktnutzungsinformationen unterstützt.

Die Methodik besteht aus vier Teilmodellen. Zunächst gilt es im ersten Teilmodell, die zu analysierende Produktnutzung strukturiert abzugrenzen und zu modellieren. Hierauf aufbauend dient das zweite Teilmodell dazu, den Informationsbedarf zur Beschreibung der Produktnutzung basierend auf den Möglichkeiten der Einflussnahme durch den Nutzer gezielt zu ermitteln. Im dritten Teilmodell werden die in der Entwicklung getroffenen Annahmen zur Produktnutzung als Nutzungshypothese formuliert und anhand aufgenommener Produktnutzungsinformationen überprüft. Ermittelte Abweichungen zwischen angenommener und realer Produktnutzung dienen im vierten Teilmodell zur Identifizierung von Innovationspotenzialen und zur Ableitung von Bearbeitungsempfehlungen für die Entwicklung.

Summary

Due to the increasing intensity of competition and the growing importance of ecological and economic sustainability, it is crucial for companies in the machinery and plant engineering sector to enhance the effectiveness and efficiency of their research and development activities. In innovation management in particular, the aim is to transform identified customer needs into successful innovations quickly and with minimal effort. During development, companies often tend to over-engineer product functions and their characteristics as a result of a lack of knowledge about actual customer needs in the usage phase. Although the transformation from mechatronic to cyber-physical machines and plants increasingly enables access to information from the product usage phase, the identification of beneficial innovation potential based on knowledge of product usage often does not yet take place. A lack of focus in development activities then results in a significant waste of material, time and human resources.

Therefore, the aim of this dissertation is to develop a methodology that supports the effective and efficient identification and processing of innovation potential by analysing product usage information.

The methodology consists of four sub-models. First, the product usage to be analysed has to be defined and modelled in a structured way in the first sub-model. Based on this, the second sub-model serves to specifically determine the information requirements for describing the product usage based on the possibilities of influence by the user. In the third sub-model, the assumptions of the product usage made in the development phase are formulated as a usage hypothesis and validated on the basis of recorded product usage information. In the fourth sub-model, innovation potential is identified based on deviations between assumed and actual product usage, and processing recommendations for development are derived.

Inhaltsverzeichnis

Verzeichnis der Abbildungen

Verzeichnis der Abkürzungen

BDA	Behavioural Design Approach
BOL	Beginning of Life
bspw.	beispielsweise
bzw.	beziehungsweise
CAD	Computer-Aided Design
CPM	Characteristics-Properties Modeling
CPS	Cyber-Physisches System
CPU	Central Processing Unit
CRM	Customer Relationship Management
d.h.	das heißt
DIN	Deutsches Institut für Normung
EOL	End of Life
ERP	Enterprise-Resource-Planning
FAS	Feedback-Assistenz-System
F&E	Forschung und Entwicklung
IoP	Internet of Production
IoT	Internet of Things
IPSS	Industrielle Produkt-Service-Systeme
ISO	International Organziation for Standardization
Max.	Maximum

MES	Manufacturing Execution Design
MIT	Massachusetts Institute of Technology
MOL	Middle of Life
MVP	Minimum Viable Product
NLP	Natural Language Processing
OEE	Overall Equipment Effectiveness
PKW	Personenkraftwagen
PLM	Product Lifecycle Management
PUI	Product Use Information
QFD	Quality Function Deployment
RNI	Redesign Necessity Index
RWTH	Rheinisch-Westfälische Technische Hochschule Aachen
SCP	Smart and Connected Products
SysML	Systems Modeling Language
UML	Unified Modeling Language
VDMA	Verein Deutscher Maschinen- und Anlagenbauer
vgl.	vergleiche
WZL	Werkzeugmaschinenlabor der RWTH Aachen

Verzeichnis der Formelzeichen

A	Zustandsautomat
A	gerichtete Kante eines Petri-Netzes
a_i	Produktionskoeffizient des Produktionsfaktors i
α	Signifikanz
°C	Grad Celsius
Ø	Durchschnitt
D_x	Differenz zwischen angenommener und tatsächlicher Ausprägung der Information x
$h(x_i)$	Häufigkeit des Wertes x_i
H_0	Nullhypothese
H_A	Alternativhypothese
I	endliche, nicht leere Menge von Eingaben eines Zustandsautomats
i	Produktionsfaktor
K	Stichprobenumfang
kg	Kilogramm
m	Meter
M_0	Anfangsmarkierung eines Petri-Netzes
m^3	Kubikmeter
μ_0	Erwartungswert
n	Stichprobengröße

P	Stellen von Petri-Netzen
Pa	Pascal
PN	Petri-Netz
Q	endliche, nicht leere Menge von Ausgaben eines Zustandsautomats
r	Korrelationskoeffizient nach BRAVAIS PEARSON
r_i	Faktoreinsatzmenge des Produktionsfaktors i
r_{x_1,x_2}	Korrelationskoeffizient zwischen den zwei Variablen x_1 und x_2
S	endliche, nicht leere Menge von Zuständen eines Zustandsautomats
s	Sekunde
s	Standardabweichung
s	Kovarianz zwischen zwei Variablen
s_0	Initialzustand eines Zustandsautomats
T	Transition eines Zustandsautomats
T	Transition eines Petri-Netzes
t	Nutzung
t	t-Wert
W	Kantengewicht eines Petri-Netzes
υ	Freiheitsgrad des Einstichproben-t-Tests
X	Ausbringungsmenge bei verschiedenen Faktoreinsatzmengen r_i
$\bar{x}$	Mittelwert einer Stichprobe von Produktnutzungsinformationen
x_t	Produktnutzungsinformation in der Nutzung t
X_1	statistisch unabhängige Variable
X_2	statistisch unabhängige Variable
x_{mod}	Modalwert einer Menge x

1 Einleitung

Die Produktentwicklung im Maschinen- und Anlagenbau steht gegenwärtig vor vielfältigen Herausforderungen. Wie in vielen anderen Branchen kann durch den Eintritt neuer Wettbewerber eine Zunahme der Wettbewerbsintensität festgestellt werden.[1] Insbesondere im Geschäft mit Serienmaschinen herrscht global eine massive Konkurrenz um Marktanteile. Der Preis der Maschinen sowie die technologische Kompetenz der Hersteller stellen hier die wichtigsten Entscheidungskriterien für Abnehmer dar. Im Bereich der Sondermaschinen gilt es für die Hersteller zusätzlich, sich durch qualitativ hochwertige, kundenspezifische Produkte von den Wettbewerbern zu differenzieren.[2] Gleichzeitig gewinnt die Nachhaltigkeit als neue Zielgröße auch im Maschinen- und Anlagenbau zunehmend an Bedeutung. So bewerten im Jahr 2019 über 54 % von 110 befragten Unternehmen, von denen 28 Unternehmen dem Maschinen- und Anlagenbau zugeordnet werden, ihre Nachhaltigkeitsaktivitäten als „überdurchschnittlich". Insbesondere im Innovationsbereich sind diese Aktivitäten stark verankert. Demnach geben über 58 % der Unternehmen an, dass in ihrer Innovationsstrategie konkrete Zielsetzungen zum Thema Nachhaltigkeit enthalten sind.[3] Diese Zielsetzungen können grundsätzlich in mehreren Dimensionen adressiert werden. Eine ökologische Dimension der Nachhaltigkeit kann im Innovationsmanagement vor allem durch die Vermeidung von Verschwendung berücksichtigt werden. Der Ressourceneinsatz ist entlang der gesamten Wertschöpfungskette der Maschinen zu minimieren.[4] Eine ökonomische Dimension der Nachhaltigkeit muss dazu beitragen, dass sich Unternehmen langfristig im Wettbewerb positionieren können. Dazu sind Maschinen gefordert, welche aus Kundensicht wettbewerbsfähig sind und gleichzeitig unter Berücksichtigung der Produktkosten entwickelt werden, sodass sie preiswert am Markt angeboten werden können.[5]

[1] Vgl. Schuh und Riesener (2018), Produktkomplexität managen, S. 3.
[2] Vgl. Branchendienst der Sparkassen-Finanzgruppe (2021), Branchenreport Maschinenbau 2021, S. 21.
[3] Vgl. Lang-Koetz und Schimpf (2019), Nachhaltigkeit im Innovationsmanagement, S. 2.
[4] Vgl. Schuh et al. (2021), Sustainable Innovation, S. 11f.
[5] Vgl. Schuh et al. (2021), Sustainable Innovation, S. 12.

Auf Basis der dargestellten Ausgangssituation gilt es, die Effektivität und Effizienz in der Forschung und Entwicklung (F&E) zu steigern.[6] Besonders im Kontext des Innovationsprozesses sind Unternehmen mehr denn je mit der Herausforderung konfrontiert, die Aktivitäten von der Ideenfindung bis hin zur Markteinführung möglichst schnell und mit minimalem Ressourceneinsatz bei gleichzeitig möglichst hoher Erfolgswahrscheinlichkeit zu durchlaufen.[7] So hat sich die schnelle Überführung eines identifizierten Kundenbedürfnisses in eine marktreife Lösung zu einem der wesentlichen Erfolgsfaktoren im Wettbewerb entwickelt.[8] Dabei werden Kundenbedürfnisse in Maschinen und Anlagen sowohl durch Funktionen als auch durch Eigenschaften dieser Funktionen, bspw. unterschiedliche Leistungswerte, erfüllt.[9] Entwicklungsaktivitäten bei insbesondere neuen Maschinen sind daher gezielt auf jene Produktfunktionen und ihre Eigenschaften auszurichten, welche einen positiven Einfluss auf die Erfüllung von Kundenbedürfnissen aufweisen.[10] Es gilt, eine gezielte Auslegung der Maschinen zu ermöglichen und damit zu verhindern, dass ihre Entwicklung im Sinne eines „Entwicklerquartetts", d.h. der maximal möglichen Auslegung der Funktionsumfänge, erfolgt.[11]

1.1 Motivation zur Arbeit

In der Einleitung wurde dargestellt, dass Aktivitäten in der F&E von Maschinen und Anlagen frühzeitig und gezielt auf jene Funktionsumfänge zu fokussieren sind, welche positiv zur Befriedigung von Kundenbedürfnissen beitragen. Hierfür ist sowohl das Wissen über die Bedürfnisse des Kunden[12] als auch die durchgängige Umsetzung der Bedürfnisse innerhalb der Maschinen essenziell.[13] Insbesondere hinsichtlich der späteren Produktnutzungsphase müssen Produktfunktionen und Funktionseigenschaften bereits so ausgelegt werden, dass sie in der Nutzung bestmöglich die Bedürfnisse des Kunden adressieren. Widersprüchlich hierzu besteht die Herausforderung, dass Unternehmen während der Produktentwicklung häufig noch keine Kenntnis darüber besit-

[6] Vgl. Schuh (2013), Lean Innovation, S. 7.
[7] Vgl. Gommel (2016), Transparenz über den Innovationsprozess mithilfe der Wertstromanalyse, S. 143.
[8] Vgl. Michels (2016), Vom Kunden zu Lastenheft, S. 170.
[9] Vgl. Krause und Gebhardt (2018), Methodische Entwicklung modularer Produktfamilien, S. 101.
[10] Vgl. Schuh et al. (2021), Sustainable Innovation, S. 4.
[11] Vgl. Schuh et al. (2021), Sustainable Innovation, S. 262.
[12] In dieser Arbeit wird aus Gründen der besseren Lesbarkeit das generische Maskulinum verwendet. Weibliche und anderweitige Geschlechteridentitäten werden dabei ausdrücklich einbezogen.
[13] Vgl. Schuh (2013), Lean Innovation, S. 8.

zen, welche Produktfunktionen der Kunde in der Nutzung tatsächlich in welcher Ausprägung benötigt. Während der Funktionsumfang in den meisten Maschinen stetig zunimmt, ist es nach wie vor Aufgabe des Entwicklers, diese vorauszudenken und auszuarbeiten.[14] Ebenso erweist sich auch eine Befragung zukünftiger Kunden nicht als zielführend, da auch diese meist noch nicht wissen, wie die Maschine im späteren spezifischen Anwendungsfall betrieben werden soll. Wird Feedback der Kunden aufgenommen und zur Fokussierung der Produktentwicklung – etwa bei der Optimierung einer nächsten Produktgeneration – verwendet, handelt es sich meist um unstrukturiertes und isoliertes Feedback von Händlern oder Servicepartnern, welches aus Garantiefällen, Reklamationen oder Produktrückrufen stammt.[15] Infolgedessen basieren Entwicklungsaktivitäten häufig auf Annahmen über Kundenbedürfnisse und die entsprechende Produktnutzung. Die fehlende Kenntnis über die spätere Produktnutzung und die gleichzeitig notwendige Fokussierung von Aktivitäten in der F&E führt oft dazu, dass Kundenbedürfnisse mit der Maschine nicht erfüllt werden. Stattdessen resultiert eine auf Annahmen basierende Produktentwicklung häufig in Fehlentwicklungen oder Over-Engineering.[16] Unter Over-Engineering wird verstanden, dass das Produkt über die Erfüllung der Kundenerwartungen hinaus noch eine Vielzahl weiterer Funktionen besitzt, die vom Kunden nicht honoriert werden und gleichzeitig das Produkt verteuern. Produktfunktionen sind hierbei entsprechend des technisch Möglichen maximal ausgestaltet, ohne damit die tatsächlichen Bedürfnisse in der Nutzung zu adressieren.[17] Als Resultat ist eine erhebliche Verschwendung materieller, zeitlicher und personeller Ressourcen zu verzeichnen.[18]

Mit dem Ziel, die Erfüllung von Kundenbedürfnissen während der Produktentwicklung regelmäßig und strukturiert zu validieren, haben sich im Maschinen- und Anlagenbau vielerorts agile Entwicklungsmethoden etabliert.[19] Ein Mehrwert agiler Methoden besteht in der Einbindung des Kunden in die Validierung von Produktumfängen zur gezielten (Weiter-)Entwicklung der Produkte während der Entwicklungsphase.[20] Angesichts der dargestellten Ausgangslage ist dabei problematisch, dass die Maschinen während der Entwicklung weder in ihrer Gesamtheit noch unter realen Nutzungsbedingungen validiert werden können. In der Konsequenz bedeutet dies, dass mit der agilen Produktentwicklung methodische Ansätze existieren, um Erkenntnisse

---

14 Vgl. Michels (2016), Vom Kunden zu Lastenheft, S. 164.

15 Vgl. Abramovici und Lindner (2011), Providing product use knowledge, S. 211.

16 Vgl. Schulte-Zurhausen (2014), Schulte-Zurhausen 2014, S. 75f.

17 Vgl. Schuh (2013), Lean Innovation, S. 39.

18 Vgl. Lunau (2013), Design for Six Sigma Toolset, S. 12.

19 Vgl. Hartel (2019), Projektmanagement, S. 137.

20 Vgl. Scholz et al. (2018), Praxishandbuch Nachhaltige Produktentwicklung, S. 221.

über die Maschinen und Kundenbedürfnisse in die Entwicklung einzubeziehen, obwohl diese Erkenntnisse zu dem Zeitpunkt nur in begrenztem Umfang generiert werden können. Die tatsächlichen Bedürfnisse des Kunden, welche erst während der Nutzungsphase durch die Analyse der Produktnutzung identifiziert werden können, finden durch den Einsatz agiler Entwicklungsmethoden allein noch keine Berücksichtigung.[21] Das enorme Potenzial zum Erkenntnisgewinn, welches aus Informationen über die Nutzung der Maschinen unter realen Bedingungen resultiert, wird gegenwärtig meist noch nicht ausgeschöpft. Dabei kann dieses Potenzial in zunehmendem Maße erschlossen werden: Durch den Wandel von Maschinen und Anlagen zu cyber-physischen Produkten wird der Zugriff auf Informationen aus der Nutzungsphase ermöglicht.[22] Durch die kontinuierliche Analyse der aktuellen Maschinen kann so bspw. die Optimierung hinsichtlich wenig genutzter, aber in der Entwicklung teurer Produktfunktionen, unterstützt werden.[23] Der beschriebene Sachverhalt wird in Abbildung 1-1 schematisch zusammengefasst.

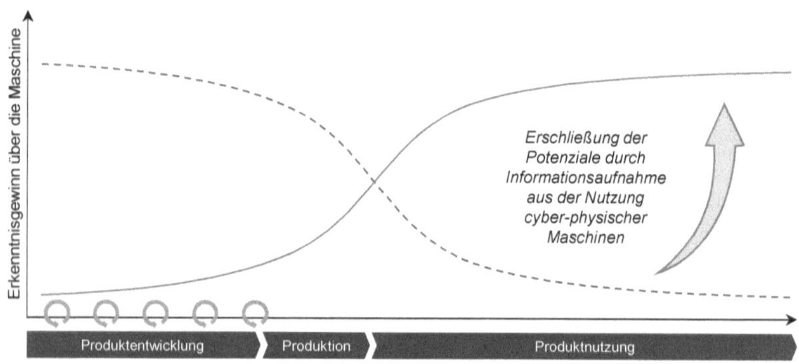

Legende

- - - - - Möglicher Erkenntnisgewinn über die Maschine ohne Berücksichtigung der realen Produktnutzung

——— Potenzieller Erkenntnisgewinn über die Maschine durch Analyse der Produktnutzung

Abbildung 1-1: Potenziale durch die Analyse von Informationen aus der Produktnutzung[24]

Informationen aus der Nutzungsphase können somit unter anderem dazu dienen, Erkenntnisse über die tatsächliche Nutzung von Produktfunktionen zu gewinnen und

[21] Vgl. Schuh et al. (2020), Always Beta - DevOps für cyber-physische Produkte, S. 116.

[22] Vgl. acatech - Deutsche Akademie der Technikwissenschaften (2011), Cyber-Physical Systems, S. 13.

[23] Vgl. Michels (2016), Vom Kunden zu Lastenheft, S. 167.; Schuh et al. (2020), Always Beta - DevOps für cyber-physische Produkte, S. 117

[24] In Anlehnung an Schuh et al. (2020), Always Beta - DevOps für cyber-physische Produkte, S. 117.

damit die Annahmen zur Produktnutzung, auf welchen die Entwicklung dieser Funktionen zunächst basieren muss, zu validieren. Weichen diese Annahmen von der tatsächlichen Nutzung der Maschinen ab, können die Erkenntnisse über die Bedürfnisse des Kunden in der Nutzung geschärft werden und Entscheidungen über mögliche Innovationen von Funktionsumfängen fundiert getroffen werden. Diese Entscheidungen bilden eine essenzielle Grundlage für Produktinnovationen und leisten damit einen erheblichen Beitrag zur gezielten Fokussierung der Entwicklungs- und Innovationsaktivitäten und zur Steigerung der ökologischen und ökonomischen Nachhaltigkeit im Maschinen- und Anlagenbau.

1.2 Zielsetzung der Arbeit

Das dargestellte Potenzial der Generierung von Erkenntnissen durch die Analyse von Informationen aus der Nutzung von Maschinen und Anlagen greift die vorliegende Arbeit auf. Das Forschungsziel besteht darin, Unternehmen des Maschinen- und Anlagenbaus zur Identifizierung von Potenzialen für Innovationen durch die Analyse von Produktnutzungsinformationen zu befähigen. Sie sollen dabei unterstützt werden, Entwicklungsaktivitäten derart zu steuern, dass kundenbedürfnisgerechte Innovationen generiert und gleichzeitig Ressourcenverbräuche zur Entwicklung nicht relevanter Produktfunktionen minimiert werden. Bei der auszuarbeitenden Methodik basiert die Analyse der Informationen hauptsächlich auf den Annahmen über die Produktnutzung, welche in der Entwicklung der Maschinen getroffen werden. Dies soll eine gezielte Ermittlung derjenigen Informationen ermöglichen, die für die Identifizierung der Innovationspotenziale benötigt werden. Als Grundlage dafür wird zunächst die Nutzungsphase modelliert sowie eine Nutzungshypothese formuliert, d.h. eine Hypothese darüber, wie die Maschinen und ihre Funktionen gemäß den Entwicklungsannahmen voraussichtlich genutzt werden. Dazu gilt es, die angenommene Produktnutzung derart zu definieren, dass daraus zunächst die relevanten Produktnutzungsinformationen abgeleitet und diese zur Identifizierung von Abweichungen zur tatsächlichen Produktnutzung verwendet werden können. Die Methodik unterstützt anschließend die systematische Ableitung von Innovationspotenzialen aus identifizierten Abweichungen und befähigt den Anwender durch Handlungsempfehlungen dazu, diese Potenziale in der Entwicklung strukturiert und gezielt zu bearbeiten.

Das Ziel des vorliegenden Forschungsvorhabens lässt sich zusammenfassend wie folgt formulieren:

Die **Zielsetzung** dieser Arbeit ist die Entwicklung einer Methodik zur Identifizierung und Bearbeitung von Innovationspotenzialen durch die Analyse von Produktnutzungsinformationen.

Zur Strukturierung des Forschungsprozesses und zur Eingrenzung des Betrachtungsbereichs, welcher sich aus der Zielsetzung und dem theoretischen Problem ergibt, empfiehlt KUBICEK die Formulierung von Forschungsfragen.[25] Für die vorliegende Arbeit wird die folgende Hauptforschungsfrage aus der zuvor dargestellten Zielsetzung abgeleitet:

Wie lassen sich Innovationspotenziale durch die systematische Beschreibung und Überprüfung von Nutzungshypothesen identifizieren und bearbeiten?

Aus der übergeordneten Forschungsfrage werden in Anlehnung an die obigen Ausführungen die folgenden Teilforschungsfragen abgeleitet:

- Wie lässt sich der Nutzungszyklus zur Identifizierung von Innovationspotenzialen beschreiben?
- Wie lässt sich der Informationsbedarf zur Beschreibung der Produktnutzung ermitteln?
- Wie lässt sich die angenommene Produktnutzung als ganzheitliche Nutzungshypothese formulieren und überprüfen?
- Wie lassen sich durch die Überprüfung der Nutzungshypothese Innovationspotenziale identifizieren und Bearbeitungsempfehlungen ableiten?

Diese formulierten Teilforschungsfragen definieren die Struktur dieser Arbeit und werden in Unterkapitel 4.3 zur Erarbeitung des Grobkonzeptes sowie in Unterkapitel 4.4 zur Ableitung von Teilmodellen verwendet.

[25] Vgl. Kubicek (1976), Heuristische Bezugsrahmen, 25.

Die folgenden Teilziele werden bei der Bearbeitung dieser Arbeit im Einzelnen angestrebt:

- Erarbeitung eines Beschreibungsmodells zur Beschreibung des Nutzungszyklus durch die Abgrenzung und Modellierung relevanter Nutzungszykluselemente
- Erarbeitung eines Erklärungsmodells zur Ermittlung des Informationsbedarfs für die Beschreibung und Analyse der Produktnutzung basierend auf dem modellierten Nutzungszyklus
- Erarbeitung eines Erklärungsmodells zur Definition der Nutzungshypothese und zur Ermittlung von Abweichungen zur realen Produktnutzung basierend auf Produktnutzungsinformationen
- Erarbeitung eines Vorgehensmodells zur Klassifizierung ermittelter Abweichungen sowie zur Identifizierung von Innovationspotenzialen und Ableitung geeigneter Bearbeitungsempfehlungen

Die Beantwortung der zuvor dargestellten Forschungsfragen erfolgt im Rahmen eines Forschungsprozesses. Dieser wird im Kontext der Forschungskonzeption im Folgenden beschrieben.

1.3 Forschungsmethodischer Ansatz der Arbeit

Die vorliegende Arbeit stellt das Ergebnis eines Forschungsprozesses dar. Dieser Prozess kann nach BINDER und KANTOWSKY mit einer Reise verglichen werden, auf welcher der Forschende neue Länder und Orte entdeckt, um diese für sich und die ‚scientific community' zu erschließen. Im Rahmen dieser „Forschungsreise" ist die Realisierung der Entdeckungen die wesentliche Aufgabe der Forschenden, wofür es sich sowohl mit der Erkenntnisperspektive, als auch mit der Methodologie des Erkenntnisprozesses auseinander zu setzen gilt.[26]

Zunächst soll die Erkenntnisperspektive näher beleuchtet werden. Die forschungsmethodische Grundlage für die vorliegende Dissertationsschrift bildet die Wissenschaftssystematik nach ULRICH und HILL. Die beiden Autoren betonen, dass die allgemeine Wissenschaftstheorie, welche ihren Ausführungen zugrunde liegt, keine scharf abgrenzbare oder geschlossene Disziplin mit gesicherten Resultaten darstellt. Zurückzuführen ist dies auf den nicht abgrenzbaren Wissenschaftsbegriff. Für diesen lässt sich

[26] Vgl. Binder und Kantowsky (1996), Technologiepotentiale, S. 3ff.

keine allgemeine Definition finden. Es lässt sich lediglich festhalten, dass sich wissenschaftliches Denken durch die „bewusste Bereitschaft zur ständigen, kritischen Überprüfung der Richtigkeit der getroffenen Ausnahmen auszeichnet".[27] Um dennoch eine Abgrenzung vorzunehmen, schlagen die Autoren eine systematische Aufgliederung nach Wissenschaftskategorien gemäß Abbildung 1-2 vor.

Abbildung 1-2: Kategorien der Wissenschaftssystematik nach ULRICH und HILL[28]

Demnach wird die Wissenschaft übergeordnet in die Kategorien der Formalwissenschaften und der Realwissenschaften unterteilt. Während die Formalwissenschaften auf die Konstruktion von Zeichensystemen abzielt und bspw. die Philosophie und die Mathematik umfasst, bemühen sich die Realwissenschaften um eine Beschreibung, Erklärung und Gestaltung der Wirklichkeit. Die Realwissenschaften werden weiter in die reinen Grundlagenwissenschaften und die angewandten Handlungswissenschaften aufgegliedert. Die reinen Grundlagenwissenschaften erklären empirische Wirklichkeitsausschnitte und fokussieren damit ein rein theoretisches Ziel. Sie umfassen Wissenschaften wie die Physik, die Biologie oder die Chemie. Die angewandten Handlungswissenschaften analysieren menschliche Handlungsalternativen und verfolgen damit ein praktisches Ziel. Zu ihnen werden die Psychologie oder die Betriebswirtschaftslehre gezählt.[29]

[27] Ulrich und Hill (1976), Wissenschaftstheoretische Grundlagen der Betriebswirtschaftslehre, S. 305.
[28] In Anlehnung an Ulrich und Hill (1976), Wissenschaftstheoretische Grundlagen der Betriebswirtschaftslehre, S. 305.
[29] Vgl. Ulrich und Hill (1976), Wissenschaftstheoretische Grundlagen der Betriebswirtschaftslehre, S. 305.

Die Motivation in Kapitel 1.1 sowie die Zielsetzung der Arbeit in Kapitel 1.2 zeigten bereits, dass die Entwicklung, Nutzung und Innovation technischer Produkte den Betrachtungsgegenstand der vorliegenden Dissertation darstellen. Sie ist somit den Ingenieurswissenschaften zuzuordnen, welche sich an der Schnittstelle zwischen den Grundlagen- und den Handlungswissenschaften einordnen. Diese Einordnung ist dadurch begründet, dass die Ingenieurswissenschaften zwar reale Probleme adressieren, bei der Problemlösung aber auf den Anspruch der Geschlossenheit und der vollkommenen Mathematisierung verzichtet wird und somit nicht von einer „reinen Theorie" gesprochen werden kann.[30] In Kapitel 3.1 werden die Herausforderungen und Defizite der Industrie hinsichtlich der effizienten Ableitung von Innovationspotenzialen aus der Produktnutzung vorgestellt. Diese wurden im Rahmen von Beratungstätigkeiten in der Industrie festgestellt und gaben den maßgeblichen Impuls für die Idee der vorliegenden Arbeit. Diese weist dadurch einen unmittelbaren Praxiszusammenhang auf. In Kapitel 1.2 wurde angedeutet, dass die zu entwickelnde Methodik den Anwendern verschiedene Innovationspotenziale und somit unterstützende Handlungsalternativen im Produktentwicklungsprozess aufzeigt. Gleichzeitig soll die Methodik ausschnittsweise mathematisiert werden, um die Anwendung reproduzierbar zu machen. Dies dient dem Anwender als Unterstützung und erhebt keinen Anspruch auf Vollständigkeit und Ausschließlichkeit. Die vorliegende Arbeit wird daher durch ihren handlungsorientierten Charakter den Handlungswissenschaften zugeordnet.

Nach der Definition der Erkenntnisperspektive folgt eine Erläuterung der Vorgehensweise entlang des Erkenntnisprozesses. Essenziell ist dabei u.a. die Überwindung von Subjektivitätsproblemen. Diese treten im Erkenntnisprozess häufig dadurch auf, dass aufgrund vorher erworbener Erfahrungen und Kenntnisse die Wirklichkeit nur selektiv wahrgenommen wird und dadurch Werturteile in den Forschungsprozess einfließen.[31] Nach KUHN hängt daher der Erkenntnisgewinn zum wissenschaftlichen Fortschritt in hohem Maße von der Orientierung an einem oder mehrerer allgemein anerkannter, zentraler Grundmodelle ab. Solche „Paradigmata" erfüllen u.a. das Kriterium der Allgemeinheit, indem sie Relevanz für eine große Objektmenge aufweisen.[32] Die Verwendung solcher Paradigmata unterstützt somit, die beschriebenen Subjektivitätsprobleme zu adressieren. Als Paradigmata können der faktororientierte Ansatz nach GUTENBERG, der entscheidungstheoretische Ansatz nach HEINEN sowie der systemtheoretische Ansatz nach ULRICH dienen. Der systemtheoretische Ansatz nach

30 Vgl. Ulrich und Hill (1976), Wissenschaftstheoretische Grundlagen der Betriebswirtschaftslehre, S. 308.

31 Vgl. Ulrich und Hill (1976), Wissenschaftstheoretische Grundlagen der Betriebswirtschaftslehre, S. 306.

32 Vgl. Kuhn (2001), Die Struktur wissenschaftlicher Revolutionen, S. 25.

ULRICH stellt einen interdisziplinären Ansatz dar, welcher „alle Gestaltungs- und Führungsprobleme von produktiven sozialen Systemen untersucht“[33], und sich damit besonders für Forschungsprozesse im Bereich der Ingenieurswissenschaften eignet. Der Ansatz nach ULRICH wird daher für die vorliegende Forschungsarbeit verwendet. Die einzelnen Schritte sind in Abbildung 1-3 dargestellt.

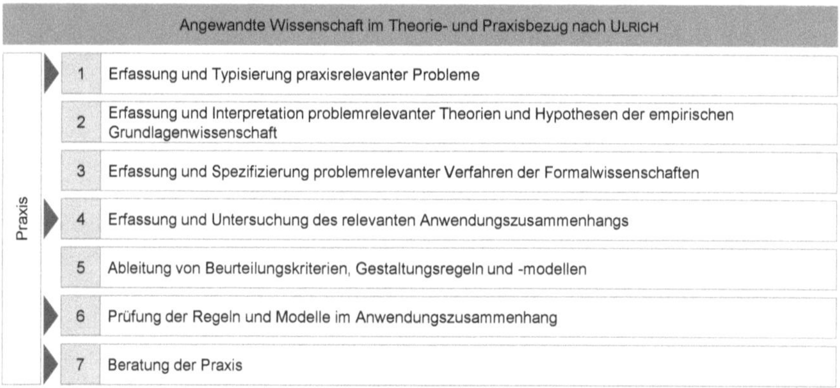

Abbildung 1-3: Schritte des Forschungsansatzes nach ULRICH[34]

In dem beschriebenen Ansatz beginnt der Forschungsprozess nicht im Theoriezusammenhang, sondern mit der Erfassung relevanter Probleme in der Praxis.[35] Dies wird in der vorliegenden Forschungsarbeit durch Erfahrungen aus den zahlreichen Forschungs- und Beratungstätigkeiten im Maschinen- und Anlagenbau realisiert, die von der Autorin als wissenschaftliche Mitarbeiterin am Lehrstuhl für Produktionssystematik des Werkzeugmaschinenlabors WZL der RWTH Aachen durchgeführt wurden. Um der geforderten Interdisziplinarität des Forschungsprozesses Rechnung zu tragen, erfolgt die anschließende Erfassung und Interpretation problemrelevanter Theorien und Verfahren durch eine umfassende Literaturanalyse in verschiedenen Forschungsgebieten. Die im sechsten Schritt geforderte Prüfung der Regeln und Modelle im Anwendungszusammenhang wird parallel zur Erarbeitung der Forschungsarbeit durch flankierende Forschungs- und Beratungsprojekte der Autorin adressiert. Die abschließende Validierung wird anhand eines detaillierten Fallbeispiels realisiert.

33 Ulrich und Hill (1976), Wissenschaftstheoretische Grundlagen der Betriebswirtschaftslehre, S. 308.
34 In Anlehnung an Ulrich (1984), Management, S. 193.
35 Vgl. Ulrich (1984), Management, S. 192.

1.4 Aufbau der Arbeit

Der vorgestellte Forschungsprozess nach ULRICH bildet die Grundlage für den inhaltlichen Aufbau dieser Arbeit. Dieser beginnt mit der Erfassung praxisrelevanter Probleme und der Erfassung entsprechender Theorien und Verfahren. Darauf basierend werden Modelle erarbeitet, welche anschließend im Anwendungszusammenhang validiert werden. In Abbildung 1-4 ist dieser Prozess dem Aufbau der Arbeit gegenübergestellt.

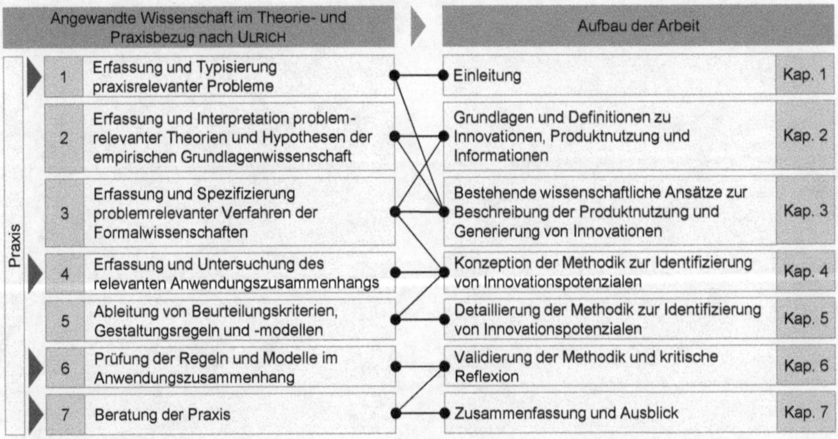

Abbildung 1-4: Aufbau der Arbeit[36]

Im ersten Kapitel wurde die Arbeit motiviert und in die Thematik eingeleitet sowie die Zielsetzung und der Aufbau der Arbeit erläutert. Anschließend werden im zweiten Kapitel relevante Grundlagen und Begrifflichkeiten beschrieben. Dabei wird insbesondere auf die Produktnutzung, den Innovationsbegriff sowie auf Informationen aus der Produktnutzung eingegangen. Das dritte Kapitel widmet sich der Ermittlung des Forschungsdefizits. Dazu werden Herausforderungen in der Praxis beschrieben sowie relevante bestehende Ansätze vorgestellt und anhand verschiedener Kriterien bewertet. Im vierten Kapitel erfolgt die Konzeption der Methodik zur Identifizierung von Innovationspotenzialen durch die Analyse von Informationen aus der Produktnutzung. Zunächst werden inhaltliche und formale Anforderungen an das Konzept dargestellt. Darauf aufbauend wird ein Grobkonzept der Methodik erarbeitet und in Form von vier Teilmodellen dargelegt. Die Ausarbeitung der vier Teilmodelle unter Berücksichtigung

[36] In Anlehnung an Ulrich (1984), Management, S. 193.

der definierten formalen und inhaltlichen Anforderungen erfolgt im fünften Kapitel. Dieses Kapitel bildet damit den Kern der vorliegenden Forschungsarbeit. Das sechste Kapitel dient der Validierung der ausgearbeiteten Methodik anhand eines Fallbeispiels in einem praktischen Anwendungskontext. Die Ergebnisse der Validierung werden kritisch reflektiert. Abschließend werden die Ergebnisse der Arbeit im siebten und letzten Kapitel zusammengefasst und es wird ein Ausblick auf weiteren Forschungsbedarf gegeben.

2 Grundlagen und Definitionen

Nachdem im vorherigen Kapitel die vorliegende Arbeit motiviert und die Zielsetzung sowie die Forschungskonzeption vorgestellt wurden, erfolgt nun die Erarbeitung der für die Arbeit relevanten Grundlagen und Definitionen. Die nachfolgenden Inhalte orientieren sich an der Zielsetzung der Arbeit, d.h. der Entwicklung einer Methodik zur Identifizierung und Bearbeitung von Innovationspotenzialen durch die Analyse von Informationen aus der Produktnutzung. Zunächst wird ein Verständnis für Innovationen und die Definition von Innovationspotenzialen im Rahmen dieser Arbeit geschaffen. Anschließend wird der Begriff des Produktes sowie der Produktnutzung im Kontext des Produktlebenszyklus von Maschinen und Anlagen definiert. Abschließend werden die Grundlagen zu Informationen und den Arten von Informationen, welche aus der Produktnutzung aufgenommen werden können, erarbeitet.

2.1 Innovationen

Im Folgenden wird ein Verständnis für den Innovationsbegriff im Kontext der vorliegenden Arbeit geschaffen. Anschließend wird daraus eine für diese Arbeit gültige Definition von Innovationspotenzialen abgeleitet.

2.1.1 Arten und Dimensionen von Innovationen

In der Wissenschaft sowie in der industriellen Praxis ist Innovation ein oft verwendeter Begriff, welcher einer genauen Festlegung bedarf, um Missverständnisse auszuschließen und klare Aufgaben zu bestimmen.[37] Zur Definition des Innovationsbegriffs existieren in der Literatur zahlreiche Ansätze, welche sich über die Jahrzehnte kontinuierlich weiterentwickelt haben. Im allgemeinen Sprachgebrauch ist unter einer Innovation zunächst eine Neuerung zu verstehen. Im unternehmerischen Kontext ist der Begriff der Innovation im Laufe der Jahre weiter geprägt worden. Bereits im Jahr 1939

[37] Vgl. Gaubinger (2009), Grundlagen des Innovations- und Produktmanagements, S. 5.

definierte SCHUMPETER Innovation als „doing things differently".[38] Diese sehr frühe Begriffsdefinition hebt damit vornehmlich die Neuartigkeit von Produkten und Prozessen im Vergleich zu dem Zustand vor der Innovation hervor. In den 60er Jahren wurde das bisher rein naturwissenschaftlich-technische Verständnis von Innovation durch eine betriebswirtschaftliche Sicht ergänzt. Dabei wurden Innovationen erstmals auch als neuartige Kombination von Zweck und Mitteln verstanden und die Unternehmen oder Organisationen damit als Träger der Innovation identifiziert. Zu Beginn der 80er Jahre wurde die Definition des Innovationsbegriffs um den Prozessaspekt von Innovationen ergänzt. Zudem wurde zu dieser Zeit vermehrt die Neuartigkeit von Innovationen als Wahrnehmungsproblem gesehen, welches die Einbeziehung von sozial-psychologischen Theorien in die Innovationsforschung anstieß. In den 90er Jahren schließlich wurde die enge industrielle Perspektive von Innovationen zugunsten einer post-industriellen Sicht abgelöst, in welcher vor allem Dienstleistungs- und Netzwerkinnovationen betrachtet werden.[39]

Diese Entwicklung des Innovationsbegriffs über die Jahrzehnte zeigt die Vielschichtigkeit des Begriffs. Festgehalten werden kann, dass Innovationen qualitativ neuartige Produkte oder Prozesse darstellen, welche sich gegenüber dem Zustand vor der Innovation merklich unterscheiden. Diese Neuartigkeit muss wahrgenommen werden können. Bestandteile einer Innovation können sowohl die „erstmalige technische Umsetzung als auch die neue Kombination bestehender wissenschaftlicher Erkenntnisse" sein. Beide Phänomene werden als Invention bezeichnet.[40] Das reine Hervorbringen dieser Invention genügt jedoch nicht.[41] Die Neuartigkeit einer Invention ist einer Innovation vorangestellt. Der Begriff Innovation bezeichnet die erfolgreiche Umsetzung einer Invention.[42]

Zur weiteren Differenzierung des Innovationsbegriffs im Kontext der vorliegenden Arbeit dienen die von HAUSCHILDT und SALOMO identifizierten fünf Dimensionen einer Innovation.

[38] Vgl. Schumpeter (1939), Business cycles, S. 80.
[39] Vgl. Hauschildt (2005), Dimensionen der Innovation, S. 25.
[40] Specht und Beckmann (2002), Specht et al. 2002, S. 13.
[41] Vgl. Hauschildt (2005), Dimensionen der Innovation, S. 25.
[42] Vgl. Schuh (2013), Lean Innovation, S. 11.

Demnach kann jede Innovation entsprechend ihrer spezifischen Ausprägungen innerhalb der fünf folgenden Dimensionen charakterisiert werden:[43]

- **Inhaltliche Dimension:** Bereich, auf welchen sich die Innovation erstreckt
- **Intensitätsdimension:** Grad der Innovationshöhe
- **Subjektive Dimension:** Adressatenkreis der Innovation
- **Prozessuale Dimension:** prozessualer Start- und Endpunkt der Innovation
- **Normative Dimension:** Messung des Erfolgs der Dimension

Die fünf Dimensionen werden nachfolgend detailliert beschrieben und dienen in Abschnitt 2.1.3 zur Schaffung eines Begriffsverständnisses für Innovationspotenziale im Kontext der vorliegenden Arbeit.

Die inhaltliche Dimension definiert den Bereich, auf welchen sich eine Innovation erstreckt. Dabei lassen sich verschiedene Arten von Innovationen unterscheiden. Als Prozessinnovation werden neuartige Faktorkombinationen bezeichnet, durch welche die Produktion eines bestimmten Gutes kostengünstiger, qualitativ hochwertiger, schneller oder sicherer erfolgen kann. Das Ziel von Prozessinnovationen ist demnach die Steigerung der Effizienz. Produktinnovationen hingegen fokussieren vielmehr den Verwertungsprozess am Markt. Sie bieten eine Leistung an, welche dem Nutzer erlaubt, neue Zwecke zu erfüllen oder vorhandene Zwecke auf eine neuartige Weise zu erfüllen.[44] Eine differenzierte Bestimmung des Innovationsinhalts lässt sich durch eine systemorientierte Sichtweise erreichen. Die kleinste Einheit in dieser Sichtweise stellen innovative Systemkomponenten dar. Sie bezeichnen innovative Teileinheiten, durch welche ein bestehendes Produkt ergänzt oder verbessert wird. Als innovative Systeme werden neuartige Produkte oder Prozesse bezeichnet, welche von Grund auf neu entwickelt werden. Auf oberster Ebene bezeichnen innovative Systemverbunde Vernetzungen von mehreren eigenständigen und neuartigen Systemen zu einer neuen Entität.[45]

Die Intensitätsdimension definiert den Grad der Innovation bzw. die Intensität der Neuerung.[46] Zur Bestimmung und Definition des Innovationsgrades existieren in der Literatur zahlreiche Ansätze. SCHLAAK schlägt sieben Faktoren vor, welche sich aus einer Befragung von 132 Unternehmen ergeben. Basierend auf diesen Faktoren be-

[43] Vgl. Hauschildt et al. (2016), Innovationsmanagement, S. 5f.
[44] Vgl. Hauschildt und Salomo (2007), Innovationsmanagement, S. 8.
[45] Vgl. Hauschildt und Salomo (2007), Innovationsmanagement, S. 10.
[46] Vgl. Hauschildt et al. (2016), Innovationsmanagement, S. 12.

stimmt er verschiedene Typen von Innovationen, von denen drei nachfolgend vorgestellt werden. Inkrementale Innovationen weisen im Durchschnitt über die sieben Faktoren den geringsten Neuheitsgrad auf. Radikale Innovationen werden als deutlich innovativer bewertet, insbesondere hinsichtlich der beiden Faktoren „Produkttechnologie“ und „Produktionsprozess“. Den dritten Innovationstyp stellen technische Diskontinuitäten dar. Diese weisen eine einseitige Orientierung auf den technischen Fortschritt unter Vernachlässigung des Faktors „Absatz“ auf.[47]

PLESCHAK expliziert dies in Form von fünf Innovationstypen, welche anhand des Neuheitsgrads der Innovationen definiert werden.[48] Basisinnovationen stellen die höchste Stufe der Innovation dar. Durch die Anwendung neuer Technologien bringen sie neuartige Wirkprinzipien hervor und führen damit zu völlig neuen Produktgenerationen oder Verfahren. Als Beispiele für Basisinnovationen werden häufig die Dampfmaschine oder, in späteren Jahren, der Mikroprozessor genannt, welche beide eine Vielzahl von Folgeinnovationen mit sich brachten. Einen geringeren Innovationsgrad als Basisinnovationen weisen sogenannte Verbesserungsinnovationen auf. Bei diesem Innovationstyp werden bei gleichbleibender Grundfunktion nur spezifische Nutzenparameter evolutionär verändert.[49] Anpassungsinnovationen passen bestehende Lösungen an spezifische Kundenwünsche an und weisen damit in der Regel einen geringen bis mittleren Innovationsgrad auf.[50] Einen geringen bzw. gar keinen Innovationsgrad weisen Imitationen und Scheininnovationen auf. Imitationen sind Nachentwicklungen von bereits in anderen Unternehmen existierenden Lösungen.[51] Scheininnovationen bezeichnen Veränderungen an Produkten oder Prozessen, welche keinen neuen Kundennutzen stiften.[52]

Zusätzlich zu den vorgestellten Typen von Innovationen definieren SALOMO ET AL. vier Merkmale, deren zunehmende Ausprägung zu einer Steigerung des Innovationsgrades führt (vgl. Abbildung 2-1).

---

[47] Vgl. Schlaak (1999), Der Innovationsgrad als Schlüsselvariable, S. 230.
[48] Vgl. Pleschak (1996), Innovationsmanagement, S. 4.
[49] Vgl. Vahs und Burmester (2005), Innovationsmanagement, S. 81.
[50] Vgl. Pleschak (1996), Innovationsmanagement, S. 4.
[51] Vgl. Hauschildt (2004), Innovationsmanagement, S. 69.
[52] Vgl. Vahs und Burmester (2005), Innovationsmanagement, S. 82.

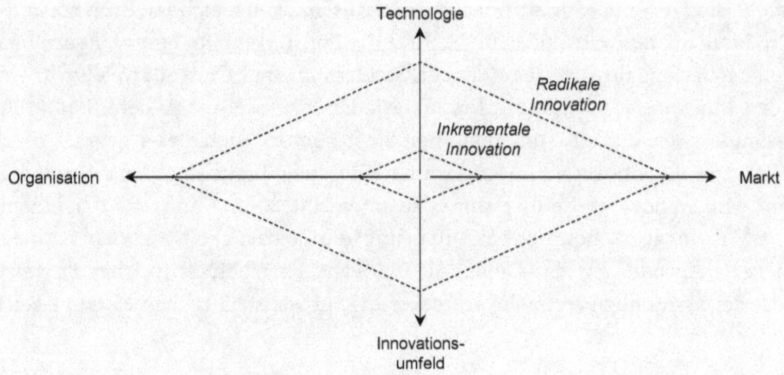

Abbildung 2-1: Merkmale des Innovationsgrades[53]

Zunächst beschreibt das Merkmal „Technologie" die technische Unsicherheit von Innovationsprojekten. Ist die für die Innovation erforderliche Technologie noch nicht vollständig vorhanden oder wurde bisher nicht benötigt, deutet dies auf einen hohen Innovationsgrad hin. Das Merkmal „Markt" beschreibt den Neuheitsgrad der durch die Innovation adressierten Kundenbedürfnisse. Sind diese neu bzw. bisher nicht befriedigt, kann die Innovation als radikal bezeichnet werden. Das Merkmal „Organisation" umfasst die durch die Innovation ausgelösten organisatorischen Veränderungen. Je höher das Ausmaß dieser Veränderungen ist, desto radikaler kann die Innovation eingeordnet werden. Zuletzt beschreibt das Merkmal „Innovationsumfeld" den Einfluss, welchen die Innovation auf das Umfeld nimmt. Sind diese als bedeutend zu bewerten, bspw. durch die Einführung neuer Vertriebsformen, so steigt entsprechend in diesem Merkmal der Innovationsgrad. Innovationen mit einem hohen Neuheitsgrad sind in den vier Merkmalen stark ausgeprägt. Produktverbesserungen oder -variationen hingegen weisen in den Merkmalen eine schwache bzw. mittlere Ausprägung auf.[54]

Die subjektive Dimension adressiert das sogenannte Wahrnehmungsproblem. Demnach ist es für die Bewertung von Innovationen von entscheidender Bedeutung, welches Subjekt diese Bewertung vornimmt. Zunächst kann sich eine Innovation auf einzelne Individuen beziehen. In der rein betrieblichen Sicht sind hier nach GERPOTT Führungskräfte des jeweiligen Unternehmens von besonderer Bedeutung, denn sie

[53] In Anlehnung an Gaubinger (2009), Grundlagen des Innovations- und Produktmanagements, S. 7.

[54] Vgl. Salomo et al. (2007), Dynamisches Schnittstellenmanagement radikaler Innovationsvorhaben, 228 f.

sind meist die Träger des Innovationsbewusstseins und kennzeichnen Projekte und deren Produkte als innovativ oder nicht.[55] Da die Führungskräfte eines Unternehmens nicht nur innerhalb ihres Systems denken, sondern in einer Umwelt, welche ihr Urteil über den Innovationsgehalt eines Produktes oder Prozesses prägt, hebt SCHNEEEWEIS die Bedeutung der industrieökonomischen Sicht hervor. Nach dieser gelten Produkte oder Prozesse als innovativ, wenn sie innerhalb einer Branche erstmalig eingeführt werden.[56] Einen noch größeren Rahmen spannen HAUSCHILDT und SALOMO, indem sie nach der national-ökonomischen Auffassung die Neuartigkeit auf den nationalen Raum beziehen oder gar das Objekt als innovativ bezeichnen, welches in der Geschichte der Menschheit erstmalig erfunden und zur wirtschaftlichen Nutzung geführt wird.[57]

Die prozessuale Dimension beleuchtet die Schritte des Prozesses, welcher letztlich zu einer Innovation führt. Dieser führt von einer Idee über eine Entdeckung und die entsprechende Forschung, welche ggfs. in einer Erfindung und ihrer Entwicklung mündet. Mit dem Verwertungsanlauf wird das neue Produkt in den Markt eingeführt oder das neue Verfahren in den Betrieb eingebracht. Den letzten Prozessschritt stellt die laufende Verwertung dar.[58] Der Begriff der Innovation kann danach differenziert werden, wie viele Stufen dieses Prozesses ein- oder ausgeschlossen werden. Unstrittig ist dabei, dass der Innovationsprozess mindestens die Phasen bis zum Verwertungsanlauf umfassen muss.[59]

Die normative Dimension beschreibt den Erfolgsgrad einer Innovation. Die Bemessung des Erfolgsgrads gestaltet sich allerdings sehr komplex. Zunächst wird in der Zielforschung des Innovationsmanagements darauf verwiesen, dass die Ziele von Innovationen in innovativen Situationen schwer zu bestimmen sind, nicht generalisiert werden können oder unterschiedlich gewichtet werden. Zudem ist die Beurteilung dessen, was eine erfolgreiche Verbesserung ist, je nach Interessenstandpunkt oder Weltanschauung des Betrachters höchst unterschiedlich. In einer engeren Perspektive könnte darauf verwiesen werden, dass der Maßstab für den Erfolg von Innovationen durch erzielte Gewinne, realisierte Umsätze oder bewirkte Kostensenkungen definiert werden

[55] Vgl. Gerpott (1999), Strategisches Technologie-und Innovationsmanagement, S. 47.

[56] Vgl. Schneeweis (2000), Das Innovations-und Investitionsverhalten von Unternehmen, S. 219.

[57] Vgl. Hauschildt und Salomo (2007), Innovationsmanagement, S. 25f.

[58] Vgl. Albach (1994), Culture and technical innovation: a cross-cultural analysis and policy recommendations, S. 80; Vgl. Song und Montoya-Weiss (1998), Critical development activities for really new versus incremental products, S. 126; Vgl. Cooper et al. (2002), Optimizing the stage-gate process, S. 45; Vgl. Billing (2013), Koordination in radikalen Innovationsvorhaben, 36 ff.

[59] Vgl. Hauschildt und Salomo (2007), Innovationsmanagement, S. 27.

kann. Da sich diese Indikatoren stets auf die Vergangenheit beziehen, erweisen auch sie sich als ungeeignet. Ob eine Innovation in der Vergangenheit erfolgreich war, ist für den Erfolgsgrad zukünftiger Innovationen irrelevant. Da dem Management von Innovationen zukunftsbezogenes Handeln zugrunde liegt, eignet sich die normative Dimension nicht zur sinnvollen Abgrenzung des Innovationsbegriffs.[60] Nach der Definition und Klassifizierung des Innovationsbegriffs wird im Folgenden der Innovationsprozess in produzierenden Unternehmen näher betrachtet.

2.1.2 Innovationsprozesse

Ein strukturierter Innovationsprozess spielt eine entscheidende strategische Bedeutung, da er eine wichtige Quelle für potenzielle Wettbewerbsvorteile darstellt. Insbesondere angesichts erhöhter Kundenanforderungen und der Dynamisierung des Wettbewerbs sind Fähigkeiten, welche es Unternehmen ermöglichen, neue oder verbesserte Produkte schnell und flexibel auf den Markt zu bringen, unerlässlich.[61]

Über die genaue Definition des Innovationsprozesses, insbesondere über seinen Start- und Endpunkt, herrscht in der Literatur Uneinigkeit.[62] Es ist dennoch möglich, einen groben Standardablauf für den Innovationsprozess zu identifizieren.[63] In der vorliegenden Arbeit wird übergreifend dem Verständnis von LITTKEMANN gefolgt, nach welchem die Innovation ein Prozess ist, der „von der Hervorbringen der Idee bis zu ihrer Verwertung reicht."[64] Der Startpunkt des Innovationsprozesses ist somit der Entschluss, „sich mit einem bisher nicht näher bekannten Gegenstand näher zu beschäftigen."[65] Auf diesen Entschluss folgen Forschungs- und Entwicklungsaktivitäten. Den Endpunkt des Innovationsprozesses bildet die Übergabe des Innovationsprojektes in die tägliche Routine der laufenden Verwertung.[66]

---

60 Vgl. Hauschildt und Salomo (2007), Innovationsmanagement, S. 28f.; Vgl. Hauschildt et al. (2016), Innovationsmanagement, S. 23.

61 Vgl. Möller und Schmälzle (2008), Messung und Steuerung im Innovationsprozess, S. 1.

62 Vgl. Brockhoff (1999), Forschung und Entwicklung, S. 38.

63 Vgl. Werner (2002), Messung und Bewertung der Leistung von Forschung und Entwicklung im Innovationsprozess, S. 22.

64 Littkemann (2005), Innovationscontrolling, S. 8.

65 Hauschildt und Salomo (2007), Innovationsmanagement, S. 26.

66 Vgl. Hauschildt und Salomo (2007), Innovationsmanagement, S. 27.

Dieser idealtypische Innovationsprozess wird, in Anlehnung an HAUSCHILDT und SALOMO, in Abbildung 2-2 dargestellt.

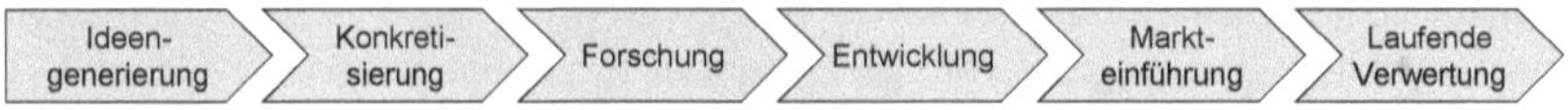

Abbildung 2-2: Innovationsprozess nach HAUSCHILDT und SALOMO[67]

Als Kernstück des Innovationsprozesses kann die F&E angesehen werden, in der durch planvolle und systematische Aktivitäten neues Wissen gewonnen oder bestehendes Wissen neuartig eingesetzt wird.[68] Das Ziel ist dabei, das so generierte Wissen für neue oder verbesserte Produkte bzw. für neue Anwendungsmöglichkeiten nutzbar zu machen.[69] Eine Erweiterung des Innovationsprozesses um verschiedene Managementperspektiven stellen MÖLLER ET AL. vor. Demnach werden die ersten Phasen des Innovationsprozesses von Aktivitäten des Technologiemanagements, genauer der unternehmensinternen und -externen Gewinnung von Wissen sowie der Verwertung von Wissen unterstützt. Die Phasen der Entwicklung, der Erfindung sowie der Markteinführung werden vom Innovationsmanagement im engeren Sinne begleitet. Dieses umfasst die erstmalige Einführung neuartiger Produkte oder Prozesse. Abschließend folgt das Management von Diffusionsprozessen, um die Neuerung zu verbreiten und um eine Akzeptanz zu erzeugen.[70]

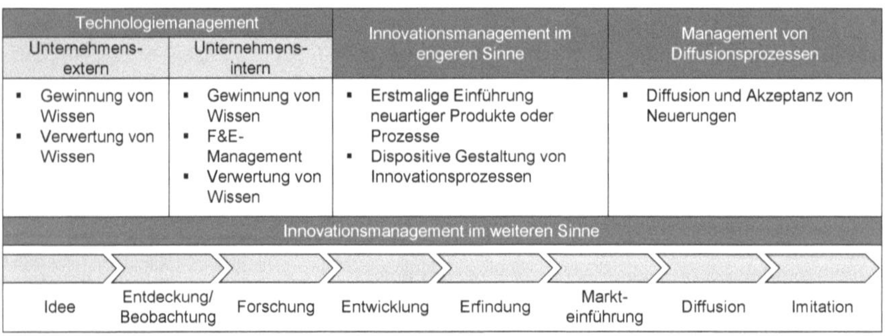

Abbildung 2-3: Innovationsprozess nach MÖLLER ET AL.[71]

[67] In Anlehnung an Möller und Schmälzle (2008), Messung und Steuerung im Innovationsprozess, S. 5.

[68] Vgl. Möller und Janssen (2009), Performance Measurement von Produktinnovationen, S. 89.

[69] Vgl. Brockhoff (1999), Forschung und Entwicklung, S. 48.

[70] Vgl. Albers et al. (2001), Technologie-und Innovationsmanagement, S. 22.

[71] In Anlehnung an Möller et al. (2011), Innovationscontrolling: Erfolgreiche Steuerung und Bewertung von Innovationen, S. 6.

Die Aktivitäten, welche durch die in dieser Arbeit zu entwickelnde Methodik unterstützt werden, lassen sich den frühen Phasen des Innovationsprozesses zuordnen. Es sollen Erkenntnisse darüber gewonnen werden, wie die Maschine genutzt wird und ob dies der erwarteten Nutzung entspricht. Daraus wird das Wissen abgeleitet, wie die Maschine im Rahmen der Produktentwicklung angepasst werden kann, um in der nächsten Produktgeneration die Bedürfnisse in der Nutzung noch besser zu adressieren. Eingeordnet in den dargestellten Innovationsprozess in Abbildung 2-2 werden somit vor allem die Phasen der Ideengenerierung, der Konkretisierung sowie der Forschung unterstützt. Dies entspricht den ersten drei Phasen in Abbildung 2-3, welche durch die unternehmensexterne und -interne Gewinnung und Verwertung von Wissen unterstützt werden.

Eine weitere Darstellungsform des Innovationsprozesses ist die Darstellung als Regelkreis. Diese stammt aus dem Innovationscontrolling, welches dazu dient, die Effektivität und Effizienz des Innovationsprozesses zu steuern. Die wichtigste Aufgabe in diesem Kontext ist die Auswahl, Messung und Analyse geeigneter Steuerungsinformationen, wodurch eine Steigerung der Effektivität und Effizienz ermöglicht werden soll.[72] Eine Möglichkeit, den Innovationsprozess als Regelkreis darzustellen, ist in Anlehnung an BROWN und SVENSON in Abbildung 2-4 dargestellt.

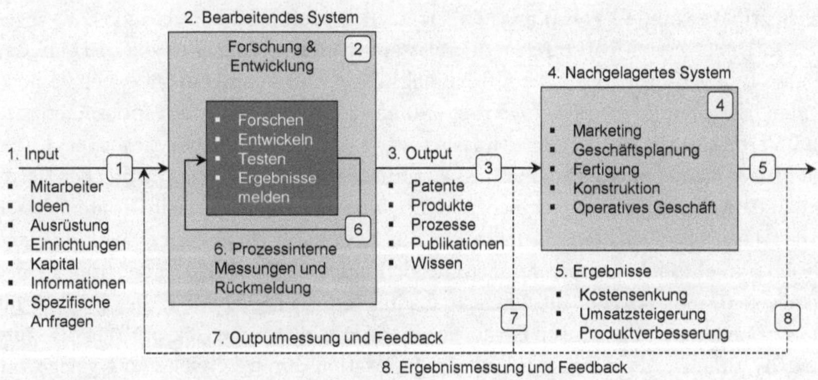

Abbildung 2-4: Innovationsprozess als Regelkreis nach BROWN und SVENSON[73]

[72] Vgl. Schuh (2012), Innovationsmanagement, S. 254.

[73] In Anlehnung an Brown und Svenson (1988), Measuring R&D Productivity, S. 12.

Im Innovationsprozess als Regelkreis nach BROWN und SVENSON stellen das bearbeitende und nachgelagerte System Regelstrecken dar. Hierbei wird ein Input wie bspw. neue Ideen im Bereich der F&E in einen Output wie bspw. Patente oder neue Produkte überführt. Dabei dienen prozessinterne Messungen und Rückmeldungen zur stetigen Verbesserung. Das nachgelagerte System verarbeitet den Output der F&E in werthaltige Ergebnisse für die Organisation. Im Regelkreis stellen Output und Ergebnisse Regelgrößen dar, welche es zu messen und zurückzuführen gilt. Die gemessenen Regelgrößen werden vom Innovationscontrolling mit den Soll-Vorgaben abgeglichen. Aus dem Abgleich müssen Schlüsse gezogen und regelnd in den Prozess eingegriffen werden, um Soll- und Ist-Wert anzugleichen.[74]

Auch in der vorliegenden Dissertation liegt der Kern der zu entwickelnden Methodik im übertragenen Sinne darin, Soll- und Ist-Werte abzugleichen und daraus Implikationen für die Generierung von Innovationen abzuleiten. Der Innovationsprozess als Regelkreis soll daher in Unterkapitel 4.1 als Grundlage für ein Zielbild der vorliegenden Arbeit dienen.

2.1.3 Innovationspotenziale

Aufbauend auf den Inhalten aus den Abschnitten 2.1.1 und 2.1.2 wird im Folgenden das Begriffsverständnis von Innovationspotenzialen definiert. Hinsichtlich der vorgestellten Dimensionen von Innovationen lassen sich die mit der Methodik zu generierenden Innovationspotenziale auf der inhaltlichen Ebene innovativer Systemkomponenten bzw. Funktionserfüllungen einordnen. Der Grad der Innovationspotenziale sind Verbesserungs- bzw. Anpassungsinnovationen, da bestehende Lösungen basierend auf den gewonnenen Erkenntnissen optimiert werden sollen. Entsprechend lässt sich die subjektive Dimension einordnen. Die Innovationspotenziale im Kontext dieser Arbeit beanspruchen keine Neuartigkeit aus national-ökonomischer Sicht, sondern dienen vornehmlich als Innovationen für die Käufer der Produkte in der Branche des Maschinen- und Anlagenbaus. Prozessual adressiert die Methodik in dieser Arbeit im Innovationsprozess die Phasen der Ideengenerierung durch die Überprüfung der Nutzungshypothese bis zur Entwicklung der Innovation durch Bereitstellung geeigneter Maßnahmen zur Bearbeitung der identifizierten Innovationspotenziale. Die Innovationspotenziale fließen demnach als Idee zur weiteren Konkretisierung in den Innovationsprozess ein. Im Kontext des Regelkreises dienen die Innovationspotenziale als Input für den Regelkreis, um im bearbeitenden System verwendet zu werden.

[74] Vgl. Brown und Svenson (1988), Measuring R&D Productivity, S. 11ff.; Schuh (2012), Innovationsmanagement, S. 254

Im Anschluss an die Definition von Grundlagen zu Innovationen wird im Folgenden die Produktnutzung näher beleuchtet.

2.2 Produktnutzung

Die Informationen, welche in der zu erarbeitenden Methodik als Grundlage für die Identifizierung von Innovationspotenzialen dienen, werden aus der Produktnutzung aufgenommen. In Unterkapitel 2.2 wird daher die Phase der Produktnutzung sowie ihre Charakteristika erläutert. Da die Produktnutzung in den Kontext des Maschinen- und Anlagenbaus eingebettet wird, ist eine initiale Definition des Produktbegriffs im Maschinen- und Anlagenbau essenziell.

2.2.1 Produkte im Kontext des Maschinen- und Anlagenbaus

Übergeordnet lassen sich Maschinen und Anlagen zunächst als technische Systeme definieren. Hierbei zählen technische Systeme nicht zu den natürlichen Systemen, sondern gemeinsam mit den soziologischen und den politischen Systemen zu den künstlich, vom Menschen erschaffenen Systemen.[75] Technische Systeme können wiederum in Produkte des Maschinenbaus, der Feinwerk- und Mikrotechnik, der Elektro- und Kommunikationstechnik sowie des Bauwesens gegliedert werden.[76] In all diesen Bereichen bedarf es der Ausführung verschiedener Tätigkeiten zur Befriedigung wesentlicher Bedürfnisse. Mit dem Ziel, diese Tätigkeiten möglichst bequem manuell ausführen zu können oder automatisch ausführen zu lassen, demnach also unmittelbar auf die Befriedigung der Bedürfnisse einzuzahlen, entwickelten sich sogenannte primäre technische Systeme. Für ihre wirtschaftliche Herstellung erzeugen diese wiederum einen Bedarf an sekundären technischen Systemen, wie Werkzeugmaschinen oder Anlagen zur Stahlerzeugung.[77] Maschinen und Anlagen lassen sich daher sowohl als primäre, als auch als sekundäre technische Systeme einordnen.

Nach FELDHUSEN und GROTE sind Maschinen und Anlagen als technische Gebilde zu verstehen, mit Hilfe derer technische Aufgaben gelöst werden. Darüber hinaus zeichnen sie sich dadurch aus, dass sie sich aus mehreren Einzelteilen oder Baugruppen zusammensetzen und Steuer- oder Überwachungseinheiten beinhalten.[78] Etwas abstrakter formuliert kann eine Maschine als ein Transformationssystem verstanden werden,

[75] Vgl. Koller (1994), Konstruktionslehre für den Maschinenbau, S. 20.
[76] Vgl. Koller (1994), Konstruktionslehre für den Maschinenbau, S. 21.
[77] Vgl. Koller (1994), Konstruktionslehre für den Maschinenbau, S. 6.
[78] Vgl. Feldhusen und Grote (2013), Pahl/Beitz Konstruktionslehre, S. 238.

welches durch Eingangs- (Input) und Ausgangsgrößen (Output) mit seiner Umgebung verbunden ist. Die Eingangs- und Ausgangsgrößen können in Form von Energie, Stoff oder Information vorliegen.[79] Dieser Definition schließt sich ebenso KOLLER an, der Maschinen als „technisches System zur Realisierung eines bestimmten Energie-, Stoff- und Informationsumsetzungsprozesses"[80] definiert. Darüber hinaus unterscheidet KOLLER zwischen Maschinen und Anlagen, indem Anlagen als technisches System definiert werden, welche aus mehreren Maschinen bestehen können.[81] Eine Maschine im Sinne der Systemtheorie kann selbst wiederum in beliebig viele Teilsysteme untergliedert werden, wodurch auf jeder Ebene der Abstraktion ein geeignetes System mit entsprechenden Eingangs- und Ausgangsgrößen betrachtet werden kann.[82] In dieser Arbeit werden im weiteren Verlauf aufgrund der vereinfachten Lesbarkeit häufig lediglich die Begriffe „Maschine" oder „Produkt" verwendet, wobei Anlagen stets einbezogen sein sollen.

Ein Begriff, welcher den Maschinen- und Anlagenbau seit den 1970er Jahren prägt, ist die Mechatronik. Der Begriff Mechatronik kann als Kunstwort betrachtet werden, welches sich aus den Begriffen Mechanik und Elektronik zusammensetzt. Er beschreibt mechanische Systeme, welche um elektronische Funktionen erweitert werden.[83] Seit der Einführung der Mikroprozessortechnik wird außerdem die Informationstechnik als weiterer Bestandteil mechatronischer Produkte betrachtet. Mechatronische Systeme zeichnen sich damit durch ein Grundsystem und die funktionale und/oder räumliche Integration von Sensoren, Aktoren und Informationsverarbeitung aus.[84] Dabei kann das Grundsystem aus mechanischen, chemischen, biologischen oder vergleichbaren physikalischen Strukturen bestehen. Durch die Sensorik werden Informationen über den Zustand des Grundsystems sowie über die Umgebung gesammelt und in Prozessoren verarbeitet. Entsprechend der Berechnungen werden die Aktoren angesteuert, um eine Reaktion auf den Zustand und die Umgebung hervorzurufen.[85] Der prinzipielle Aufbau der verschiedenen Komponenten sowie der Energie-, Stoff- und Informationsflüsse mechatronischer Systeme wird in Abbildung 2-5 dargestellt.

[79] Vgl. Hubka und Eder (1996), Design Science, S. 102.
[80] Vgl. Koller (1994), Konstruktionslehre für den Maschinenbau, S. 26.
[81] Vgl. Koller (1994), Konstruktionslehre für den Maschinenbau, S. 26.
[82] Vgl. Feldhusen und Grote (2013), Pahl/Beitz Konstruktionslehre, S. 238.
[83] Vgl. Gausemeier et al. (2018), Paradigma der Selbstoptimierung, S. 20f.
[84] Vgl. Verein Deutscher Ingenieure (2004), VDI 2206, S. 10.
[85] Vgl. Verein Deutscher Ingenieure (2004), VDI 2206, S. 10.

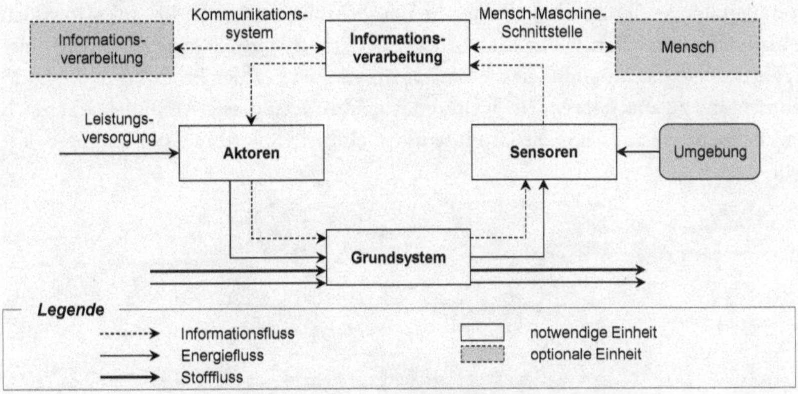

Abbildung 2-5: Grundstruktur eines mechatronischen Systems[86]

Der enorme Fortschritt im Bereich von Mikroprozessoren sowohl hinsichtlich ihrer Leistungsfähigkeit als auch in Bezug auf die Miniaturisierung der Prozessoren hat der Mechatronik neue Möglichkeiten eröffnet. Der Anteil an verbauter Informationstechnik in Maschinen und Anlagen nimmt stetig zu und macht sie so zu „intelligenten" mechatronischen Systemen.[87] Zusätzlich zur Befähigung zu einer intelligenten Maschine können noch weitere Potenziale durch die Integration von Kommunikations- und Konnektivitätstechnologien freigesetzt werden. Diese Technologien ermöglichen es, mechatronische Systeme nicht nur als in sich geschlossene intelligente Einheiten zu entwerfen, sondern sie darüber hinaus mit anderen, ebenfalls intelligenten Maschinen und Anlagen als Teil eines Netzwerkes zu verbinden. Durch die Erweiterung mechatronischer Systeme um den Faktor der Vernetzung werden sie zu sogenannten Cyber-Physischen Systemen (CPS).[88] CPS zeichnen sich gegenüber mechatronischen Systemen dadurch aus, dass sie „über digitale Kommunikationseinrichtungen untereinander sowie in globalen Netzen verbunden sind."[89] Mechatronische Systeme werden somit dazu befähigt, sowohl mit der physikalischen als auch der digitalen Welt zu interagieren.[90] Die dadurch entstehenden CPS bilden eine Schnittstelle der physischen Welt

---

[86] Vgl. Verein Deutscher Ingenieure (2004), VDI 2206, S. 14.

[87] Vgl. Herterich et al. (2015), Nutzenpotentiale cyber-physischer Systeme für industrielle Dienstleistungen 4.0, S. 668.

[88] Vgl. Herterich et al. (2015), Nutzenpotentiale cyber-physischer Systeme für industrielle Dienstleistungen 4.0, S. 668f.

[89] acatech - Deutsche Akademie der Technikwissenschaften (2011), Cyber-Physical Systems, S. 13.

[90] Vgl. acatech - Deutsche Akademie der Technikwissenschaften (2011), Cyber-Physical Systems, S. 13.

mit der digitalen Welt und ermöglichen die Entwicklung neuartiger Produkte in vielen verschiedenen Bereichen.[91] Für die vorliegende Arbeit sind CPS insofern von Relevanz, als dass sie die Möglichkeit bieten, Informationen aus der Produktnutzung aufzunehmen und zu analysieren. Die weiteren Ausführungen dieser Arbeit beziehen sich daher insbesondere auf CPS. Die Grundstruktur eines CPS wird in Abbildung 2-6 dargestellt.

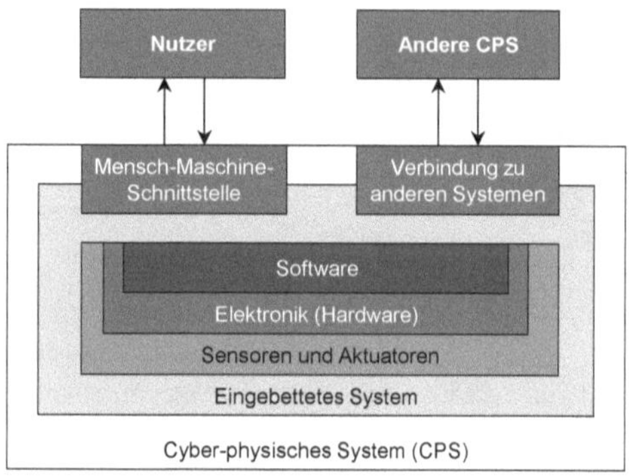

Abbildung 2-6: Struktur eines Cyber-Physischen Systems[92]

Wie vorangehend ausgeführt wurde, dienen Maschinen und Anlagen als primäre technische Systeme zur Erfüllung von Bedürfnissen. Um die Bedürfnisse adäquat erfüllen zu können, werden diverse Anforderungen an das Produkt gestellt, welche in der Produktentwicklung adressiert und in der Produktnutzung erfüllt werden müssen. Verschiedene Arten von Anforderungen lassen sich unterscheiden. Normative Anforderungen sind jene Anforderungen, welche zwangsläufig umgesetzt werden müssen, um das Produkt für den Markt zulassen zu können. Sie ergeben sich aus dem Anwendungsfall sowie der Produktumgebung. Die zu erreichende Güte des Produktes, meist in Form einer zulässigen Fehlerrate oder Ausfallwahrscheinlichkeit ausgedrückt, wird durch Qualitätsanforderungen definiert. Technologische Anforderungen ergeben sich aus dem Lösungskonzept, wie bspw. aus der Verwendung bestimmter Fertigungsverfahren.[93] Funktionale Anforderungen schließlich stehen meist im Zentrum der Ent-

[91] Vgl. Lee (2008), Cyber physical systems: Design challenges, S. 367.
[92] In Anlehnung an Broy (2010), Cyber-Physical Systems, S. 24.
[93] Vgl. Michels (2016), Vom Kunden zu Lastenheft, S. 183.

wicklung, da sie direkt die Funktionalität des Produktes adressieren und somit maßgeblich zur Erfüllung der Kundenbedürfnisse beitragen.[94] Sie stehen im Fokus der vorliegenden Dissertation. Da zur Erfüllung dieser Anforderungen Produktfunktionen notwendig sind, wird nachfolgend der Begriff der Produktfunktion geschärft und für diese Arbeit definiert.

Jedes technische Produkt dient dazu, eine übergeordnete Funktion zu erfüllen. Die Art der erfüllten Funktion ist dabei abhängig von der Art des Produktes sowie dem Kontext, innerhalb dessen das Produkt verwendet wird. In Anlehnung an FELDHUSEN und GROTE wird im Rahmen der vorliegenden Arbeit der Begriff „Funktion" zunächst als „Erfüllung einer technischen Aufgabe"[95] definiert. Die Erfüllung der Aufgabe wird durch die Herstellung eines allgemeinen und gewollten Zusammenhangs zwischen Eingang und Ausgang eines Systems realisiert.[96] EHRLENSPIEL präzisiert diese Beschreibung, indem er drei formale Elemente definiert, mit denen Funktionen beschrieben werden können. Abbildung 2-7 zeigt den formalen Aufbau einer Funktion aus Eingangs- und Ausgangsgrößen, welche auch Eigenschaften genannt werden. Die Operation bewirkt die Eigenschaftsänderung durch einen Funktionsträger.[97]

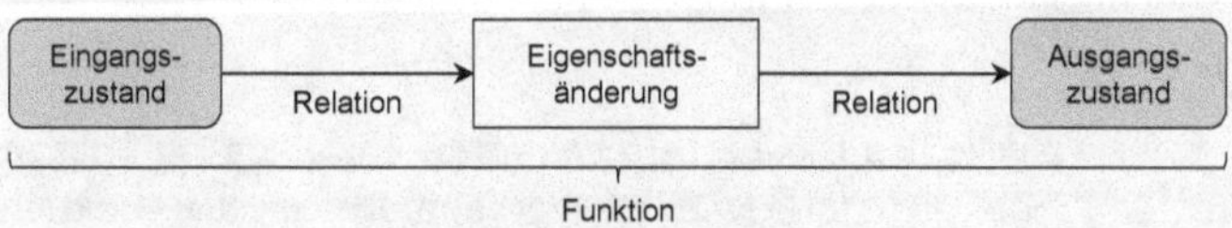

Abbildung 2-7: Elemente zur Beschreibung einer Funktion[98]

Aus der Literatur sind mit allgemeinen Funktionen und speziellen Funktionen zwei übergeordnete Ansätze bekannt, um Funktionen zu differenzieren. Allgemeine Funktionen sind nach der Substantiv-Verb-Beschreibungsform aufgebaut. Sie setzen sich aus den drei allgemeinen Größen Energie, Stoff und Information zur Beschreibung des Zustands sowie den Operationen, z.B. speichern, leiten, umformen, wandeln und verknüpfen, zusammen.[99] Die Funktionen, welche aus diesen Größen und Operationen zusammengesetzt sind, werden auch „allgemein anwendbare Funktionen" genannt.[100] Sind diese Funktionen auf einer solch abstrahierten Ebene beschrieben, dass sie sich

[94] Vgl. Michels (2016), Vom Kunden zu Lastenheft, S. 183.
[95] Vgl. Feldhusen und Grote (2013), Pahl/Beitz Konstruktionslehre, S. 242.
[96] Vgl. Feldhusen und Grote (2013), Pahl/Beitz Konstruktionslehre, S. 242.
[97] Vgl. Ehrlenspiel und Meerkamm (2013), Integrierte Produktentwicklung, S. 754.
[98] Vgl. Ehrlenspiel und Meerkamm (2013), Integrierte Produktentwicklung, S. 688.
[99] Vgl. Kartika (2010), Methodik zur Analyse des Baukastenpotentials bei bestehender Produktvielfalt, S. 46.
[100] Vgl. Reichle (o.J.), Konstruktionslehre, S. 22.

nicht in weitere Funktionen unterteilen lassen, wird von Elementarfunktionen gesprochen.[101] Spezielle Funktionen erweitern die allgemeinen Funktionen, indem sie die beschreibenden Substantive und Verbe nicht einschränken. So kann bei speziellen Funktionen jedes Substantiv und jedes Verb bei der Beschreibung des Zustands und der Operation einer Funktion verwendet werden.[102]

Eingangs wurde definiert, dass technische Gebilde zur Realisierung einer technischen Aufgabe dienen. Diese übergeordnete Aufgabe wird auf Funktionsseite durch die Gesamtfunktion erfüllt. Eine Gesamtfunktion lässt sich in vielen Fällen in erkennbare Teilfunktionen aufgliedern, welche Teilaufgaben innerhalb der Gesamtaufgabe entsprechen. Die sinnvolle Verknüpfung von Teilfunktionen zur Gesamtfunktion bildet die sogenannte Funktionsstruktur.[103] Eine Funktionsstruktur ist damit die „Beschreibung mehrerer logisch verknüpfter Funktionen, wie sie möglicherweise durch technische Systeme realisiert werden kann, um einen bestimmten Zweck zu erfüllen".[104] Die Funktionsstruktur fördert das Verständnis für die übergeordnete Aufgabe und macht einzelne Aspekte der Aufgabe sichtbar.[105] Alternativ zu einer hierarchischen Darstellung kann die Funktionsstruktur auch flussorientiert dargestellt werden. Hierbei werden die Beziehungen zwischen Funktionen in Form von Energie-, Stoff- und Signalflüssen abgebildet.[106]

Die Frage, welche physischen Produktbestandteile die einzelnen Funktionen erfüllen, beantwortet die Produktstruktur sowie ihre Verknüpfung mit der Funktionsstruktur in Form der Produktarchitektur.[107] Die Produktstruktur beschreibt die „physische Zusammensetzung des Produktes bestehend aus Baugruppen und diese wiederum aus Bauteilen beziehungsweise Komponenten."[108] Zwischen den Elementen der Produktstruktur bestehen physische Schnittstellen, wie bspw. die Verbindung von Komponenten über einen geschraubten Flansch, oder berührungslose Schnittstellen, wie bspw. Infrarotschnittstellen. Die Schnittstellen zwischen den physischen Elementen der Produktstruktur können Energie, Informationen oder Materie übertragen.[109] Die Produktarchitektur, welche die Funktions- und die Produktstruktur sowie ihre

[101] Vgl. Koller (1994), Konstruktionslehre für den Maschinenbau, S. 88.
[102] Vgl. Kartika (2010), Methodik zur Analyse des Baukastenpotentials bei bestehender Produktvielfalt, S. 46.
[103] Vgl. Feldhusen und Grote (2013), Pahl/Beitz Konstruktionslehre, S. 244.
[104] Koller (1994), Konstruktionslehre für den Maschinenbau, S. 88.
[105] Vgl. Feldhusen und Grote (2013), Pahl/Beitz Konstruktionslehre, S. 242.
[106] Vgl. Ulrich und Eppinger (2012), Product design and development, S. 122.
[107] Vgl. Schuh und Riesener (2018), Produktkomplexität managen, S. 91.
[108] Schuh und Riesener (2018), Produktkomplexität managen, S. 90.
[109] Vgl. Schuh und Riesener (2018), Produktkomplexität managen, S. 90.

Verknüpfungen umfasst, vermittelt damit sowohl eine funktionale als auch eine physische Perspektive auf das Produkt.[110] Der schematische Aufbau von Funktions- und Produktstruktur wird in Abbildung 2-8 dargestellt.

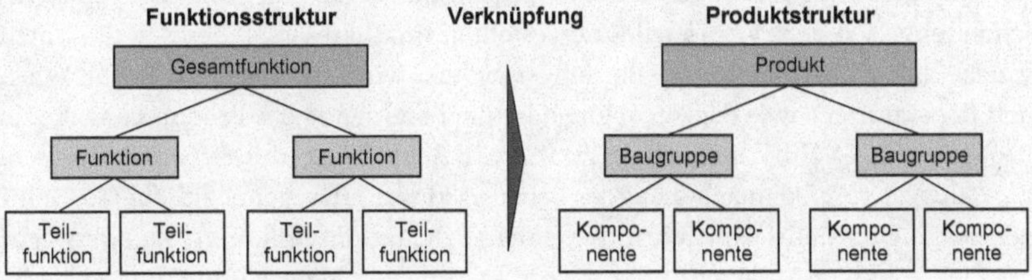

Abbildung 2-8: Verknüpfung von Funktions- und Produktstruktur zur Produktarchitektur[111]

Im Anschluss an die Definition des Produktbegriffs wird die Phase der Produktnutzung näher beleuchtet. Dazu wird die Produktnutzung in den Kontext des Produktlebenszyklus mit einem Fokus auf Maschinen und Anlagen eingeordnet. Anschließend wird die Produktnutzung weiter detailliert.

2.2.2 Produktnutzung im Kontext des Produktlebenszyklus

Zunächst wird der Begriff des Produktlebenszyklus erläutert. Nach FELDHUSEN und GROTE lässt sich zwischen dem betriebswirtschaftlichen, technologischen und intrinsischen Produktlebenszyklus unterscheiden. Der betriebswirtschaftliche Lebenszyklus wird durch die Dauer der Marktpräsenz eines konkreten Produktes eines Herstellers definiert und betrachtet wirtschaftliche Kenngrößen wie Umsatz bzw. Gewinn und Verlust.[112] Der technologische Produktlebenszyklus erstreckt sich auf eine Reihe zeitlich aufeinanderfolgender Produkte des gleichen Typs und bezieht sich so auf den zeitlichen Verlauf der Umsetzung einer technologischen Weiterentwicklung in einem Produkttyp. Die am häufigsten verwendete Definition des Produktlebenszyklusbegriffs ist der intrinsische Produktlebenszyklus. Dieser definiert die Abfolge von Situationen, welche das Produkt von der ersten Idee bis zu seiner Entsorgung nach der Nutzung durchschreitet.[113] Bei der folgenden Einordnung der Nutzungsphase wird auf den intrinsischen Produktlebenszyklus Bezug genommen.

[110] Vgl. Feldhusen und Grote (2013), Pahl/Beitz Konstruktionslehre, S. 255.
[111] In Anlehnung an Göpfert (1998), Modulare Produktentwicklung, S. 75.
[112] Vgl. Feldhusen und Grote (2013), Pahl/Beitz Konstruktionslehre, S. 296.
[113] Vgl. Feldhusen und Grote (2013), Pahl/Beitz Konstruktionslehre, S. 297.

Zum Zweck der Definition des Produktlebenszyklus und der entsprechenden Einordnung und Beschreibung der Produktnutzung existieren verschiedene Ansätze. Nach KOLLER beginnt der Lebenszyklus mit der Marktanalyse und der Produktplanung, woran sich die Konstruktion und die Entwicklung sowie die Fertigung und Montage anschließen. Nach dem Vertrieb des hergestellten Produktes geht dieses in die Nutzung, welche hier als Gebrauch bzw. Betrieb bezeichnet wird. Im Anschluss folgen Wartung und Reparaturen sowie das Recycling oder die Beseitigung des Produktes als Ende des Lebenszyklus.[114] Eine ressourcenorientiere Beschreibung des Lebenszyklus schlägt LANG-KOETZ vor. Demnach dient der Lebenszyklus für die „ganzheitliche Betrachtung von Produkten und Dienstleistungen sowie Produktionsverfahren" und verfolgt u.a. das Ziel, konkrete Ansatzpunkte zur Verringerung von Material- und Energieverbräuchen aufzuzeigen.[115] Nach diesem Ansatz beginnt der Lebenszyklus mit dem Abbau der erforderlichen Rohstoffe und der anschließenden Produktion einzelner Komponenten sowie des gesamten Produktes. Nach der Distribution geht das Produkt in die Nutzungsphase. Auch in diesem Ansatz endet der Lebenszyklus mit der Entsorgung oder dem Recycling.[116]

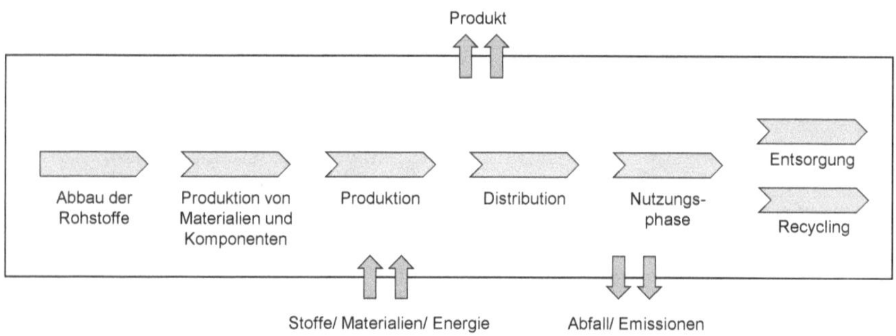

Abbildung 2-9: Produktlebenszyklus nach LANG-KOETZ[117]

Eine weitere und häufig verwendete Beschreibung des Produktlebenszyklus und Einordnung der Produktnutzung ist die Einteilung in drei übergeordnete Phasen. So teilen bspw. JUN ET AL. den Lebenszyklus in „Beginning of Life" (BOL), „Middle of Life"

[114] Vgl. Koller (1994), Konstruktionslehre für den Maschinenbau, S. 7.

[115] Lang-Koetz (2016), Neue Technologien als Befähiger für ressourceneffiziente Produkte, S. 61.

[116] Vgl. Lang-Koetz (2016), Neue Technologien als Befähiger für ressourceneffiziente Produkte, S. 61.

[117] In Anlehnung an Lang-Koetz (2016), Neue Technologien als Befähiger für ressourceneffiziente Produkte, S. 61.

(MOL) sowie „End of Life“ (EOL) ein und setzen diese mit der Produktentstehung, der Nutzung und der Entsorgung gleich.[118]

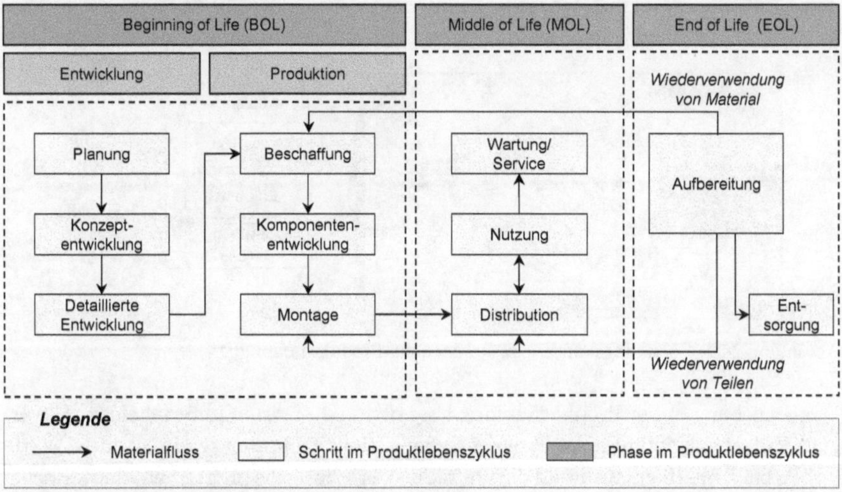

Abbildung 2-10: Produktlebenszyklus nach JUN ET AL.[119]

Nach WELLSANDT ET. AL beginnt die Phase MOL mit dem Verkauf des Produktes. Während dieser Phase wird das Produkt in verschiedenen Kontexten genutzt, gewartet, repariert und bei Bedarf durch Services ergänzt. Aufgrund dieser Aktivitäten kann sie auch als Nutzungsphase bezeichnet werden. Die Phase MOL endet demnach, wenn das Produkt die Bedürfnisse des Nutzers nicht mehr adäquat erfüllen kann.[120]

Die Produktnutzung lässt sich durch den Nutzungskontext strukturiert beschreiben. Gemäß DIN EN ISO 9241-11 setzt sich dieser aus dem Benutzer selbst, der Nutzungsumgebung, den aufgebrachten Ressourcen sowie den Zielen und Aufgaben der Nutzung zusammen. Im Zentrum dieser Strukturierung steht das Produkt, welches im beschriebenen Nutzungskontext bestmöglich gebrauchstauglich sein soll.[121] Gebrauchstauglichkeit wird dabei definiert als „das Ausmaß, in dem ein System, ein Produkt oder eine Dienstleistung durch bestimmte Benutzer genutzt werden kann, um in

[118] Vgl. Jun et al. (2007), Research issues on closed-loop PLM, S. 859.
[119] In Anlehnung an Jun et al. (2007), Research issues on closed-loop PLM, S. 859.
[120] Vgl. Wellsandt et al. (2015), Sources and characteristics of information about product use, S. 242.
[121] Vgl. Deutsches Institut für Normung e.V. (2018), DIN EN ISO 9241-11, S. 15.

einem bestimmten Nutzungskontext bestimmte Ziele effektiv, effizient und zufriedenstellend zu erreichen."[122] Nach DONG und LIU kann der Nutzungskontext ergänzt werden durch die Interaktion zwischen Benutzer und Produkt.[123] In Abbildung 2-11 wird der Nutzungskontext gemäß dieser beiden Definitionen zusammenfassend dargestellt.

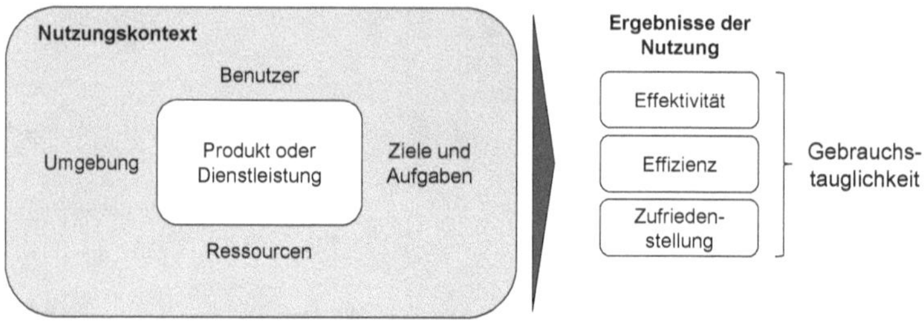

Abbildung 2-11: Nutzungskontext im Rahmen der Produktnutzung[124]

Die Umgebung in der Produktnutzung lässt sich in drei Arten unterscheiden. Die soziale Umgebung definiert Aspekte wie Organisationsstrukturen sowie Normen, Werte und Arbeitspraktiken, während die physische Umgebung die physischen, thermischen, akustischen und visuellen Bedingungen in der Nutzung umfasst. Die technische Umgebung besteht aus denjenigen Komponenten, welche die Nutzung des Produktes ermöglichen und schließt üblicherweise den Zugang zu Ressourcen wie Energie und Informationsverbindungen ein.[125] Die Ziele der Produktnutzung stellen die zu erreichenden Ergebnisse dar. Sie sind unabhängig von den Mitteln zu betrachten, welche für ihre Erreichung genutzt werden. Diejenigen Aktivitäten, welche zur Erreichung der Ziele durchgeführt werden, sind als Aufgaben definiert. Als Ressourcen gelten jegliche wiederverwendbaren und sich verbrauchenden Mittel, welche für die Erreichung der definierten Ziele eingesetzt werden müssen.[126] Als Benutzer wird diejenige Person bezeichnet, welche mit dem Produkt oder der Dienstleistung interagiert. Eine Benutzergruppe stellt eine Untergruppe der vorgesehenen Benutzer des Produktes dar, welche anhand ihrer Merkmale, Aufgaben oder Umgebungen abgegrenzt werden kann.[127]

[122] Deutsches Institut für Normung e.V. (2018), DIN EN ISO 9241-11, S. 15.
[123] Vgl. Dong und Liu (2017), A research of multisensory user experience indicators, S. 753.
[124] In Anlehnung an Deutsches Institut für Normung e.V. (2018), DIN EN ISO 9241-11, S. 15.
[125] Vgl. Deutsches Institut für Normung e.V. (2018), DIN EN ISO 9241-11, S. 27.
[126] Vgl. Deutsches Institut für Normung e.V. (2018), DIN EN ISO 9241-11, S. 22.
[127] Vgl. Deutsches Institut für Normung e.V. (2018), DIN EN ISO 9241-11, S. 10.

In den Abschnitten 2.2.1 und 2.2.2 wurden die Charakteristika von Maschinen und Anlagen sowie die Produktnutzungsphase im Kontext des Produktlebenszyklus beschrieben. In der zu entwickelnden Methodik wird relevant sein zu analysieren, wie die Maschinen und Anlagen im Kontext ihrer Charakteristika während ihrer Nutzung verwendet werden (vgl. Unterkapitel 1.2). Hierzu gilt es zunächst, die Produktnutzung zu beschreiben. Es existieren bereits verschiedene Ansätze zur einheitlichen Beschreibung zur Modellierung der Produktnutzung, welche im Folgenden vorgestellt werden sollen.

2.2.3 Ansätze zur Modellierung der Produktnutzung

Die Vorstellung ausgewählter bestehender Modellierungsansätze bildet die Grundlage für die Bewertung hinsichtlich ihrer Eignung für eine Modellierung der Produktnutzung im Rahmen der Methodik zur Identifizierung von Innovationspotenzialen (vgl. Abschnitt 5.1.2.1). Unter diversen geprüften Ansätzen wird im Folgenden der Fokus auf Zustandsautomaten, Petri-Netze, UML sowie CONSENS gelegt, da diese zu den gängigsten Ansätzen gehören und das Verhalten von Systemen, auch unter externen Einflüssen, detailliert abbilden. Gleichzeitig sind diese Ansätze derart generisch, dass sie sich potenziell für eine Applikation auf das Verhalten von Maschinen und Anlagen während der Produktnutzung eignen. Ansätze, welche bereits auf spezifische Produkte oder Anwendungsfälle übertragen wurden, werden an dieser Stelle nicht fokussiert, sondern werden in Abschnitt 3.2.2 betrachtet.

Zustandsautomaten

Zustandsautomaten (auch endliche Automaten bzw. „state machines" genannt) modellieren ein Objekt im Sinne der objektorientierten Theorie, welches über diverse Zustandsübergänge verschiedene Zustände annehmen kann.[128] Ein Zustandsautomat beschreibt „das Verhalten eines Objektes im Zeitablauf, indem die Lebenszyklen von Objekten mit den verschiedenen möglichen Objektzuständen und den Zustandsübergängen modelliert werden."[129] In den folgenden Ausführungen wird der Fokus auf Verhaltenszustandsautomaten gelegt, welche die Modellierung von diskretem Verhalten durch endliche Automaten abbilden. Der Begriff „Verhalten" meint hierbei das Durchqueren eines Graphen von Zustandsknoten, wobei diese durch eine oder mehrere Übergangskanten verbunden sind und das Durchqueren durch die Aktivierung einer Serie von Ereignissen gesteuert wird.[130]

128 Vgl. Staud (2010), Unternehmensmodellierung, S. 285.

129 Rumbaugh et al. (2005), The Unified Modeling Language Reference Manual, S. 665.

130 Vgl. Staud (2010), Unternehmensmodellierung, S. 285.

Verhaltenszustandsautomaten modellieren verschiedene Elemente, welche in Abbildung 2-12 zusammengefasst werden. Zunächst wird das Objekt modelliert, dessen verschiedene Zustände betrachtet werden. Das Objekt kann auch aus verschiedenen Objekten zusammengesetzt sein, weshalb die klare Definition des Objekts relevant ist. Die Gesamtheit der Zustände, welche das Objekt durchläuft, wird häufig als Lebenszyklus bezeichnet. Der Übergang von einem Zustand zu einem anderen wird als Transition definiert. Von einem Zustand aus können auch mehrere alternative Zustände erreicht werden, d.h. es kann von einem bestimmten Zustand aus verschiedene Transitionen geben. Eine Zustandsänderung wird immer durch ein Ereignis ausgelöst, welches zu einem bestimmten Zeitpunkt eintritt und selbst keine Zeit in Anspruch nimmt. Das Ereignis und der Objektzustand zum Zeitpunkt des Ereignisses bestimmen, welche Zustandsänderung eintritt.[131]

Zustandsautomaten werden grafisch in Form von Zustandsübergangsdiagrammen dargestellt. Im Wesentlichen bestehen diese aus einem Startzustand, verschiedenen Zuständen des Objekts, Transitionen sowie einem oder mehreren Schlusszuständen. Durch einen Operator kann zudem ein „exklusives Oder“ ausgedrückt werden, wenn von einem Zustand zu mehreren alternativen Zustandsübergängen übergegangen werden kann. Es ist dabei nicht immer zwingend notwendig, alle drei Elemente am Pfeil anzugeben.[132]

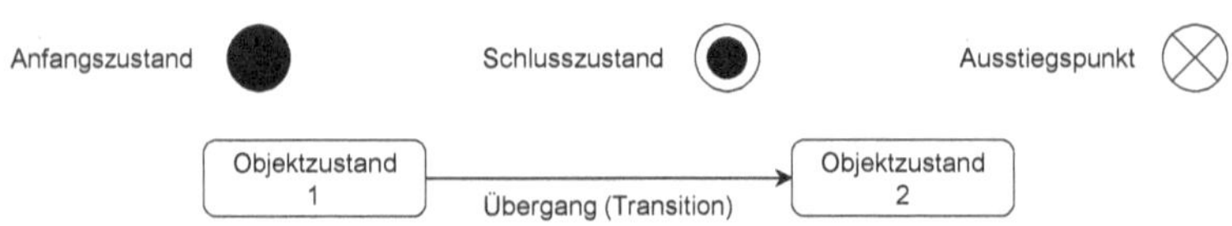

Abbildung 2-12: Elemente zur Beschreibung von Zustandsautomaten[133]

Mathematisch werden Zustandsübergangsdiagramme und deren Elemente durch ein sogenanntes Quintupel beschrieben:[134]

$$A = \{S, I, Q, T, s_0\} \quad (2.1)$$

[131] Vgl. Staud (2010), Unternehmensmodellierung, S. 287.

[132] Vgl. Staud (2010), Unternehmensmodellierung, S. 287.

[133] In Anlehnung an Staud (2010), Unternehmensmodellierung, S. 287ff.

[134] Vgl. König (2003), Protocol Engineering, S. 122.

Hierbei benennt S eine endliche, nicht leere Menge von Zuständen, I eine endliche, nicht leere Menge von Eingaben, Q eine endliche, nicht leere Menge von Ausgaben, T eine Zustandsüberführungsfunktion bzw. Transition und s_0 den Initialzustand des Automaten.[135] Aufgrund der Relevanz des Zustandsbegriffs wird dieser im Folgenden noch detaillierter betrachtet. Ein Zustand im Zustandsautomaten weist in der Regel einen eher statischen Charakter auf.[136] So modelliert er „eine Situation, in der einige - normalerweise implizite - Bedingungen stabil sind."[137] Ist das zu modellierende Objekt im Sinne eines Systems zusammengesetzt aus zusammenwirkenden Elementen, dann muss ein Zustand nicht statisch sein. Er kann dann dynamisch sein und muss ggfs. aufrechterhalten werden.[138] Es können somit in Zustandsautomaten statische oder aber dynamische Bedingungen vorliegen: eine statische Situation, in der bspw. ein Objekt darauf wartet, dass ein externes Ereignis eintritt, oder dynamische Bedingungen, welche einen Zustand herstellen und aufrechterhalten.[139] Dies bedeutet, dass das betrachtete Objekt in einen definierten Zustand versetzt wird, wenn eine Aktivität beginnt, und es diesen verlässt, sobald die Aktivität beendet ist. Das Konzept des Zustands ist demnach mit einer Aktivität verbunden.

Petri-Netze

Petri-Netze basieren auf dem Konzept der Zustandsautomaten und wurden im Jahr 1962 von Dr. Carl Adam Petri eingeführt. Als grafische Modellierungsmethode können sie sowohl das statische als auch das dynamische Verhalten von Systemen abbilden. Ähnlich zu den Zustandsautomaten werden auch sie mathematisch durch ein Quintupel beschrieben:[140]

$$\boldsymbol{PN = \{P, T, A, W, M_0\}} \quad \textbf{(2.2)}$$

Hierbei steht P für eine finite Menge sogenannter Stellen (engl. „Places", P={ $P_1, P_2, \dots, P_m$}), welche durch Kreise dargestellt werden. Stellen sind Zustände und bilden Zwischenablagen bzw. Stationen für Informationen in Form von Markierungen ab. T beschreibt eine finite Menge an Transitionen (engl. „Transitions"), die durch Balken dargestellt werden. Transitionen verarbeiten die Informationen, welche auf den

135 Vgl. König (2003), Protocol Engineering, S. 122.
136 Vgl. Object Management Group (2003), UML 2.0 Superstructure Specification, S. 477.
137 Object Management Group (2003), UML 2.0 Superstructure Specification, S. 477.
138 Vgl. Staud (2010), Unternehmensmodellierung, S. 290.
139 Vgl. Staud (2010), Unternehmensmodellierung, S. 290.
140 Vgl. Bahl et al. (2018), Availability analysis of distillery plant using petri nets, S. 2375.

vorangehenden Stellen liegen. Wenn eine Transition schaltet, wird eine sogenannte Marke der vorherigen Stelle entnommen und der nächsten hinzugefügt. Die gerichteten Kanten *A* (engl. „Arcs") sind die Übergänge zwischen Stellen und Transitionen und werden durch Pfeile dargestellt. Die Gewichte *W* (engl. „Weights") an den Kanten werden durch Zahlen dargestellt. M_0 ist die Anfangsmarkierung des Netzes und repräsentiert den initialen Status des Systems. Eine Markierung kann generell durch den Vektor $M=\{ m_1, m_2, \dots, m_i\}$ beschrieben werden, wobei m_i die Anzahl der Markierungen auf der Stelle P_i beschreibt[141]

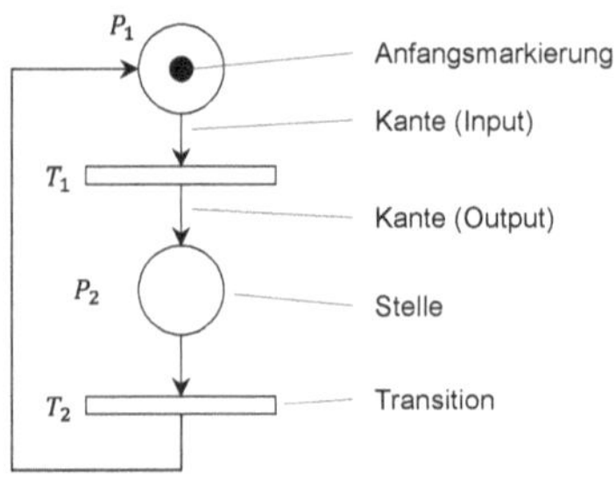

Abbildung 2-13: Elemente zur Beschreibung von Petri-Netzen[142]

Es existieren verschiedene Einsatzbereiche von Petri-Netzen, welche von der Informatik bis zur Fertigungstechnik reichen.[143] Zahlreiche Ansätze verwenden Petri-Netze, um das Verhalten von Maschinen und Anlagen zu modellieren. BAHL ET AL. nutzen Petri-Netze bspw. dazu, das Verhalten einer Brennereianlage zu modellieren und so eine Verfügbarkeitsanalyse der Anlage durchführen.[144] GIUA ET AL. verwenden Petri-Netze dazu, eine Flaschen-Abfüllanlage zu simulieren und so insbesondere Produktionslinien mit hohem Durchsatz abzubilden. Beide Ansätze betonen den Vorteil von Petri-Netzen, dynamische Interaktionen in einem System bzw. das dynamische Verhalten eines Systems darstellen zu können.[145]

[141] Vgl. Bahl et al. (2018), Availability analysis of distillery plant using petri nets, S. 2375.
[142] In Anlehnung an Bahl et al. (2018), Availability analysis of distillery plant using petri nets, S. 2376.
[143] Vgl. Bahl et al. (2018), Availability analysis of distillery plant using petri nets, S. 2374.
[144] Vgl. Bahl et al. (2018), Availability analysis of distillery plant using petri nets, S. 2375.
[145] Vgl. Giua et al. (2005), Modelling and simulation of a bottling plant using hybrid Petri nets.

Unified Modeling Language und Klassendiagramme

Unified Modeling Language (kurz: UML) ist eine Objektmodellierungssprache, welche meistens in Form von Klassendiagrammen auftritt, weshalb diese im Folgenden fokussiert werden. Klassendiagramme beschreiben Objekttypen („Klassen") in einem System und verschiedene Arten statischer Beziehungen zwischen diesen. Eine Klasse beschreibt dabei eine Verallgemeinerung gemeinsamer Objekte, während die Instanzen einer Klasse Objekte heißen. Ein Objekt ist damit die Ausprägung einer Klasse. In einem Klassendiagramm werden außerdem Merkmale der Klassen in Form von Eigenschaften und Operationen abgebildet. Eigenschaften einer Klasse werden Attribute genannt. Attribute sind Eigenschaften, mit welchen das jeweilige Objekt innerhalb der übergeordneten Klasse eindeutig identifiziert und beschrieben wird. Jede Klasse wird im Klassendiagramm durch ein Rechteck abgebildet. In diesem steht am oberen Ende der Klassenname, in der Mitte die Attribute sowie am unteren Ende die Operationen bzw. Methoden der Klasse. Diese beschreiben das Verhalten der Klasse, auf welches an dieser Stelle nicht detaillierter eingegangen wird. Die Eigenschaften einer Klasse können ebenso durch eine Assoziation anstatt durch Attribute angezeigt werden. Assoziationen werden in Form von durchgezogenen Linien zwischen zwei Klassen abgebildet, welche von einer Ausgangs- zu einer Zielklasse führen. Das Zielklassenende verweist auf die Klasse, welche den Typ der Eigenschaft darstellt.[146] Die Elemente von UML werden in Abbildung 2-14 dargestellt.

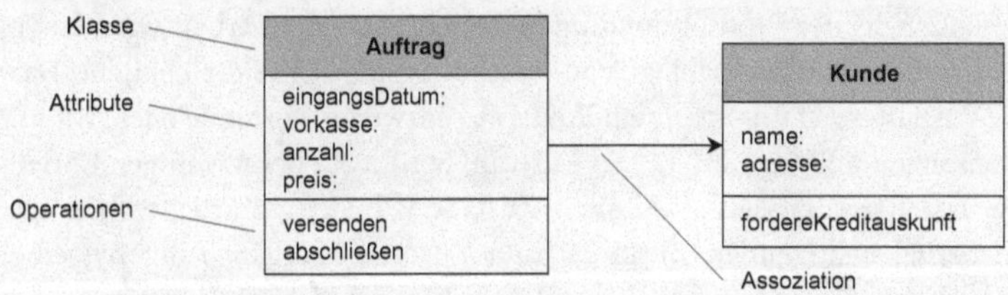

Abbildung 2-14: Elemente von Unified Modeling Language (UML)[147]

CONSENS

Die Spezifikationstechnik CONSENS (engl. „CONceptual design Specification technique for the ENgineering of complex Systems") basiert auf Systems Modeling Language (kurz: SysML), welche wiederum auf Basis der UML entwickelt wurde. CONSENS fokussiert gezielt verschiedene Aspekte bei der Entwicklung mechatronischer Produkte

[146] Vgl. Fowler (2004), UML konzentriert, 55ff.

[147] In Anlehnung an Fowler (2004), UML konzentriert, S. 55ff.

und bietet dafür eine ganzheitliche und disziplinübergreifende Beschreibung des Systemmodells.[148] CONSENS vereint sieben Partialmodelle, welche alle einen eigenen Aspekt des übergeordneten Systemmodells abbilden: Umfeld, Anwendungsszenarien, Anforderungen, Gestalt, Funktionen, Verhalten und Wirkstruktur.[149]

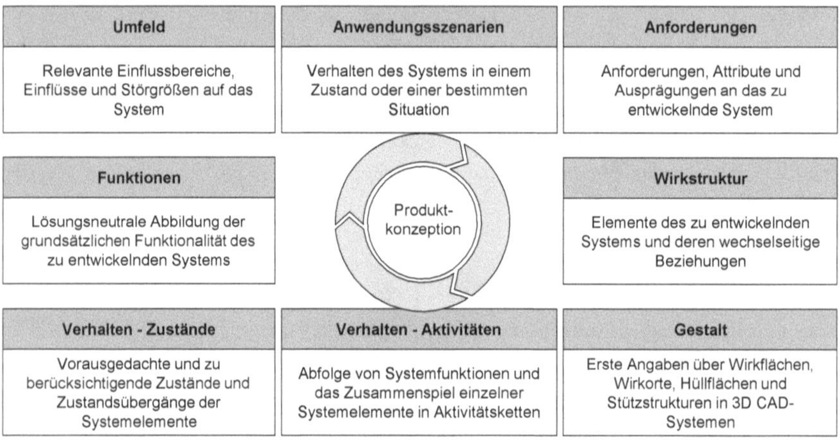

Abbildung 2-15: Partialmodelle von CONSENS[150]

Zur Modellierung der Produktnutzung in der vorliegenden Arbeit wird im Folgenden ein Fokus auf das Partialmodell gelegt, welches Systemverhalten abbildet. Das Partialmodell „Verhalten" kann mit einem Fokus auf entweder Zustände oder Aktivitäten auf zwei Weisen modelliert werden. Die Auswahl beruht auf der jeweiligen Entwicklungsaufgabe. Das Partialmodell „Verhalten-Zustände" bildet „sämtliche vorausgedachten und zu berücksichtigenden Zustände und Zustandsübergänge der Systemelemente ab."[151] Dabei werden unterschiedliche Hierarchieebenen berücksichtigt.

[148] Vgl. Dorociak et al. (2014), Specification Technique CONSENS, S. 125.

[149] Vgl. Gausemeier et al. (2014), Semantische Technologien im Entwurf mechatronischer Systeme, 37ff.

[150] In Anlehnung an Gausemeier et al. (2014), Semantische Technologien im Entwurf mechatronischer Systeme, S. 38.; Petersen et al. (2014), Methodik zur Berücksichtigung von Wechselwirkungen zwischen Produkt und Produktionssystem, S. 48

[151] Petersen et al. (2014), Methodik zur Berücksichtigung von Wechselwirkungen zwischen Produkt und Produktionssystem, S. 48.

Das Partialmodel „Verhalten-Zustände“ baut auf Zustandsautomaten auf. Es modelliert Zustände, logische Beziehungen zwischen diesen sowie Ereignisse, welche einen Zustandsübergang auslösen.[152] Zusätzlich werden die Nutzer, bspw. der Inbetriebnehmer der Maschine, in die Modellierung mit einbezogen, indem ihre Aktivitäten die Übergänge zwischen den Zuständen auslösen. Dies bedeutet, dass externe Einflüsse oder Aktivitäten berücksichtigt werden, welche auf das System oder einzelne Systemelemente einwirken. DOROCIAK ET AL. veranschaulichen dies an dem Lichtsystem eines entwickelten Schienenfahrzeugs zur Personenbeförderung. Das Lichtsystem wird durch die zwei möglichen Zustände „Licht an“ und „Licht aus“ definiert. Die Transition zwischen diesen Zuständen und somit der Übergang von jeweils einem Zustand zum anderen wird durch die Nutzer-Aktivität „Lichtschalter umlegen“ angeregt.[153] Das Partialmodell „Verhalten-Aktivitäten“ bildet alle Aktivitäten des Systems ab, welche während seines Betriebs ausgeführt werden. Es beinhaltet die logische Abfolge von Systemfunktionen sowie das Zusammenspiel der Funktionen einzelner Systemelemente. Die Aktivitäten werden in Aktivitätsketten modelliert. Funktionen können wiederum Auslöser für Zustandsübergänge sein.[154] Die Partialmodelle von CONSENS sowie ihre Elemente sind untereinander eng verknüpft und beeinflussen einander gegenseitig. So aktiviert bspw. ein Ereignis aus dem Partialmodell „Umwelt“ einen oder mehrere Zustände im Partialmodell „Verhalten-Zustände“.[155]

2.2.4 Nutzungshypothesen

Nach der Beschreibung der für diese Arbeit relevanten Grundlagen zur Produktnutzung wird, auch im Hinblick auf die Hauptforschungsfrage dieser Arbeit, der Begriff der Nutzungshypothese näher beleuchtet. Als Grundlage hierfür wird im Folgenden die Rolle von Hypothesen im wissenschaftlichen Erkenntnisprozess erläutert.

Der amerikanische Philosoph CHARLES SANDERS PEIRCE postuliert, mit drei verschiedenen Grundformen des wissenschaftlichen Schließens alle wissenschaftlichen Erkenntnisprozesse beschreiben zu können. Zunächst umfasst das deduktive Schließen die „Anwendung allgemeiner Regeln auf besondere Fälle“.[156] Beim deduktiven Schließen

[152] Vgl. Petersen et al. (2014), Methodik zur Berücksichtigung von Wechselwirkungen zwischen Produkt und Produktionssystem, S. 53; Dorociak et al. (2014), Specification Technique CONSENS, S. 126.

[153] Vgl. Dorociak et al. (2014), Specification Technique CONSENS, S. 126.

[154] Vgl. Petersen et al. (2014), Methodik zur Berücksichtigung von Wechselwirkungen zwischen Produkt und Produktionssystem, S. 48; Dorociak et al. (2014), Specification Technique CONSENS, S. 126.

[155] Vgl. Gausemeier et al. (2009), Specification technique for the description of self-optimizing mechatronic systems, 201ff.

[156] Peirce und Walther (1967), Die Festigung der Überzeugung, S. 128.

werden auf Basis von Aussagen weitere Aussagen abgeleitet, welche den Wahrheitsgehalt nicht verändern. Ausgehend von einem Gesetz und einem Fall wird auf ein Resultat geschlossen.[157] Die Induktion hingegen definiert PEIRCE als den Schluss einer „Regel aus der Beobachtung eines Ergebnisses in einem bestimmten Fall“.[158] Die Leistung der Induktion besteht demnach darin, eine bereits gebildete Hypothese anhand einzelner Fälle zu überprüfen und sie so zu bestätigen oder zu falsifizieren.[159] Die Abduktion letztlich bildet für PEIRCE den Anfang jeder Erkenntnis und ist demnach als einzige der drei beschriebenen Schlussformen erkenntniserzeugend.[160] Damit erfüllt die Abduktion die Funktion, zu einem beobachteten Phänomen eine erklärende Hypothese zu bilden. Das Ergebnis des Abduktionsprozesses ist eine gebildete Hypothese, welche zunächst als plausibel, aber unsicher anzusehen ist.[161] Der Zusammenhang der drei beschriebenen Formen wissenschaftlichen Schließens kann gemäß Abbildung 2-16 zusammengefasst werden.

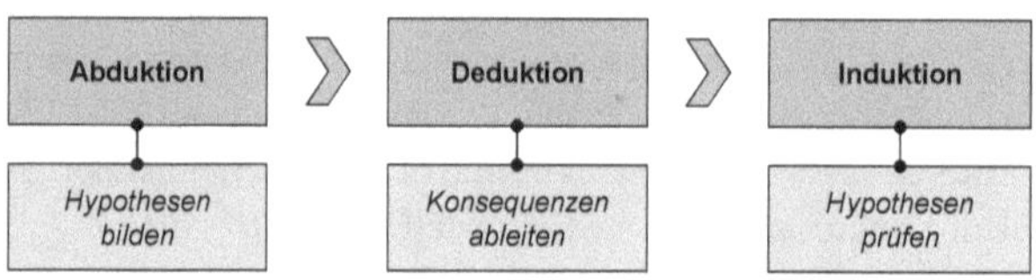

Abbildung 2-16: Grundformen des wissenschaftlichen Schließens[162]

Aus der beschriebenen Unsicherheit einer abduktiv gebildeten Hypothese ergibt sich die Notwendigkeit ihrer Überprüfung, wozu ein deduktiver Schritt erforderlich ist. Der deduktive Schritt hat hierbei keine beweisende Funktion, sondern dient lediglich der Ableitung von Konsequenzen aus der Hypothese. Es werden demnach Voraussagen getroffen, welche in einem weiteren Schritt, der induktiven Prüfung an Einzelfällen, überprüft werden können. Hierdurch kann die Hypothese letztlich falsifiziert oder, mit einem gewissen Grad von Wahrscheinlichkeit („Plausibilität“), als korrekt angenommen werden.[163]

---

[157] Vgl. Philipp (2013), Experimentelles Denken, S. 9.
[158] Peirce und Walther (1967), Die Festigung der Überzeugung, 128f.
[159] Vgl. Philipp (2013), Experimentelles Denken, S. 9.
[160] Vgl. Peirce et al. (1960), Pragmatism and Pragmaticism and Scientific metaphysics, S. 145.
[161] Vgl. Philipp (2013), Experimentelles Denken, S. 10f.
[162] In Anlehnung an Philipp (2013), Experimentelles Denken, S. 13.
[163] Vgl. Philipp (2013), Experimentelles Denken, S. 13f.

Auch der Bereich der Produktentwicklung kann als wissenserarbeitender und -verarbeitender Prozess angesehen werden. In der Entwicklung werden Produkte in der Regel mit einem bestimmten Ziel (Bereitstellung einer Funktionalität) im Rahmen bestimmter Randbedingungen (Anforderungen) entworfen.[164] Hierbei werden entlang des gesamten Produktlebenszyklus Annahmen in Form von Hypothesen getroffen, bspw. hinsichtlich der Produktnutzung, des Nutzerverhaltens und der erforderlichen Produkteigenschaften.[165] So besteht nach KOLLER das Ziel des ersten Konstruktionsschrittes darin, eine Tätigkeitsbeschreibung bzw. eine Funktionsstruktur für das zu entwickelnde Produkt zu erarbeiten, durch welche sich das Ziel des Produktes realisieren lässt.[166] Dies bedeutet zusammengefasst, dass sich Hypothesen über die Produktnutzung in der Erarbeitung dieser Tätigkeitsbeschreibung bzw. Funktionsstruktur wiederspiegeln sowie dass die Ausprägungen der jeweiligen Funktionen an diese Hypothesen angepasst sind.

Hinsichtlich der verschiedenen Aktivitäten während der Phase MOL (vgl. Abschnitt 2.2.2) soll in der vorliegenden Arbeit die Nutzung des Produktes zur Erfüllung des übergeordneten Zwecks fokussiert werden, während gleichzeitig Aktivitäten wie Reparaturen, Wartungen und ergänzende Services aus dem Betrachtungsbereich ausgeschlossen werden. Nach VOET ET AL. ist die essenzielle Grundlage für Produktverbesserungen bzw. -innovationen die Identifizierung von Abweichungen zur angenommenen Nutzung.[167] Die Formulierung von Hypothesen dient somit der Schaffung einer Basis zur Generierung von Innovationsideen.[168] Es gilt daher, im Sinne des eingangs beschriebenen Erkenntnisprozesses, die Nutzungshypothese dahingehend zu überprüfen, ob sie mit der beobachteten tatsächlichen Produktnutzung übereinstimmt.[169] Durch geeignete Informationsanalysen kann die Hypothese getestet und dadurch als korrekt oder falsch angenommen werden. Cyber-physische Maschinen und Anlagen, welche gemäß Abschnitt 2.2.1 vernetzte, mit Sensorik ausgestattete mechatronische Produkte darstellen, ermöglichen die Aufnahme der für die Überprüfung der Nut-

---

164 Vgl. Voet et al. (2019), A Framework for the Capture and Analysis of Product Usage Data for Continuous Product Improvement, S. 5.

165 Vgl. Massmann et al. (2019), Significance and Challenges of Data-driven Product Generation and Retrofit Planning, S. 994.

166 Vgl. Koller (1994), Konstruktionslehre für den Maschinenbau, S. 88.

167 Vgl. Voet et al. (2019), A Framework for the Capture and Analysis of Product Usage Data for Continuous Product Improvement, S. 5.

168 Vgl. Massmann et al. (2019), Significance and Challenges of Data-driven Product Generation and Retrofit Planning, S. 994.

169 Vgl. Meyer et al. (2020), Data-Driven Product Generation and Retrofit Planning, S. 967.

zungshypothese benötigten Informationen und eröffnen somit in diesem Kontext erhebliche Potenziale. Im Rahmen dieser Arbeit lässt sich die Definition sowie das übergeordnete Ziel einer Nutzungshypothese wie folgt zusammenfassen:

Eine **Nutzungshypothese** fasst sämtliche funktionsbezogenen Annahmen über die spätere Produktnutzung zusammen, welche im Laufe der Produktentwicklung mit dem Ziel der Produkt- und Funktionsauslegung getroffen werden. Die Überprüfung der Nutzungshypothese anhand von Produktnutzungsinformationen dient dazu, Potenziale für Produktinnovationen abzuleiten.

2.3 Produktnutzungsinformationen

Im Folgenden werden die relevanten Begriffe zur Herstellung eines Verständnisses von Informationen aus der Produktnutzung definiert. Dazu wird zunächst der Informationsbegriff geschärft und gegenüber den Begriffen Zeichen, Daten und Wissen abgegrenzt. Der Informationsbegriff wird anschließend in den Kontext der Produktnutzung im Maschinen- und Anlagenbau gesetzt. Abschließend werden der Begriff des Informationsbedarfs sowie mögliche Quellen für Informationen in der Produktnutzung definiert, um als Grundlage für die zu entwickelnde Methodik zu dienen.

2.3.1 Relevante Begrifflichkeiten

In vielen wissenschaftlichen Arbeiten werden die Begriffe Daten, Informationen und Wissen synonym verwendet, da sich bis heute keine allgemeingültigen Definitionen oder Konzepte zu ihrer Abgrenzung durchgesetzt haben.[170] Der folgende Abschnitt dient zur Schärfung des Informationsbegriffs im Kontext dieser Arbeit.

Informationen

Eine initiale Einordnung kann durch die Wissenspyramide (engl. Data-Information-Knowdlegde-Wisdom-Pyramide) vorgenommen werden, welche erstmals durch ACKOFF definiert wird.[171] In dieser werden typischerweise die Elemente Zeichen, Daten, Informationen und Wissen in einer aufsteigenden Hierarchie aufgetragen.[172] NORTH ET AL. ergänzen die Wissenspyramide um einige Elemente in ihrem Konzept der Wissenstreppe. Diese beginnt auf der untersten Ebene mit dem Begriff Zeichen, wie

[170] Vgl. Alpar et al. (2016), Anwendungsorientierte Wirtschaftsinformatik, S. 6.; Gadatsch (2017), Datenmodellierung für Einsteiger, S. 1

[171] Vgl. Ackoff (1989), From data to wisdom.

[172] Vgl. Rowley (2007), The wisdom hierarchy: representations of the DIKW hierarchy, S. 164.

Buchstaben oder Ziffern ohne weiteren Kontext. Durch Ordnungsregeln, wie bspw. einen Code oder eine Syntax, werden diese Zeichen zu Daten.[173] Diese Ordnungsregeln beschreiben die mögliche Kombinatorik der Zeichen und definieren bspw., dass Worte aus Buchstaben und Zahlen aus Ziffern zusammengesetzt werden.[174] Dies bedeutet, dass Daten ausschließlich objektive Fakten im Sinne einer sinnvollen Zusammensetzung von Zeichen darstellen, ohne Zusammenhang und weitere Hintergründe aber nicht deutbar sind.[175] Damit sind Daten reine Fakten über ein Objekt, wobei ein Objekt als Einheit, Gegenstand, etwas Wahrnehmbares oder Vorstellbares definiert werden kann.[176]

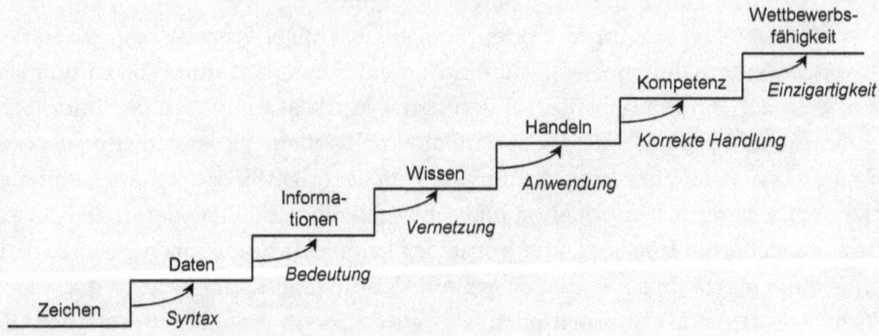

Abbildung 2-17: Wissenstreppe nach NORTH ET AL.[177]

Durch die oben genannten Ordnungsregeln besteht eine weitere Eigenschaft von Daten darin, dass sie Sachverhalte aus der Realität derart abbilden, dass diese maschinell erfassbar und bearbeitbar sind.[178] Daher formuliert die ISO 25024 Daten als eine reinterpretierbare Darstellung von Informationen auf eine formalisierte Art und Weise, welche für die Kommunikation, Interpretation oder Verarbeitung geeignet ist.[179]

---

173 Vgl. North et al. (2016), Die Wissenstreppe, S. 5.

174 Vgl. Gronau (2006), Wandlungsfähige Informationssystemarchitekturen, S. 139; Vgl. Schrey (2017), Lebenszyklusübergreifende Informationsstrukturierung für Produktbaukästen, S. 32.

175 Vgl. Verein Deutscher Ingenieure (2009), VDI 5610, S. 4; Vgl. Gadatsch (2017), Datenmodellierung für Einsteiger, S. 1.

176 Vgl. Deutsches Institut für Normung e.V. (2015), ISO 9000:2015, S. 46.

177 In Anlehnung an North et al. (2016), Die Wissenstreppe, S. 6.

178 Vgl. Heinrich et al. (2014), Informationsmanagement: Grundlagen, Aufgaben, Methoden, S. 281.

179 Vgl. International Organization for Standardization (2015), ISO/IEC 25024, S. 3.

Die nächste Ebene der Wissenspyramide und der Wissenstreppe besteht aus Informationen in Form von Daten mit Bedeutung für den Empfänger.[180] Über verschiedene Wissenschaftsdisziplinen wird der Informationsbegriff unterschiedlich definiert, sodass kein einheitliches und überschneidungsfreies Begriffsverständnis vorliegt.[181] Aus betriebswirtschaftlicher bzw. entscheidungstheoretischer Sicht stellen Informationen Daten dar, welche in einem Bedeutungskontext stehen und damit der Vorbereitung von Entscheidungen und Handlungen dienen.[182] In der Produktionstechnik bilden Informationen vielmehr einen „Produktionsfaktor im betrieblichen Leistungserbringungsprozess“[183] und sind oftmals eine kritische Ressource.[184] Innerhalb des Fachgebiets des Systems Engineerings bzw. Software Engineerings werden Informationen als Wissen über Objekte, wie bspw. Fakten, Ereignisse, Dinge, Prozesse oder Ideen definiert, welche innerhalb eines bestimmten Kontextes eine bestimmte Bedeutung aufweisen.[185] In der Informationstheorie definieren MINGERS und STANDING Informationen zunächst als den aussagenlogischen Inhalt von Zeichen.[186] Dies bedeutet, dass eine Information stets ein Vorwissen des Empfängers benötigt. Sie ist für den Empfänger wertlos, wenn dieser die Information nicht mit anderen aktuellen oder in der Vergangenheit gespeicherten Informationen vernetzen kann.[187] Informationen besitzen damit nur eine empfänger- und kontextbezogene Bedeutung. So definiert auch der VEREIN DEUTSCHER INGENIEURE Informationen als „strukturierte Daten mit Relevanz und Zweck, die in einen Kontext gebracht, kategorisiert, kalkuliert und korrigiert werden können.“[188]

In Anlehnung an die vorherigen Ausführungen werden Informationen für die vorliegende Arbeit wie folgt definiert:

Informationen sind strukturierte Daten mit Relevanz und Zweck, welche durch einen spezifischen Kontext eine Bedeutung für den Empfänger aufweisen.

---

[180] Vgl. Deutsches Institut für Normung e.V. (2015), ISO 9000:2015, S. 46.; Gadatsch (2017), Datenmodellierung für Einsteiger, S. 2

[181] Vgl. Becker und Winkelmann (2014), Controlling, S. 53.

[182] Vgl. North et al. (2016), Die Wissenstreppe, S. 5.

[183] Krcmar (2015), Grundlagen des Informationsmanagements, S. 5.

[184] Vgl. Deng et al. (2020), Towards Understanding the Role of Product Usage Information in Product Design Improvement, S. 371.

[185] Vgl. International Organization for Standardization (2015), ISO/IEC 25024, S. 6.

[186] Vgl. Mingers und Standing (2018), Theory of information as objective and veridical, S. 85.

[187] Vgl. North et al. (2016), Die Wissenstreppe, S. 5.

[188] Vgl. Verein Deutscher Ingenieure (2009), VDI 5610, S. 4.

Wie oben ausgeführt sind Informationen stets in den Kontext mit anderen aktuellen oder in der Vergangenheit erzeugten Daten zu setzen.[189] So gilt es, als nächsten Schritt innerhalb der Wissenstreppe, Informationen in Wissen zu überführen. Wissen kann als vernetzte Informationen definiert werden, welche den Betrachter dazu befähigt, Vergleiche und Verknüpfungen herzustellen und Entscheidungen zu treffen.[190] Da diese Entscheidungen meist situationsspezifisch getroffen werden, ist es erforderlich, die Vernetzung der Informationen in einen spezifischen Kontext zu setzen.[191] Der Wert dieses Wissens entsteht für eine Organisation, wenn das Wissen in eine Kompetenz umgesetzt wird, welche sich in entsprechenden Handlungen manifestiert. Diese Kompetenz sowie die Motivation zum Realisieren der Handlungen führen beide zusammen zur Wertschöpfung.[192]

Informationsbedarf

Vorangehend wurde der Begriff des Wissens als die Kontextualisierung vernetzter Informationen zur Unterstützung von Entscheidungen erläutert. Um dieses Wissen im Unternehmen aufzubauen, gilt es, Informationen gezielt den entsprechenden Mitarbeitern im Unternehmen bereitzustellen. TASCHNER schlägt dazu einen Prozess vor, welcher mit der Identifizierung eines Informationsbedarfs beginnt. Nach der Identifizierung geeigneter Informationsquellen beginnt die Phase der eigentlichen Informationsgewinnung. Hierbei zeichnen sich originäre Informationen dadurch aus, dass sie dem Handelnden ohne weitere Verarbeitungsprozesse zur Verfügung stehen. Da sich ein komplexer Informationsbedarf häufig dadurch charakterisiert, dass originäre Informationen nicht zur Verfügung stehen, sind Aktivitäten zur Informationsaufbereitung notwendig: Informationen müssen strukturiert oder transformiert werden, um den gewünschten Informationsbedarf zu adressieren. Das Ergebnis der Informationsverarbeitung muss gespeichert und an den Informationsnutzer übermittelt werden.[193]

---

[189] Vgl. North et al. (2016), Die Wissenstreppe, S. 5.

[190] Vgl. Verein Deutscher Ingenieure (2009), VDI 5610, S. 4.

[191] Vgl. North et al. (2016), Die Wissenstreppe, S. 6.

[192] Vgl. North et al. (2016), Die Wissenstreppe, S. 7.

[193] Vgl. Taschner (2013), Management Reporting, S. 13ff.

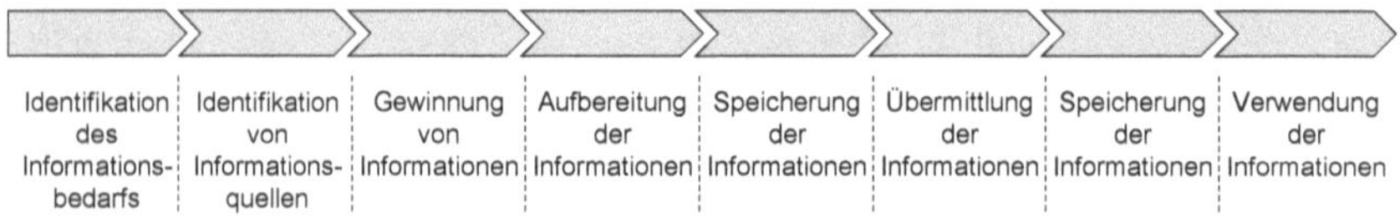

Abbildung 2-18: Prozess zur Erfüllung eines Informationsbedarfs[194]

Da die Identifikation des Informationsbedarfs einen wesentlichen Bestandteil der in dieser Arbeit entwickelten Methodik darstellen soll, wird im Folgenden ein detaillierter Fokus auf den Begriff des Informationsbedarfs gelegt. KOREIMANN definiert einen Informationsbedarf als die „Summe aller Informationen, die erforderlich sind, um einen Sachverhalt, bspw. einen Realprozess oder eine Problemsituation, abzubilden."[195] Diese Informationssumme setzt sich nach PICOT aus der Art, Menge und Beschaffenheit von Informationen zusammen, welche zur Erfüllung einer spezifischen Aufgabe benötigt werden. Der Informationsbedarf kann dabei entweder aus der Sicht der Aufgabe oder aus der Sicht des individuellen Aufgabenträgers analysiert werden.[196] Diese beiden Perspektiven spiegeln sich ebenso in der Unterscheidung zwischen objektivem und subjektivem Informationsbedarf wider. Der objektive Informationsbedarf beinhaltet diejenigen Informationen, welche für den Entscheidungs- bzw. Aufgabenträger zur Erfüllung seiner Aufgaben relevant sind.[197] Somit ist der objektive Informationsbedarf unabhängig von dem jeweiligen Aufgabenträger ermittelbar und gibt an, welche Informationen verfügbar sind und verwendet werden sollten.[198] Der subjektive Informationsbedarf hingegen geht von der Sichtweise des Aufgabenträgers aus und umfasst diejenigen Informationen, welche ihm als relevant erscheinen.[199]

Häufig entspricht der subjektive Informationsbedarf nicht der tatsächlichen Informationsnachfrage der Aufgabenträger.[200] Befragungen dieser Aufgabenträger zu ihrem subjektivem Informationsbedarf sind daher oft nicht zielführend.[201] Dies liegt nach DAVIS zunächst an dem begrenzten Speicher des menschlichen Kurzzeitgedächtnisses.

194 In Anlehnung an Taschner (2013), Management Reporting, S. 13.

195 Vgl. Koreimann (1976), Methoden der Informationsbedarfsanalyse, S. 65.

196 Vgl. Picot (1988), Die Planung der Unternehmensressource" Information", S. 236.

197 Vgl. Strauch und Winter (2002), Vorgehensmodell für die Informationsbedarfsanalyse im Data Warehousing, S. 365.

198 Vgl. Picot (1988), Die Planung der Unternehmensressource" Information", S. 236.

199 Vgl. Strauch und Winter (2002), Vorgehensmodell für die Informationsbedarfsanalyse im Data Warehousing, S. 365.; Vgl. Picot (1988), Die Planung der Unternehmensressource" Information", S. 236

200 Vgl. Tönnes (2021), Datenbasierte Informationsmodelle zur explorativen Analyse von Anlagenkonfigurationen, S. 30.

201 Vgl. Davis (1982), Strategies for information requirements determination, S. 4.

Der befragte Aufgabenträger kann in seinem Kurzzeitgedächtnis nur eine begrenzte Anzahl von Elementen speichern, weshalb häufig auf einige bekannte Informationsanforderungen zurückgegriffen wird, welche im Langzeitgedächtnis gespeichert werden. Bei Befragungen zum Informationsbedarf ergibt sich hieraus ein verzerrtes Bild über Anforderungen an den Informationsbedarf. Weiterhin sind Aufgabenträger aufgrund verschiedener Effekte bei der Auswahl relevanter Informationen nicht unbefangen. Dies liegt bspw. in der Gewohnheit von Menschen, Meinungen und Entscheidungen häufig von selbst gesetzten „Ankerpunkten" abzuleiten, welche auf Erfahrungen aus der Vergangenheit beruhen. Demnach leiten sich Meinungen über den subjektiven Informationsbedarf häufig aus den aktuell verfügbaren Informationen ab und bilden nicht den tatsächlichen Informationsbedarf ab.[202]

Da in der vorliegenden Arbeit kein Fokus auf die Aufgabenträger im Kontext der Identifizierung von Innovationspotenzialen gelegt wird und der Informationsbedarf ausgehend von dem spezifischen Nutzungszyklus des Produktes ermittelt werden soll, wird hier der Informationsbedarf stets aus Sicht der Aufgabe analysiert. Somit wird in Anlehnung an die Ausführungen zum objektiven Informationsbedarf der Begriff für die vorliegende Arbeit wie folgt definiert:

Der **Informationsbedarf** wird als jene Summe von Informationen definiert, welche im Kontext der Identifizierung von Innovationspotenzialen unabhängig vom Aufgabenträger relevant ist, zur Verfügung stehen und verwendet werden soll.

Im Anschluss an die Ermittlung des Informationsbedarfs und die Gewinnung der Informationen werden diese gemäß Abbildung 2-18 aufbereitet. Dazu gilt es, diese geeignet zu strukturieren, weshalb nachfolgend die generische Struktur von Informationen detailliert betrachtet werden soll.

Informationsträger

Im Sinne der Informationsstrukturierung, also der Modellierung von Informationen in menschlicher Sprache, werden Informationen als Gestaltungsobjekte betrachtet.[203] Die Informationsstrukturierung kann als dreistufiges Verfahren angesehen werden, bei welchem zunächst Informationsobjekte definiert und anschließend durch eine Klassifikation systematisch beschrieben werden. Darauf aufbauend werden abschließend die Beziehungen zwischen den Informationsobjekten abgeleitet.[204] Dies bedeutet, dass der

---

202 Vgl. Davis (1982), Strategies for information requirements determination, S. 9.

203 Vgl. Strauch (2002), Entwicklung einer Methode für die Informationsbedarfsanalyse im Data Warehousing, 134f.

204 Vgl. Schrey (2017), Lebenszyklusübergreifende Informationsstrukturierung für Produktbaukästen, S. 161.

Inhalt von Informationen aus Informationsobjekten besteht, die in Beziehung zueinander stehen können.[205] Der Begriff des Informationsobjektes bedarf einer fokussierten Betrachtung. Zunächst kann der Begriff „Objekt“ sehr allgemein definiert werden und umfasst alle Betrachtungsgegenstände, welche „im Zusammenhang mit Tätigkeiten im gesamten Lebenszyklus eines Systems stehen.“[206] Dabei können Objekte eine physikalische Existenz aufweisen oder lediglich zur Erfüllung unterschiedlicher Zwecke, wie bspw. zur Identifikation eines Satzes von Informationen, existieren.[207] Somit können nach ISO 25024 Informationsobjekte als einzelne identifizierbare Informationen definiert werden, welche über den gesamten Lebenszyklus von Produkten in verschiedenen Formen produziert, gespeichert und verarbeitet werden.[208] Der VEREIN DEUTSCHER MASCHINEN- UND ANLAGENBAUER (VDMA) bezeichnet Informationsobjekte als Träger der kleinsten bearbeitbaren Einheit von Informationen.[209] Es wird somit deutlich, dass Informationen ein möglichst neutrales Bezugsobjekt benötigen, auf welches sie sich beziehen. In Anlehnung an TÖNNES und den VDMA soll im Folgenden der Begriff Informationsträger wie folgt verwendet werden:[210]

Unter **Informationsträger** wird in der vorliegenden Arbeit ein neutrales Bezugsobjekt verstanden, welches durch beschreibende Informationen spezifiziert wird.

2.3.2 Informationen im Kontext der Nutzung von Maschinen und Anlagen

Vorangehend wurden die Grundlagen zur Definition und Strukturierung von Informationen erläutert. Da die in dieser Arbeit entwickelte Methodik auf Informationen aus der Produktnutzung von Maschinen und Anlagen basiert, wird der Informationsbegriff nachfolgend in den Kontext der Nutzung von Maschinen und Anlagen gesetzt.

In Kapitel 2.2.1 wurde der Begriff der cyber-physischen Systeme als mechatronische Systeme eingeführt, welche durch digitale Kommunikationseinrichtungen untereinander und in globalen Netzen verbunden sind.[211] Im Zuge dieser Digitalisierung von mechatronischen Systemen sowie der weltweiten Verbreitung des Internets kann ein stetiger Anstieg an generierten Daten verzeichnet werden. So werden im Jahr 2025

---

[205] Vgl. Bernhard et al. (2005), Kriterien zur Klassifizierung von Visualisierungsverfahren, S. 5.

[206] Vgl. Deutsches Institut für Normung e.V. (2010), DIN EN 81346-1, S. 13.

[207] Vgl. Deutsches Institut für Normung e.V. (2010), DIN EN 81346-1, S. 13.

[208] Vgl. International Organization for Standardization (2015), ISO/IEC 25024, S. 6.

[209] Vgl. Verein Deutscher Maschinen- und Anlagenbauer (2006), Verein Deutscher Maschinen- und Anlagenbauer 2006, S. 5.

[210] Vgl. Tönnes (2021), Datenbasierte Informationsmodelle zur explorativen Analyse von Anlagenkonfigurationen, S. 34.

[211] Vgl. acatech - Deutsche Akademie der Technikwissenschaften (2011), Cyber-Physical Systems, S. 13.

schätzungsweise 80 Milliarden Geräte an das Internet angebunden sein.[212] Dabei werden Informationen entlang des gesamten Produktlebenszyklus generiert. Entsprechend der Ausführungen in Kapitel 2.2.2 wird im Folgenden auf die Unterteilung in BOL, MOL und EOL zurückgegriffen.

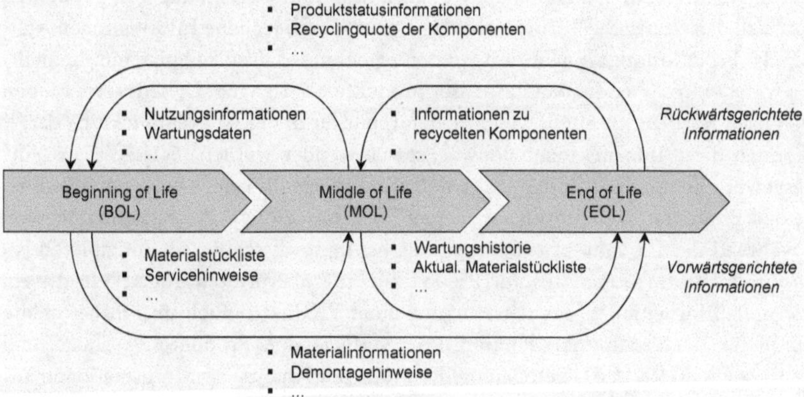

Abbildung 2-19: Beispielhafte Informationsflüsse im Produktlebenszyklus[213]

Gemäß Abbildung 2-19 kann innerhalb des Produktlebenszyklus zwischen zwei Informationsflüssen unterschieden werden. Vorwärtsgerichtete Informationsflüsse stellen Informationen für nachgelagerte Aktivitäten wie das Testing oder die Produktion bereit. Rückwärtsgerichtete Informationsflüsse enthalten hingegen Informationen aus nachgelagerten Prozessen.[214] Die Abbildung fasst beispielhafte Informationen zusammen, welche vorwärts- oder rückwärtsgerichtet zwischen den Phasen des Produktlebenszyklus transferiert werden können. Da die in der vorliegenden Arbeit entwickelte Methodik Innovationspotenziale aus der Analyse der Produktnutzung ableitet, wird bei den folgenden Ausführungen ein Fokus auf rückwärtsgerichtete Informationen aus dem MOL, also der Produktnutzungsphase, gelegt. Zunächst soll dabei der Wert dieser Informationen im Kontext der Produktentwicklung dargelegt werden.

---

212 Vgl. Kanellos (2016), The Future of Smart Things, S. 1.

213 In Anlehnung an Deng et al. (2020), Towards Understanding the Role of Product Usage Information in Product Design Improvement, S. 371.; Jun et al. (2007), Research issues on closed-loop PLM, S. 857; Jun et al. (2007), Research issues on closed-loop PLM, S. 858

214 Vgl. Deng et al. (2020), Towards Understanding the Role of Product Usage Information in Product Design Improvement, S. 371.

Der Ansatz, Wert und Nutzen aus Informationen aus der Produktnutzung zu generieren, wird von produzierenden Unternehmen bereits seit Langem verfolgt. In der Vergangenheit war dieser Prozess nur begrenzt skalierbar. Oftmals mussten Vertriebsdaten analysiert und Kunden befragt werden, was teuer und zeitaufwendig ist. Durch die eingangs beschriebene zunehmende Digitalisierung und Vernetzung von Produkten ändert sich dies drastisch.[215] Unternehmen werden durch jegliche Informationen, welche in der Produktnutzung generiert werden, zunehmend dazu befähigt, ein ganzheitliches Verständnis über die Nutzung ihrer Produkte zu erlangen. Diese Informationen stellen nach KLEIN ET AL. einen wesentlichen Input für die Produktentwicklung dar.[216] So können diese Informationen bspw. dazu verwendet werden, Wissen über Nutzungsgewohnheiten der Kunden zu generieren und aus diesem Wissen neue Bedürfnisse und Produktanforderungen abzuleiten.[217] Die tatsächliche Produktnutzung, welche während der Produktentwicklungsphase häufig noch schwer zu antizipieren ist, kann durch Informationen aus der Produktnutzung überprüft werden.[218] In diesem Sinne sind Informationen aus der Nutzung eines Produktes auch und insbesondere wertvoll für die Produktentwicklung des nachfolgenden Produktes.[219] HAGIU und WRIGHT sowie KLEIN ET AL. betonen die Relevanz der Analyse von Informationen aus der Produktnutzung. Unternehmen werden demnach in den kommenden Jahrzehnten zwingend die Verbesserung des Produktangebots durch die Analyse von Nutzungsinformationen verfolgen müssen, um wettbewerbsfähig zu bleiben und sich einen Vorteil gegenüber dem Wettbewerb zu verschaffen. So stellt die Analyse von Produktnutzungsinformationen für zukünftige Produktentwicklungen einen entscheidenden Erfolgsfaktor dar.[220]

Im Anschluss an die Darlegung der Relevanz von Produktnutzungsinformationen für Unternehmen werden diese im Folgenden für die Verwendung in der vorliegenden Arbeit detaillierter betrachtet. Zunächst kann festgestellt werden, dass die Begriffe

---

[215] Vgl. Hagiu und Wright (2020), Die Daten-Illusion, S. 44.

[216] Vgl. Klein et al. (2019), Towards an approach integrating various levels of data analytics to exploit product-usage information, S. 2627.

[217] Vgl. Opresnik et al. (2013), Information-the hidden value of servitization, S. 51.; Lützenberger et al. (2016), Improving Product-Service Systems by Exploiting Information From The Usage Phase. A Case Study, S. 377

[218] Vgl. van der Vegte et al. (2019), Simulations Based on Product-Usage Information From Connected Products to Support Redesign for Improved Performance, S. 1.

[219] Vgl. Lützenberger et al. (2016), Improving Product-Service Systems by Exploiting Information From The Usage Phase. A Case Study, S. 378.

[220] Vgl. Hagiu und Wright (2020), Die Daten-Illusion, S. 49.; Klein et al. (2019), Towards an approach integrating various levels of data analytics to exploit product-usage information, S. 2628

MOL-Informationen, Felddaten und Produktnutzungsinformationen in der einschlägigen Literatur häufig synonym verwendet werden.[221] MOL-Informationen können nach WELLSANDT ET AL. zunächst auf sehr generische Art als sämtliche produktbezogenen Informationen definiert werden, welche generiert werden, nachdem das Produkt an den Endnutzer verkauft wurde und bevor es diesem keinen Mehrwert mehr bietet.[222] Die Art der generierten Informationen wurde eingangs bereits in Abbildung 2-19 dargestellt. Die Definitionen von Felddaten erweisen sich als etwas spezifischer. So bezeichnen SCHMITT und PFEIFER Felddaten als Daten, welche im Zuge der Interaktion zwischen Kunde und Produkt während der Produktnutzungsphase entstehen.[223] EDLER erweitert dieses Verständnis und definiert Felddaten als Daten, welche „im Zusammenhang mit der Nutzung eines Produktes im Feld oder der Inanspruchnahme einer Dienstleistung durch den Kunden anfallen. Hierzu gehören neben Fehlern, Störungen, Mängeln oder Ausfällen auch Nutzungsinformationen."[224] Als Beispiel für Nutzungsinformationen werden Maschinenlaufzeiten sowie der Verbrauch von Betriebsstoffen genannt.[225] Der Begriff Produktnutzungsinformationen wird ebenso von HRIBERNIK ET AL. sowie MOHR ET AL. verwendet. HRIBERNIK ET AL. definieren sie zunächst als Informationen darüber, wie ein Produkt genutzt wird.[226] MOHR ET AL. erweitern dies und fassen unter Nutzungsinformationen Daten über externe Bedingungen, den technischen Produktstatus, den Nutzer sowie die individuelle Nutzung des Produktes zusammen.[227] CHEN ET AL. konkretisieren Informationen über die individuelle Produktnutzung. Die Autoren unterscheiden zwischen Betriebsdaten, welche den Betriebsstatus von Hardwaremodulen in der Produktnutzung aufzeigen, und Verhaltensdaten, welche die Interaktion des Nutzers mit dem Produkt einschließlich der bearbeiteten Aufgaben und Zeitstempel beschreiben.[228] Als Beispiele für Verhaltensdaten können die Nutzungsfrequenz und die Nutzungsvielfalt genannt werden. Die Nutzungsfrequenz enthält Informationen darüber, wie oft ein Produkt genutzt wird, unabhängig von den

---

221 Vgl. Wellsandt et al. (2015), Sources and characteristics of information about product use, S. 243.

222 Vgl. Wellsandt et al. (2015), Sources and characteristics of information about product use, S. 242.

223 Vgl. Schmitt und Pfeifer (2015), Qualitätsmanagement: Strategien-Methoden-Techniken, S. 250.

224 Edler (2001), Nutzung von Felddaten in der qualitätsgetriebenen Produktentwicklung und im Service, S. 5.

225 Vgl. Edler (2001), Nutzung von Felddaten in der qualitätsgetriebenen Produktentwicklung und im Service, S. 5.

226 Vgl. Hribernik et al. (2017), Towards a platform for integrating product usage information into innovative product-service design, S. 1407.

227 Vgl. Mohr et al. (2016), Monetizing car data, S. 34.

228 Vgl. Chen et al. (2018), Performance Assessment of Product Modules Based on Usage Data Collected Through Embedded Sensors, S. 1801.

durchgeführten Aufgaben. Die Nutzungsvielfalt hingegen umfasst Informationen, welche Aufschluss über die genutzten Funktionen und bearbeiteten Aufgaben, unabhängig von ihrer Häufigkeit, geben.[229]

Aufbauend auf den vorangehenden Ausführungen wird der Begriff der Produktnutzungsinformationen für die vorliegende Arbeit wie folgt definiert:

Produktnutzungsinformationen sind aus der Nutzungsphase rückwärtsgerichtete Informationen über den Betrieb und das Verhalten der Maschinen und Anlagen und dienen als wesentlicher Input für die Produktentwicklung, indem sie ein ganzheitliches Verständnis über die Nutzung der Maschinen und Anlagen generieren.

Im Anschluss an die Definition von Informationen aus der Produktnutzung für die vorliegende Arbeit werden im Folgenden mögliche Quellen für solche Informationen näher betrachtet. Dies erzeugt ein Verständnis für die Herkunft der in der zu entwickelnden Methodik benötigten Informationen und stellt sicher, dass diese in der Nutzung von Maschinen und Anlagen generierbar sind.

Hinsichtlich der Klassifizierung von Quellen für Informationen aus der Produktnutzung unterscheiden DENG ET AL. grundsätzlich zwischen den drei folgenden verschiedenen Arten von Informationen:

- von Menschen bzw. dem Nutzer generierte Informationen
- geschäftsprozessgesteuerte Informationen
- maschinengenerierte bzw. produktgenerierte Informationen

Die erste Quelle ist die Generierung von Informationen durch Menschen bzw. den Produktnutzer. So geben von Menschen geschaffene Informationen („human sourced information") Auskunft über die Erfahrungen, welche der Nutzer während der Produktnutzung macht. Diese Art von Quellen umfasst bspw. Web-Blogs, Online-Foren, Produktreviews, Callcenter-Transkripte und Emails. Die Informationen aus dieser Quelle sind meist nur schwach strukturiert und häufig unübersichtlich.[230] WELLSANDT ET AL. bezeichnen Informationen, welche vom Menschen generiert werden, als artikulierte Informationen („articulated information"). Sie umfassen damit sämtliche Informationen, welche von Nutzern oder anderen Personen generiert werden, die in Kontakt mit dem Produkt treten, während sich dieses in der Phase MOL befindet. Als Beispiel wird ein Produkt-Review einer Online-Shopping-Plattform vorgestellt. Dieses

[229] Vgl. Ram und Jung (1990), The Conceptualization and Measurement of Product Usage, S. 68.

[230] Vgl. Deng et al. (2020), Towards Understanding the Role of Product Usage Information in Product Design Improvement, S. 372f.

bietet neben dem Autorennamen und einem Zeitstempel Informationen zum Referenzprodukt sowie qualitative und quantitative Informationen zu den Erfahrungen, welche während der Produktnutzung gemacht werden.[231]

Die zweite Quelle sind Geschäftsprozesse, welche Informationen während der Produktnutzung erzeugen. Konkrete Quellen sind bspw. Informationssysteme für verschiedene Geschäftsbereiche. In diesen Systemen werden stark strukturierte Informationen wie bspw. Service-Datensätze oder Garantieanträge erzeugt, gespeichert und zugänglich gemacht.[232]

Die dritte Quelle für Informationen, welche gleichzeitig die relevanteste für die in dieser Arbeit zu entwickelnde Methodik darstellt, ist das Produkt selbst. Diese Informationen werden von Sensoren und Aktuatoren erzeugt, welche in oder an dem Produkt installiert sind.[233] Nach KREUTZER können diese Informationen ebenso den Felddaten zugeordnet werden.[234] WELLSANDT ET AL. detaillieren dies und fokussieren in dieser Gruppe von Informationen jene, die spezifische physikalische Phänomene messen. Diese Informationen werden in der Regel in Datenbanken in einer gewissen Struktur gespeichert und mit einem Zeitstempel sowie einem Referenzobjekt versehen.[235] Hinsichtlich gemessener Informationen aus der Produktnutzung, insbesondere bei Maschinen und Anlagen, unterscheiden TETI ET AL. zwischen direkten und indirekten Messmethoden. Direkte Methoden sehen eine direkte Messung des aktuellen Status von Variablen, bspw. des Werkzeugverschleißes, vor. Messungen werden in diesem Fall bspw. mit Hilfe von Kameras oder Laserstrahlen durchgeführt. Direkte Ansätze weisen damit einen hohen Grad an Genauigkeit auf, können aber häufig aufgrund eingeschränkter Zugänglichkeit der entsprechenden Produktkomponenten nicht vollumfänglich in der industriellen Praxis eingesetzt werden. Indirekte Messmethoden hingegen fokussieren die Messung von Hilfsgrößen, wie bspw. die Schnittkraftkomponenten. Die tatsächlich gesuchte Messgröße wird anschließend über empirisch ermittelte

---

[231] Vgl. Wellsandt et al. (2015), Sources and characteristics of information about product use, S. 245.

[232] Vgl. Deng et al. (2020), Towards Understanding the Role of Product Usage Information in Product Design Improvement, S. 372f.

[233] Vgl. Deng et al. (2020), Towards Understanding the Role of Product Usage Information in Product Design Improvement, S. 372f.

[234] Vgl. Kreutzer (2019), Methodik zur Bestimmung der Nutzenpotenziale von Felddaten cyber-physischer Systeme, S. 17.

[235] Vgl. Wellsandt et al. (2015), Sources and characteristics of information about product use, S. 245.; Deng et al. (2020), Towards Understanding the Role of Product Usage Information in Product Design Improvement, S. 372f.

Korrelationen abgeleitet. Indirekte Methoden sind weniger genau als direkte Methoden, aber auch weniger komplex und für die praktische Anwendung häufig besser geeignet.[236]

Maschinengenerierte Informationen stellen damit die relevanteste Informationsart für die in dieser Arbeit zu entwickelnde Methodik dar und werden im Folgenden fokussiert. Eine Einschränkung auf direkte oder indirekte Messmethoden zu ihrer Aufnahme wird nicht als notwendig erachtet.

2.4 Zwischenfazit: Grundlagen und Definitionen

Im zweiten Kapitel dieser Arbeit wurden die wesentlichen Begriffe und Zusammenhänge zur Identifizierung von Innovationspotenzialen durch die Analyse von Produktnutzungsinformationen vorgestellt. Es wurde zunächst der Fokus auf den Innovationsbegriff gelegt (Unterkapitel 2.1). Hierzu wurden Innovationen anhand verschiedener Dimensionen definiert sowie ihre Entwicklung in verschiedenen Arten von Innovationsprozessen vorgestellt. Basierend auf diesen Ausführungen wurde der für diese Arbeit essenzielle Begriff des Innovationspotenzials definiert. Anschließend wurden relevante Begrifflichkeiten zur Produktnutzung eingeführt (Unterkapitel 2.2). Nach einer Definition des Produktbegriffs im Kontext des Maschinen- und Anlagenbaus sowie der Darlegung der Charakteristika cyber-physischer Produkte wurden verschiedene Arten generischer Produktlebenszykluskonzepte sowie die für diese Arbeit relevante Phase der Produktnutzung vorgestellt. Zur Vorbereitung der weiteren Ausarbeitungen in Kapitel 5 wurden ausgewählte Methoden zur Modellierung der Produktnutzung vorgestellt. Abschließend wurde der für diese Arbeit essenzielle Begriff der Nutzungshypothese anhand von Grundlagen zu wissenschaftlichen Hypothesen eingeführt. Abschließend wurde der Fokus auf die Definition des Informationsbegriffs gelegt (Unterkapitel 2.3). Nach einer Abgrenzung von Daten, Informationen und Wissen wurde der Informationsbegriff in den Kontext der Nutzung von Maschinen und Anlagen gesetzt sowie relevante Grundlagen zu Produktnutzungsinformationen erläutert.

Die Inhalte dieses Kapitels bilden die Grundlage für die Vorstellung und Analyse von Herausforderungen in der Praxis und Defiziten in der wissenschaftlichen Literatur in Kapitel 3. Weiterhin fließen die Inhalte in die Ausarbeitungen der Methodik in den Kapiteln 4 und 5 ein.

[236] Vgl. Teti et al. (2010), Advanced monitoring of machining operations, S. 718.

3 Bestehende Ansätze

Im dritten Kapitel werden ausgewählte bestehende Ansätze zur Identifizierung von Innovationspotenzialen bewertet. Der Fokus liegt dabei entsprechend der Zielsetzung der vorliegenden Arbeit auf Ansätzen, welche die Identifizierung dieser Potenziale durch die Analyse von Informationen aus der Produktnutzung adressieren. Im Folgenden werden in Unterkapitel 3.1 zunächst aktuelle Herausforderungen der industriellen Praxis in diesem Zusammenhang dargestellt. Anschließend werden in Unterkapitel 3.2 bestehende Ansätze identifiziert und bewertet. Diese Bewertung dient in Abschnitt 3.2.3 zur Einordnung der vorliegenden Arbeit. Abschließend wird der Forschungsbedarf in Unterkapitel 3.3 in einem Zwischenfazit zusammengefasst.

3.1 Herausforderungen in der Praxis

In der Einleitung und Motivation dieser Arbeit (vgl. Unterkapitel 1.1) wurde dargestellt, welche Potenziale Informationen aus der Produktnutzung hinsichtlich der Identifizierung von Innovationspotenzialen bergen. Dazu gilt es, diese Informationen gezielt aufzunehmen und in die Produktentwicklung zurückzuführen. In der Produktentwicklung dienen die Informationen dazu, Erkenntnisse über die tatsächliche Produktnutzung zu gewinnen und Potenziale für Innovationen strukturiert abzuleiten. Diese Potenziale sind durch geeignete Entwicklungsmethoden in der Entwicklung zu bearbeiten.

Bereits in den ausgeführten Grundlagen (vgl. Kapitel 2) wird deutlich, dass die Transformation mechatronischer Produkte zu CPS zunehmend eine Verfügbarkeit der für diese Arbeit notwendigen Informationen aus der Produktnutzung bietet. Dennoch ist in der industriellen Praxis zu beobachten, dass die gezielte Aufnahme und Analyse von Produktnutzungsinformationen zur Identifizierung von Innovationspotenzialen vielerorts noch nicht systematisch umgesetzt wird. Die Herausforderungen, mit welchen sich Unternehmen der Praxis konfrontiert sehen, werden im Folgenden erläutert. Sie werden dazu in zwei Bereiche eingeordnet. Zunächst werden Herausforderungen in der Produktnutzung hinsichtlich der gezielten Identifizierung und Aufnahme von relevanten Informationen beschrieben. Anschließend wird der Entwicklungsbereich fokussiert und Herausforderungen hinsichtlich der Generierung und Verwendung von Erkenntnissen zur Weiterentwicklung der Maschinen herausgestellt. Dabei wird auf verschiedene Erfahrungen und Erkenntnisse aus Industrieprojekten referenziert, welche am Werkzeugmaschinenlabor WZL der RWTH Aachen mit Fokus auf die Identifizierung von Innovationspotenzialen durchgeführt wurden.

Herausforderungen hinsichtlich der gezielten Identifizierung und Aufnahme relevanter Informationen in der Produktnutzung

In Kapitel 1 wurde ausgeführt, dass die gezielte Identifizierung und Aufnahme von Informationen zur (Weiter)-Entwicklung von Produkten in der Industrie häufig bereits im Rahmen agiler Entwicklungsansätze realisiert wird. Hierbei kommt oftmals die Scrum-Methode zum Einsatz. Bei Scrum werden am Ende eines Entwicklungssprints Produktinkremente mit relevanten Stakeholdern validiert und somit Informationen über das Produkt eingeholt, um dieses während der Entwicklungsphase basierend auf Erkenntnissen aus diesen Informationen gezielt weiterzuentwickeln.[237] Obwohl heute die technischen Möglichkeiten existieren, auch nach dem Verkauf einen kontinuierlichen, zeitlich unbegrenzten Austausch von Informationen zwischen Hersteller, seinen Produkten und den Kunden herzustellen, endet die Aufnahme von Informationen über das Produkt häufig mit dessen Markteinführung. [238]

Um das Potenzial kontinuierlicher Informationsanalyse ausschöpfen zu können, ist es unerlässlich, schon während der Konzeption des Produktes zu antizipieren, welche Sensoren an welcher Stelle welche Informationen erfassen sollen und wie oft die Informationen ausgewertet werden müssen.[239] So belegt eine Studie der DEUTSCHEN AKADEMIE DER TECHNIKWISSENSCHAFTEN (ACATECH), dass in der Industrie bereits im Jahr 2016 ein großer Konsens hierüber herrschte. Demnach bestätigen 88 % der befragten Unternehmen, dass eine Kommunikations- und Vernetzungsfähigkeit das wesentlichste Merkmal „smarter“ Produkte, zu welchen auch CPS gezählt werden können, darstellt.[240] Ebenso werden Kommunikationsschnittstellen von 89 % sowie Sensoren von 86 % der befragten Unternehmen als die wichtigsten Hauptkomponenten smarter Produkte angesehen.[241] Hierbei entstehen durch jeden verbauten Sensor zusätzliche

[237] Vgl. Wolf und Roock (2021), Scrum, S. 7ff.

[238] Vgl. Porter und Heppelmann (2108), Wie smarte Produkte Unternehmen verändern, S. 6; Schuh et al. (2020), Always Beta - DevOps für cyber-physische Produkte, S. 117.

[239] Vgl. Porter und Heppelmann (2108), Wie smarte Produkte Unternehmen verändern, S. 12.

[240] Vgl. Abramovici und Herzog (2016) Engineering im Umfeld von Industrie 4.0, S. 18.

[241] Vgl. Abramovici und Herzog (2016) Engineering im Umfeld von Industrie 4.0, S. 19.

Kosten für die Übermittlung, Speicherung und Analyse der Informationen. Es muss daher abgewogen werden, welche Produktnutzungsinformationen einen ausreichenden Wert im Verhältnis zu diesen Kosten aufweisen.[242] Die Herausforderung in der Praxis besteht darin, dass im Vorfeld zur Nutzungsphase selten bekannt ist, welche Informationen mit welcher Häufigkeit oder Genauigkeit gemessen werden müssen. Die Potenziale einer möglichen Verwendung der Informationen sind oftmals unbekannt.[243] Häufig werden vorläufige Feldtests durchgeführt um zu verstehen, welche Informationen in einem vollumfänglich funktionsfähigen Produkt tatsächlich relevant sind.[244] Dies resultiert darin, dass Informationen aus der Produktnutzung nicht aufgenommen werden und Erkenntnisse über die Produktnutzung, wie bspw. die fehlerhafte Nutzung des Not-Aus-Schalters bei medizintechnischen Produkten, erst aus der Analyse von Produktausfällen generiert werden.[245] Sollen Informationen aus der Produktnutzung aufgenommen werden, so wird oftmals noch auf quantitative Methoden in Form aufwendiger Studien und Befragungen zurückgegriffen.[246]

Dies bestätigen ebenso die Ergebnisse der Konsortial-Benchmarking Studie „Market Intelligence", welche im Jahr 2020 unter der Leitung der Autorin am Werkzeugmaschinenlabor WZL der RWTH Aachen durchgeführt wurde. Im Rahmen der Fragebogenstudie haben insgesamt 144 Fach- und Führungskräfte aus Unternehmen der produzierenden Industrie teilgenommen. Der Großteil der Studienteilnehmer entfällt auf den Maschinen- und Anlagenbau, die Automobilbranche sowie die Medizintechnik. Als „Market Intelligence" wird in der Studie die Identifizierung und Aufnahme relevanter Informationen aus dem Markt sowie ihre Auswertung und Überführung in Erkenntnisse und Entscheidungen definiert. Produktnutzungsinformationen sind demnach in die Definition der relevanten Informationen für Market Intelligence einbezogen. In der Studie bestätigen 74 % der sogenannten „Top Performer"[247], dass Market Intelligence zur Optimierung bestehender Produkte eingesetzt werden soll.

---

[242] Vgl. Porter und Heppelmann (2014), How Smart, Connected Products Are Transforming Competition, S. 19.

[243] Expertengespräch mit einem Entwicklungsmitarbeiter eines Werkzeugmaschinenherstellers.

[244] Vgl. Vichare et al. (2007), Environment and Usage Monitoring of Electronic Products for Health Assessment and Product Design, S. 238.

[245] Expertengespräch mit dem Entwicklungsleiter eines Medizintechnikherstellers.

[246] Expertengespräch mit einem Entwicklungsmitarbeiter eines Werkzeugmaschinenherstellers.

[247] Als „Top Performer" wurden im Rahmen der Studie die besonders erfolgreichen Unternehmen bezeichnet. Die Bewertung erfolgte anhand verschiedener Erfolgskriterien, welche sich aus einer Ergebnis- und einer Implementierungsdimension zusammensetzten.

Ebenso wird von 67 % der Top Performer die Entwicklung neuer Produkte basierend auf Erkenntnissen aus Market Intelligence als relevantes Ziel angegeben.[248]

„Welche Ziele verfolgen Sie durch den Einsatz von Market Intelligence in Ihrem Unternehmen?“

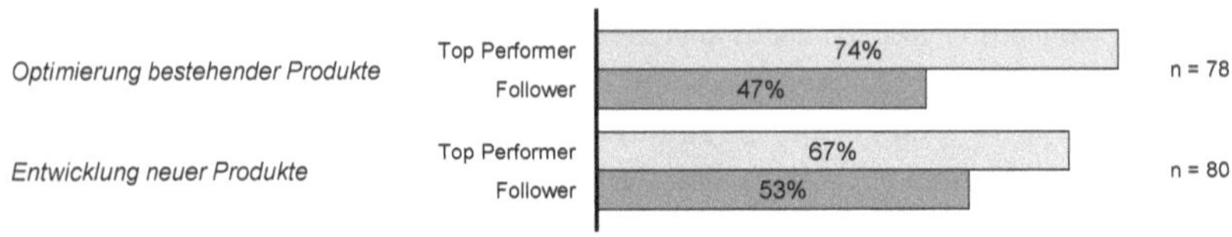

Abbildung 3-1: Ziele beim Einsatz von Market Intelligence[249]

Die Studienergebnisse belegen jedoch gleichermaßen, dass zur Erreichung dieser Ziele die o.g. Potenziale von CPS noch nicht ausgeschöpft werden. So geben nur 18 % der Top Performer an, dass Produktnutzungsinformationen für die Erreichung der Ziele von Market Intelligence genutzt werden, während 58 % noch immer persönliche Kundengespräche als relevante Quelle für Market Intelligence ansehen.[250]

„Informationen aus der folgenden Quelle können wir sinnvoll für Market Intelligence nutzen“

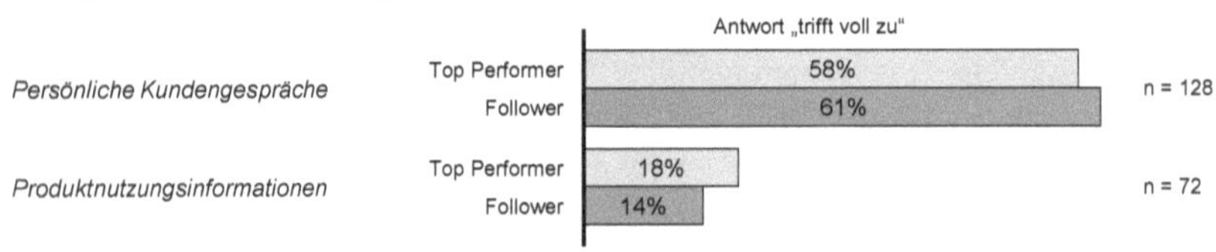

Abbildung 3-2: Verwendete Informationsquellen für Market Intelligence[251]

Im Anschluss an die Darstellung der Herausforderungen hinsichtlich der Identifizierung und Aufnahme relevanter Produktnutzungsinformationen werden im Folgenden die Herausforderungen hinsichtlich der Generierung und Verwendung von Erkenntnissen in der Produktentwicklung beschrieben.

Herausforderungen hinsichtlich der Generierung und Verwendung von Erkenntnissen in der Produktentwicklung

Aufgenommene Produktnutzungsinformationen gilt es in die Produktentwicklung zurückzuführen, da sie ein enormes Potenzial zur Optimierung und Innovation aktueller

[248] Vgl. Schuh et al. (2020), Konsortial-Benchmarking Studie "Market Intelligence".
[249] In Anlehnung an Schuh et al. (2020), Konsortial-Benchmarking Studie "Market Intelligence".
[250] Vgl. Schuh et al. (2020), Konsortial-Benchmarking Studie "Market Intelligence".
[251] In Anlehnung an Schuh et al. (2020), Konsortial-Benchmarking Studie "Market Intelligence".

und nachfolgender Produktgenerationen bieten.[252] Werden die Informationen in der Entwicklung anschließend nicht systematisch ausgewertet, droht eine nicht nutzungsgerechte Auslegung der Funktionen nachfolgender Produktgenerationen bzw. ein Over- oder Under-Engineering.[253] Auch hinsichtlich der Generierung und Verwendung von Erkenntnissen zeigt die o.g. Benchmarking-Studie „Market Intelligence“ verschiedene Defizite in der Praxis auf. So verwenden nur 30 % der Top Performer bzw. 19 % der Follower Erkenntnisse aus Market Intelligence in einem hohen Maße für die Fokussierung der F&E-Aktivitäten. Weiterhin geben lediglich 14 % der Top Performer bzw. 1 % der Follower an, dass in ihren Unternehmen Erkenntnisse aus Market Intelligence konsequent in konkrete Maßnahmen überführt werden.[254]

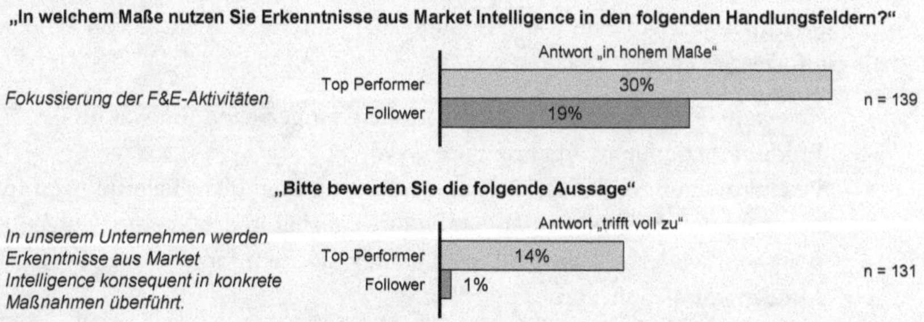

Abbildung 3-3: Verwendung von Market Intelligence Erkenntnissen und Überführung in konkrete Maßnahmen[255]

Interviews mit Experten aus der Industrie bestätigen, dass es zum einen an geeigneten Möglichkeiten zur Rückführung der Informationen smarter Produkte in die Entwicklung und zum anderen an der strukturierten Verwendung der Informationen in der Entwicklung mangelt.[256] Trotz zahlreicher theoretischer Ansätze erweist es sich in der Praxis heute häufig noch als herausfordernd, die Produktnutzung inhaltlich mit einer konkreten Entwicklungsaufgabe, hier der Generierung von Innovationspotenzialen, zu verbinden.[257] Besonders in der Anwendung der Informationen zur Anforderungsvalidierung besteht nach wie vor ein Defizit. Hinsichtlich funktionaler Anforderungen

[252] Vgl. Abramovici und Stark (2013), Smart Product Engineering, S. 358.
[253] Vgl. Abramovici und Lindner (2011), Providing product use knowledge, S. 211.
[254] Vgl. Schuh et al. (2020), Konsortial-Benchmarking Studie "Market Intelligence".
[255] In Anlehnung an Schuh et al. (2020), Konsortial-Benchmarking Studie "Market Intelligence".
[256] Vgl. acatech - Deutsche Akademie der Technikwissenschaften (2018), Engineering smarter Produkte, S. 15.
[257] Vgl. Shin et al. (2015), Design modification supporting method based on product usage data in closed-loop PLM, S. 554.

mangelt es insbesondere an Möglichkeiten einer einfachen Funktionsmodellierung durch die Erweiterung bzw. Anpassung bestehender Modellierungsansätze.[258] Dies resultiert darin, dass aufgenommene Informationen nicht dazu verwendet werden, zielgerichtet konkrete Fragestellungen hinsichtlich des Produktes zu beantworten.[259] Die Wissensbereitstellung auf Basis von Informationen früherer Produktgenerationen ist folglich noch nicht hinreichend für die Anwendung in der Praxis erschlossen.[260] Das Fehlen geeigneter Methoden zur Informationsanalyse führt heute in der Entwicklung vielmehr häufig zu falschen Schlussfolgerungen.[261]

Zusammenfassung der Herausforderungen in der Praxis

Zusammenfassend lassen sich in der Praxis die folgenden Herausforderungen hinsichtlich der Identifizierung von Innovationspotenzialen durch die Analyse von Produktnutzungsinformationen identifizieren:

- Relevante Produktnutzungsinformationen zur gezielten Innovation des Produktes können nicht antizipiert werden.
- Produktnutzungsinformationen zur systematischen Identifizierung von Innovationspotenzialen werden häufig nicht gezielt in der Nutzung aufgenommen, sondern es wird auf qualitativ erhobene Informationen, bspw. aus Kundengesprächen, zurückgegriffen.
- Aufgenommene Informationen werden nicht systematisch in die Entwicklung implementiert sowie analysiert, um Erkenntnisse zur Identifizierung von Innovationspotenzialen strukturiert zu generieren.
- Identifizierte Innovationspotenziale werden nicht gezielt durch geeignete Entwicklungsmethoden bearbeitet.

Die zuvor beschriebenen Herausforderungen werden durch die zu entwickelnde Methodik adressiert. Die Methodik legt hierzu einen Fokus auf die systematische Ermittlung und Analyse relevanter Produktnutzungsinformationen und die strukturierte Ableitung und Bearbeitung von Innovationspotenzialen.

---

[258] Vgl. acatech - Deutsche Akademie der Technikwissenschaften (2018), Engineering smarter Produkte, S. 15.
[259] Expertengespräch mit einem Entwicklungsmitarbeiter eines Werkzeugmaschinenherstellers
[260] Vgl. acatech - Deutsche Akademie der Technikwissenschaften (2018), Engineering smarter Produkte, S. 14.
[261] Expertengespräch mit einem Entwicklungsmitarbeiter eines Herstellers für Lagertechnikgeräte

3.2 Darstellung und Bewertung bestehender Ansätze

Nachdem im vorangehenden Kapitel die praxisseitigen Herausforderungen hinsichtlich der Identifizierung von Innovationspotenzialen durch die Analyse von Informationen aus der Produktnutzung dargestellt wurden, dient das folgende Kapitel der Analyse bestehender Literaturansätze. In Abschnitt 3.2.1 werden zunächst Kriterien zur systematischen Bewertung eingeführt. Die relevanten wissenschaftlichen Ansätze werden anschließend in Abschnitt 3.2.2 jeweils vorgestellt und anhand der Kriterien bewertet.

3.2.1 Kriterien zur Bewertung bestehender Ansätze

Die strukturierte Recherche und Bewertung von Literatur wurde bereits in den 1980er Jahren als wissenschaftlicher Bereich vorgeschlagen.[262] Sie stellt nach BAKER einen wesentlichen ersten Schritt sowie eine Grundlage bei der Durchführung eines Forschungsprojektes dar.[263] Eine Literaturrecherche zielt darauf ab, die für ein zu untersuchendes Thema relevanten Quellen zu identifizieren und leistet damit einen wesentlichen Beitrag zur Relevanz und Stringenz der Forschung.[264] Einerseits wird die Relevanz der Forschung verbessert, indem die erneute Untersuchung von bereits Bekanntem vermieden wird.[265] Andererseits wird die Stringenz der Forschung gefördert, indem die vorhandene Wissensbasis in der Wissenschaft effektiv genutzt wird.[266] Zur Strukturierung der Literaturrecherche wird in der vorliegenden Arbeit der Ansatz von VOM BROCKE ET AL. verwendet, welcher in Abbildung 3-4 abgebildet wird.

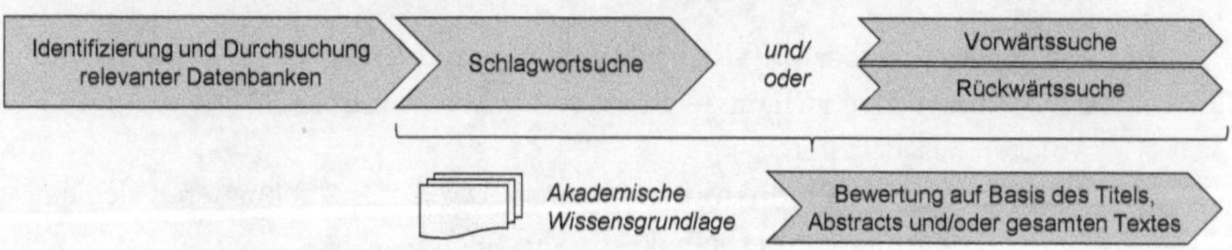

Abbildung 3-4: Literaturanalyseprozess in Anlehnung an VOM BROCKE ET AL.[267]

[262] Vgl. Garfield (1987), Reviewing Review Literature. Part 1. Definitions and Uses of Reviews, S. 113.

[263] Vgl. Baker (2000), Writing a Literature Review, S. 219.

[264] Vgl. vom Brocke et al. (2009), Reconstructing the giant: on the importance of rigour in documenting the literature search process, S. 4.

[265] Vgl. Baker (2000), Writing a Literature Review, S. 219.

[266] Vgl. Hevner et al. (2004), Design Science in Information Systems Research, S. 88.

[267] In Anlehnung an vom Brocke et al. (2009), Reconstructing the giant: on the importance of rigour in documenting the literature search process, S. 10.

Dieser beginnt mit der Identifizierung geeigneter Forschungsdatenbanken sowie der Durchführung einer einfachen Schlagwortsuche. Unter einer Schlagwortsuche wird die Abfrage wissenschaftlicher Datenbanken unter Verwendung eines bestimmten Wortes oder Ausdrucks („Schlagwort") verstanden. Dabei können die Schlagwörter in verschiedenen Kategorien gesucht werden, wie bspw. im Titel, im Abstract oder im Fließtext. Ein Nachteil der Schlagwortsuche ist, dass die verwendeten Schlagwörter „Buzzwörter" verschiedener technischer Bereiche darstellen, welche mit der Zeit in der Literatur erscheinen und wieder vergehen.[268] VOM BROCKE ET AL. schlagen daher zusätzlich die Durchführung einer Vorwärts- und Rückwärtssuche vor, welche ursprünglich von WEBSTER und WATSON eingeführt wurde.[269] Während die Rückwärtssuche die Überprüfung der Referenzen der aus der Schlagwortsuche gewonnenen Quellen bedeutet, bezieht sich die Vorwärtssuche wiederum auf die Überprüfung weiterer Quellen, welche den Artikel zitiert haben.[270] Nach der Durchführung einer Schlagwort- sowie der Vorwärts- und Rückwärtssuche gilt es, die identifizierte Literatur zu analysieren und anhand definierter Kriterien zu bewerten.[271]

Zu diesem Zweck werden im Folgenden die Bewertungskriterien für die Analyse der bestehenden Ansätze definiert. Die Kriterien setzen sich aus dem Objekt- und Zielbereich sowie der Lösungshypothese zusammen. Zunächst definiert der Objektbereich den Betrachtungsraum, in welchen die zu entwickelte Methodik eingebettet werden soll. Anhand der folgenden Kriterien zum Objektbereich wird bewertet, inwieweit die identifizierten Ansätze den gleichen Objektbereich wie die zu entwickelnde Methodik adressieren:

- **Fokussierung cyber-physischer Maschinen und Anlagen:** Die Ansätze sind auf die besonderen Charakteristika von cyber-physischen Maschinen und Anlagen ausgerichtet.
- **Fokussierung der Produktnutzungsphase:** Die Ansätze fokussieren sich auf die Nutzungsphase innerhalb des Produktlebenszyklus.
- **Fokussierung von Produktnutzungsinformationen:** Die Ansätze beziehen Informationen aus der Produktnutzung ein.

[268] Vgl. Levy und Ellis (2006), A Systems Approach to Conduct an Effective Literature Review, S. 190.

[269] Vgl. Webster und Watson (2002), Analyzing the past to prepare for the future, 17f.

[270] Vgl. Webster und Watson (2002), Analyzing the past to prepare for the future, S. 16; Levy und Ellis (2006), A Systems Approach to Conduct an Effective Literature Review, 190ff.

[271] Vgl. vom Brocke et al. (2009), Reconstructing the giant: on the importance of rigour in documenting the literature search process, S. 10.

Der Zielbereich als zweiter Bestandteil der Bewertungskriterien leitet sich aus der in Unterkapitel 1.2 definierten Zielsetzung der vorliegenden Arbeit ab. Die folgenden Kriterien bewerten demnach, inwieweit die bestehenden Ansätze die gleiche Zielsetzung wie die zu entwickelnde Methodik verfolgen:

- **Beschreibung von Nutzungszyklen:** Der Ansatz zielt darauf ab, Nutzungszyklen innerhalb der Produktnutzung zum Zwecke der Identifizierung von Innovationspotenzialen systematisch abzugrenzen und zu beschreiben.
- **Bestimmung des Informationsbedarfs zur Beschreibung der Produktnutzung:** Der Ansatz unterstützt den Anwender darin, den spezifischen Informationsbedarf zur Beschreibung der Produktnutzung zu identifizieren.
- **Definition und Überprüfung einer Nutzungshypothese:** Der Ansatz unterstützt den Anwender darin, Annahmen zur Produktnutzung systematisch in Form von Hypothesen zu formulieren und durch die Analyse von Produktnutzungsinformationen statistisch fundiert zu überprüfen.
- **Identifizierung von Innovationspotenzialen:** Der Ansatz zielt darauf ab, mittels der Analyse der Produktnutzung Potenziale zur Innovation zu identifizieren.
- **Bereitstellung geeigneter Entwicklungsmaßnahmen:** Der Ansatz unterstützt den Anwender darin, Innovationspotenziale in der Produktentwicklung zu bearbeiten, indem geeignete Entwicklungsmaßnahmen bereitgestellt werden.

Der zu entwickelnden Methodik liegt die grundsätzliche Lösungshypothese zugrunde, dass sich mittels der Überprüfung von Nutzungshypothesen durch Produktnutzungsinformationen Innovationspotenziale für die Entwicklung ableiten lassen. Die Lösungshypothese lässt sich wie folgt zusammenfassen:

Durch die Analyse von Produktnutzungsinformationen lassen sich Nutzungshypothesen überprüfen, sodass die Ermittlung von Abweichungen zwischen angenommener und realer Produktnutzung zur Identifizierung von Innovationspotenzialen befähigt.

3.2.2 Darstellung und Bewertung bestehender Ansätze

Basierend auf dem in Abschnitt 3.2.1 eingeführten Vorgehen zur Analyse bestehender Literatur sowie den beschriebenen Kriterien werden im Folgenden bestehende Ansätze zur Analyse von Produktnutzungsinformationen zur Identifizierung von Innovationspotenzialen jeweils kurz vorgestellt und bewertet. Zur Strukturierung der

Ansätze werden diese in die fünf folgenden Kategorien aufgeteilt: (1) Ansätze zur Beschreibung und Analyse der Produktnutzung, (2) Ansätze zur Analyse der Produktnutzung zur Ableitung von Kundenbedürfnissen, (3) Ansätze zur Analyse der Produktnutzung zur Ableitung von Schwachstellen des Produktes in der Nutzung, (4) Ansätze zur Analyse der Produktnutzung zur Ableitung von Implikationen für die Produktentwicklung sowie (5) Eigene Ansätze.

3.2.2.1 Ansätze zur Beschreibung und Analyse der Produktnutzung

Im folgenden Abschnitt werden ausgewählte Ansätze vorgestellt, welche das Ziel der Beschreibung und Analyse der Produktnutzung verfolgen.

The Conceptualization and Measurement of Product Usage nach RAM und JUNG[272]

Die Autoren stellen eine Arbeit vor, in welcher relevante konzeptionelle Dimensionen der Produktnutzung identifiziert sowie zuverlässige und valide Maße zur Beschreibung der Produktnutzung entwickelt werden. Es werden zwei Methoden zur Aufnahme der Produktnutzung, ein Selbstauskunftsbogen sowie eine Tagebuchstudie, eingesetzt. Diese beiden Methoden werden anhand von Versuchen mit vier Konsumgütern validiert. Die Ergebnisse ergeben, dass die Nutzungshäufigkeit und die Nutzungsvielfalt zwei entscheidende Dimensionen der Produktnutzung darstellen. Die Nutzungsvielfalt drückt die Anzahl verschiedener Anwendungsfälle aus, in welchen das Produkt genutzt wird, unabhängig von der Anzahl der Nutzungen. Die Nutzungshäufigkeit ist ein Maß dafür, wie häufig ein Produkt, unabhängig von der Anzahl der verschiedenen Anwendungsfälle, genutzt wird. Die Fragestellungen im Selbstauskunftsbogen zur Ermittlung dieser beiden Maße sind in Abbildung 3-5 dargestellt. Die Versuche decken auf, dass ein systematisch konzipierter Selbstauskunftsbogen zuverlässige, valide Nutzungsmaße liefern kann und zudem den Zeit- und Arbeitsaufwand in der Aufnahme gegenüber der Tagebuchmethodik erheblich einsparen kann.

[272] Vgl. Ram und Jung (1990), The Conceptualization and Measurement of Product Usage.

Aufnahme der Produktnutzung	
1. Nutzungshäufigkeit	
Nutzungshäufigkeit seit dem Erwerb	Aktuelle Nutzungshäufigkeit
Wie oft haben Sie das Produkt seit dem Erwerb durchschnittlich verwendet?	Wie oft nutzen Sie aktuell das Produkt?
2. Nutzungsvielfalt (der Funktionen)	
Nutzung nach dem Erwerb	Kumulierte Nutzung
Welchen Anteil der Gesamtfunktionen des Produktes haben Sie unmittelbar nach dem Erwerb ausprobiert?	Welchen Anteil der Gesamtfunktionen des Produktes haben Sie genutzt, seit Sie es erworben haben?

Abbildung 3-5: Nutzungsdatenaufnahme durch Selbstberichte[273]

Obwohl der Ansatz aufgrund des weit zurückliegenden Entstehungsdatums weder cyber-physische Produkte noch Informationen aus Produktsensoren fokussiert, werden relevante Vorschläge für Dimensionen der Produktnutzung und für ihre Aufnahme gemacht. Die Produktnutzungsphase sowie Informationen über die Produktnutzung werden damit im Rahmen der Möglichkeiten zu dem Erscheinungsdatum des Ansatzes vollumfänglich adressiert. Spezifische Informationen werden in Form der Nutzungsvielfalt und der Nutzungshäufigkeit aufgenommen. Dieser Informationsbedarf wird jedoch nicht strukturiert hergeleitet.

Characteristics-Properties Modelling nach WEBER[274]

WEBER liefert mit dem sogenannten Characteristics-Properties Modelling (CPM) einen Ansatz zur Funktionsmodellierung und damit eine weitere Grundlage zur Beschreibung von Produktnutzungen. Dieser Ansatz basiert auf einer Unterscheidung der Merkmale und Eigenschaften eines Produktes. Dabei werden die Merkmale („Characteristics") als die unabhängigen, produktdefinierenden Merkmale festgelegt. Die Merkmale können vom Entwickler direkt bestimmt werden. Dem gegenüber stehen die Eigenschaften („Properties") des Produktes, welche das Produktverhalten beschreiben. Dieses wird nach WEBER durch die unabhängigen Merkmale bestimmt, weshalb beim CPM der Begriff Eigenschaft gleichbedeutend ist mit den abhängigen Produkteigenschaften. Der Ansatz des CPM basiert darauf, herkömmliche Produktentwicklungsmodelle um den Fokus auf das Produktverhalten zu erweitern. Beim CPM wird dieser

273 In Anlehnung an Ram und Jung (1990), The Conceptualization and Measurement of Product Usage, S. 69.

274 Vgl. Weber (2012), Produkte und Produktentwicklungsprozesse abbilden mit Hilfe von Merkmalen und Eigenschaften.

Fokus auf Funktionsmodellebene realisiert. Dazu werden die Merkmale den Eigenschaften gegenübergestellt und durch Relationen miteinander in Beziehung gesetzt. Als vereinfachende Annahme wird sowohl auf der Merkmals- als auch auf der Eigenschaftsseite auf eine hierarchische Strukturierung verzichtet, die in der Realität jedoch weiterhin existiert, und anstelle dessen eine Darstellung in einfacher Listenform verwendet. Die Produktmerkmale können dabei Abhängigkeiten aufweisen, welche durch entsprechende Dependenzen abgebildet sind. Gleichzeitig werden äußere Rahmenbedingungen als Einflüsse berücksichtigt, welche durch „External conditions" abgebildet sind. Das CPM unterstützt in der Entwicklung entweder dabei, ausgehend von bekannten Produktmerkmalen die Eigenschaften zu determinieren, oder dabei, ausgehend von geforderten Eigenschaften die Merkmale der Lösung festzulegen.

Zusammengefasst liefert WEBER mit dem CPM einen wichtigen Ansatz zur Beschreibung der Produktnutzung, da das Produktverhalten, welches der Kunde beeinflussen kann, mit den Merkmalen des Produktes verbunden wird. Der Ansatz gibt damit implizit Aufschluss darüber, welche Produktmerkmale anzupassen sind, um eine Änderung des Produktverhaltens in der Nutzung zu bewirken. Ein konkretes Vorgehen hierzu stellt WEBER jedoch nicht bereit.

Nutzerorientierte Funktionsmodellierung nach PONN und LINDEMANN[275]

PONN und LINDEMANN liefern mit der nutzerorientierten Funktionsmodellierung einen Ansatz für eine Modellierung der Produktnutzung auf Funktionsebene. Dabei liegt der Fokus der nutzerorientierten Modellierung auf den verschiedenen Anwendungsfällen aller Stakeholder eines zu entwickelnden Produktes. Neben dem Endnutzer selbst sind dies verschiedene interne Abteilungen des Herstellers, bspw. der Vertrieb oder die Fertigung, sowie dritte Beteiligte, wie bspw. eine Zertifizierungsstelle. Bei der Modellierung werden sowohl die Relationen von verschiedenen Nutzern und ihren jeweiligen Anwendungsszenarien als auch die Relationen zwischen verschiedenen Anwendungsfällen selbst durch entsprechende Pfeile dargestellt. Für die Modellierung werden die in Abbildung 3-6 gezeigten Elemente verwendet.

[275] Vgl. Ponn und Lindemann (2011), Konzeptentwicklung und Gestaltung technischer Produkte.

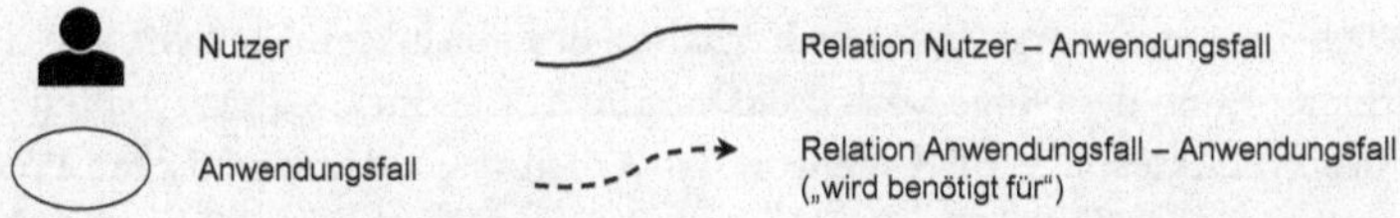

Abbildung 3-6: Elemente zur Modellierung eines nutzerorientierten Funktionsmodells[276]

Die Autoren demonstrieren den Ansatz zur nutzerorientierten Funktionsmodellierung am Beispiel eines Handrührgeräts. Mit der Modellierung soll bspw. untersucht werden können, mit welchen Nutzern das Gerät in welchen Anwendungsszenarien in Berührung kommt. Im Beispiel des Handrührgeräts kann durch die Modellierung zudem erfasst und dokumentiert werden, welchen Beanspruchungen das Produkt entlang des Lebenszyklus ausgesetzt wird.

Obwohl in der Produktnutzungsphase mutmaßlich die meisten Interaktionen mit Anwendern stattfinden, berücksichtigt der vorgestellte Ansatz darüber hinaus die Entstehungsphase. Eine Hypothese zur Produktnutzung wird nur insofern aufgestellt, als dass antizipiert wird, welche Handlungen die verschiedenen Nutzer mit dem Produkt vornehmen. Der Ansatz dient rein zur Beschreibung, Potenziale für Innovationen können aus ihm nicht abgeleitet werden.

Improving product performance by integration use tasks during the design phase: a behavioural design approach nach SUN[277]

SUN liefert in seiner Arbeit zur Integration von Nutzerinformationen in den Entwicklungsprozess einen Ansatz zur Modellierung von Produktfunktionen, welcher insbesondere das Produktverhalten berücksichtigt. Der Behavioural Design Approach (BDA) fokussiert neben dem Verhalten des Produktes auch das Nutzerverhalten und dessen Einfluss auf das Gesamtverhalten. Damit rückt SUN die Interaktion des Nutzers in den erweiterten Fokus der Funktionsmodellierung. Die Funktionen werden dazu in manuelle und automatische Funktionen untergliedert. Letztere sind diejenigen Funktionen, welche das Produkt über seine physische Struktur in Form des Produktverhaltens äußert. Dabei beschreiben die automatischen Funktionen nicht eine tatsächliche Automatisierung ebendieser, sondern es soll zum Ausdruck gebracht werden, dass dieses Strukturverhalten im Betrieb des Produktes unabhängig vom Nutzer erfolgt. Die manuellen Funktionen werden hingegen vom Nutzer ausgeführt und bedingen

[276] In Anlehnung an Ponn und Lindemann (2011), Konzeptentwicklung und Gestaltung technischer Produkte, S. 341.

[277] Vgl. Sun (2012), Improving product performance by integration use tasks during the design phase.

zusätzlich ein anwendergesteuertes Verhalten des Produktes. Die Synthese des Strukturverhaltens und des Nutzerverhaltens summiert sich im Gesamtverhalten („Behaviour“) des Produktes. Der BDA dient in der Arbeit dazu, das erwünschte Produktverhalten mit dem tatsächlichen Produktverhalten abgleichen zu können, welches durch den Einfluss des Nutzers abweichen kann.

Damit ist der der BDA nach SUN ein Ansatz, welcher implizit dazu genutzt werden kann, die Produktnutzung sowie Nutzungshypothesen zu beschreiben. Insbesondere die bewusste Unterscheidung in manuelle und automatische Produktfunktionen hebt diesen Ansatz von den anderen beschriebenen Ansätzen ab. Eine konkrete Produktart, wie Maschinen und Anlagen, sowie explizite Methoden zur gezielten Identifizierung von Innovationspotenzialen und Maßnahmen für die Produktentwicklung werden von dem Ansatz nicht fokussiert.

Erarbeitung einer Theorie der Eigenschaften technischer Produkte nach WÄLDELE[278]

WÄLDELE schlägt in seiner Arbeit einen Ansatz zur Darstellung von Produktfunktionen in Form von Eigenschaftsnetzwerken vor. Er definiert eine Eigenschaft als „alles, was durch Beobachtung, Messergebnis, Berechnung, allgemein akzeptierte Aussagen usw. von einem Objekt festgestellt werden kann.“[279] Demnach besitzt eine Eigenschaft jeweils ein Merkmal und einen Wert (=Ausprägung), welcher entweder qualitativ oder quantitativ spezifizierbar ist. Die geforderten Eigenschaften eines zu entwickelnden Produktes werden weiterhin in abhängige und unabhängige Eigenschaften differenziert. Letztere können direkt und weitestgehend unabhängig vom Entwickler festgelegt werden. Es handelt sich dabei bspw. um die Wahl der Werkstoffe oder geometrischer Abmessungen. Abhängige Eigenschaften werden indirekt durch die unabhängigen Eigenschaften vom Entwickler festgelegt. Die abhängigen Eigenschaften bilden gleichzeitig die Schnittstelle zum Kunden und sind diejenigen Eigenschaften, anhand derer der Anwender üblicherweise den Erfüllungsgrad seiner Bedürfnisse misst. Ein weiterer Faktor, den WÄLDELE in seinem Ansatz aufgreift, sind die sogenannten Produkt- und Prozesseigenschaften, womit die Einflüsse aus prozessualen Umweltbedingungen und dem Nutzerverhalten berücksichtigt werden. Innerhalb dieses Rahmens bildet WÄLDELE die Eigenschaftsrelationen in einer netzwerkartigen Darstellung ab. Dazu wird zwischen quantitativen, d.h. durch mathematische oder physikalische Zusammenhänge beschreibbare, und qualitativen Eigenschaftsrelationen unterschieden.

[278] Vgl. Wäldele (2012), Erarbeitung einer Theorie der Eigenschaften technischer Produkte.
[279] Wäldele (2012), Erarbeitung einer Theorie der Eigenschaften technischer Produkte, S. 16.

Der Ansatz von WÄLDELE bietet durch die Modellierung in Eigenschaftsnetzwerken die Möglichkeit, Produkteigenschaften sowie ihre Beinflussbarkeit durch externe Einflüsse wie bspw. den Nutzer zu beschreiben. Der Ansatz fokussiert darüber hinaus jedoch nicht die Verwendung der Modellierung zur Ableitung möglicher Innovationspotenziale bzw. Implikationen für die Produktentwicklung.

3.2.2.2 Ansätze zur Analyse der Produktnutzung zur Ableitung von Kundenbedürfnissen

In diesem Abschnitt werden ausgewählte Ansätze vorgestellt, welche mit der Analyse der Produktnutzung das Ziel der Ableitung von Kundenbedürfnissen verfolgen.

Integration von Kundenfeedback in die Produktentwicklung zur Optimierung der Kundenzufriedenheit nach SCHULTE[280]

In der Arbeit von SCHULTE wird ein Konzept vorgestellt, welches vorsieht, Kundenfeedback gezielt in die Produktentwicklung zurückzuführen, Kommunikationskanäle zu identifizieren und Feedbackinformationen in ein geeignetes Format für die Produktentwicklung zu transformieren.

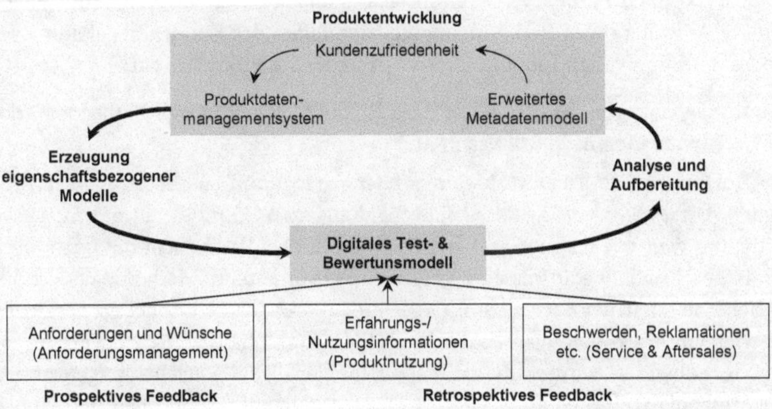

Abbildung 3-7: Konzept für die Integration von Kundenfeedback in die Produktentwicklung[281]

[280] Vgl. Schulte (2006), Integration von Kundenfeedback in die Produktentwicklung zur Optimierung der Kundenzufriedenheit.

[281] In Anlehnung an Schulte (2006), Integration von Kundenfeedback in die Produktentwicklung zur Optimierung der Kundenzufriedenheit.

Das Konzept für die Integration von Kundenfeedbackinformationen besteht aus vier Schritten (vgl. Abbildung 3-7). Prospektives Feedback in Form von Anforderungen und Wünschen sowie retrospektives Feedback durch Erfahrungs-/Nutzungsinformationen und Service-Informationen werden in ein digitales Bewertungsmodell eingegeben. Das Feedback wird analysiert und aufbereitet und in die Produktentwicklung zurückgeführt. In der Produktentwicklung wird die Kundenzufriedenheit durch erweiterte Metadatenmodelle bewertet und vom Produktentwickler analysiert. Die Erkenntnisse hieraus fließen in digitale Produktmodelle ein. Das Konzept verfolgt das Ziel, die Effektivität in der Produktentwicklung sowie die Kundenzufriedenheit zu steigern.

Das Konzept adressiert keine cyber-physischen Maschinen und Anlagen, sondern legt einen Fokus auf die Konsumgüterindustrie. Die Produktnutzungsphase wird vollständig fokussiert, jedoch beschränken sich die Informationen nicht auf die Produktnutzung, sondern beinhalten jegliches Feedback zum Produkt. Es erfolgt keine direkte Identifizierung von Innovationspotenzialen, sondern eine frühzeitige Validierung von ersten Produktentwürfen durch das prospektive Feedback. Aus dem retrospektiven Feedback können Produktverbesserungsmaßnahmen durch die Erkenntnis über veränderte Anforderungen und Nutzungsgewohnheiten des Kunden abgeleitet werden. Beides stellt wertvollen Input für Verbesserungen des Produktes dar.

Identifying Changing User Needs during Product Usage through Embedded Toolkits for User Innovation nach STEINER ET AL.[282]

Der Ansatz von STEINER ET AL. basiert auf der Verzögerungsmethode (engl. „Postponement"). Diese sieht vor, kritische Entscheidungen zum Produkt in der Entwicklung zeitlich so weit wie möglich zu verzögern, um hierbei flexibel bei unklaren oder dynamischen Kundenbedürfnissen zu bleiben. Die vorgestellte Methodik basiert darauf, Unsicherheiten in der Entwicklung neuer Produkte dadurch zu beheben, dass kritische Entwicklungsfragestellungen in die Produktnutzungsphase verlagert werden, indem der Nutzer befähigt wird, zu diesen Fragestellungen eigene Entscheidungen zu treffen. Die Methodik soll unterstützt werden durch sogenannte „embedded open toolkits". Diese verbinden die User Co-Creation mit dem Ansatz, bestimmte Entwicklungsentscheidungen zeitlich zu verzögern, damit Entwicklungsrisiken gesenkt und Kundenbedürfnisse besser getroffen werden. Die Toolkits sind dabei eine Möglichkeit innerhalb der User Co-Creation zu garantieren, dass die Aktivitäten der Nutzer für den Hersteller nachvollziehbar sind, da durch das Toolkit nur ein bestimmtes Set an Möglich-

[282] Vgl. Steiner et al. (2009), Learning from the Customer.

keiten bereitgestellt wird. Die vorgestellte Methodik verbindet die Verzögerungsmethode mit dem beschriebenen Toolkit. Nutzer können damit das Produkt nach dem Kauf basierend auf ihren Wünschen modifizieren und ihre Bedürfnisse direkt in dem Produkt umsetzen. Da durch das begrenzte Toolkit die Produktanpassungen der Nutzer für den Hersteller nachvollziehbar sind, erachten die Autoren die Toolkits als eine wichtige Quelle für Informationen über Kundenbedürfnisse. Die Autoren untersuchen die Akzeptanz eines solchen Ansatzes bei Fahrzeugnutzern in der Automobilindustrie. Sie bewerten hierbei den von den Nutzern wahrgenommenen Nutzen und die wahrgenommene Freude. Die Studie belegt die Akzeptanz der Toolkit-Methodik sowie den Wunsch nach anpassbaren Produkten.

In der vorgestellten Methodik wird nicht die Nutzung von Maschinen und Anlagen fokussiert, sondern die Nutzung von Automobilen. Die Produktnutzungsphase wird hingegen vollständig fokussiert. Informationen aus der Produktnutzung werden nicht vom Hersteller aufgenommen, aber es wird das Potenzial betont, welches diese Informationen bieten. Der Nutzungszyklus wird nur minimal für eine Grundspezifikation des Toolkits vorausgedacht. Das Konzept der Nutzungshypothese und dessen Überprüfung wird nicht genutzt. Die Innovationspotenziale werden nicht vom Hersteller, sondern vom Nutzer selbst identifiziert und mit dem Toolkit umgesetzt. Die Methodik adressiert damit in wenigen Teilen den beschriebenen Zielbereich, stellt aber dennoch eine relevante Ergänzung zu den weiteren beschriebenen Ansätzen dar.

Analyzing Customer Needs of Product Ecosystems using Online Product Reviews nach AYOUB ET AL.[283]

Die Autoren stellen einen Ansatz zur Analyse von Online Produkt-Reviews zur Ableitung von Kundenbedürfnissen mittels Machine Learning Techniken vor. Das Betrachtungsobjekt sind Produkt-Ökosysteme, welche in diesem Kontext mehrere Produkte oder Services darstellen, die sich gegenseitig ergänzen. Aufgrund des hohen manuellen Aufwands der Ermittlung von Kundenbedürfnissen durch Interviews, Fokusgruppen oder Umfragen fokussieren die Autoren online verfügbare Reviews. Mit topic modeling Techniken werden verschiedene Kategorien von Kundenbedürfnissen ermittelt und mit Hilfe einer „sentiment analysis" untersucht. Das Ergebnis hieraus wird in ein analytisches Kano-Modell überführt, welches die Kundenbedürfnisse auf Basis der ermittelten Messwerte der sentiment analysis priorisiert. Die Autoren validieren die Methodik anhand von Amazon-Produkten und nehmen dafür die bei Amazon verfügbaren Produkt-Reviews auf. Die vier Schritte resultieren in kategorisierten und

[283] Vgl. Ayoub et al. (2019), Analyzing Customer Needs of Product Ecosystems.

priorisierten Kundenbedürfnissen, welche in die Weiterentwicklung des Produkt-Ökosystems eingebunden werden können.

Die Autoren fokussieren mit dem Ansatz nicht explizit Maschinen und Anlagen. Zudem ist fraglich, ob die verwendeten Online-Produkt-Reviews für diese Branche verfügbar sind. Die Methodik fokussiert Kundenbedürfnisse, welche während der Produktnutzung identifiziert werden. Die verwendeten Informationen können allerdings, gegensätzlich zur Informationsdefinition in der vorliegenden Arbeit, auch sehr qualitativer bzw. semantischer Natur sein. Es wird weder ein Nutzungszyklus noch ein spezifischer Informationsbedarf oder Nutzungshypothesen definiert. Die Innovationspotenziale können in dem Ansatz dadurch generiert werden, dass ein besseres Verständnis zu Kundenbedürfnissen und ihrer Priorisierung geschaffen wird. Entwicklungsmaßnahmen werden damit zwar nicht direkt bereitgestellt, jedoch erhält der Entwickler konkrete Ansatzpunkte zur gezielten Weiterentwicklung des bisherigen Produkt-Ökosystems.

3.2.2.3 Ansätze zur Analyse der Produktnutzung zur Ableitung von Schwachstellen des Produktes in der Nutzung

Im folgenden Abschnitt werden ausgewählte Ansätze vorgestellt, welche mit der Analyse der Produktnutzung das Ziel der Ableitung bzw. Identifizierung von Schwachstellen des Produktes in der Nutzung verfolgen.

Providing product use knowledge for the design of improved product generations nach ABRAMOVICI und LINDNER[284]

In ihrem Ansatz betonen ABRAMOVICI und LINDNER die verstärkte Verfügbarkeit von Nutzungsinformationen durch die Transformation von Produkten zu Produkt-Service-Systemen und die Miniaturisierung von eingebetteten Sensoren. Sie stellen daher eine Methodik zur Sammlung, Aggregation und Analyse von Produktnutzungsinformationen vor, um aus diesen Informationen Wissen für die Entwicklung verbesserter Nachfolgegenerationen abzuleiten.

Der Kern der Methodik wird als „Product Use Information (kurz: PUI) Feedback Design Assistant" bezeichnet. Dieser beinhaltet Informationen über die Produktnutzung, Umgebungsinformationen, Servicedaten und Kundeninformationen. Aufgebaut auf operativen Nutzungsinformationen besteht die Architektur des PUI Feedback Design

[284] Vgl. Abramovici und Lindner (2011), Providing product use knowledge.

Assistant gemäß Abbildung 3-8 aus vier Ebenen: Der Ebene der extrahierten und gefilterten Daten, der Ebene der harmonisierten Daten, der Datenanalyse sowie dem User Interface.

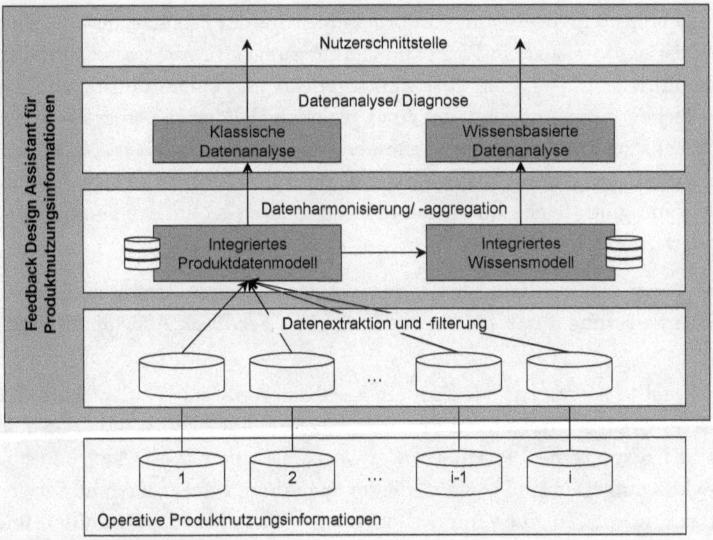

Abbildung 3-8: Architektur des Feedback Design Assistant für Produktnutzungsinformationen[285]

Bei der Anwendung der Architektur werden Informationen extrahiert und gefiltert und anschließend in ein Produktmodell zur Abbildung von Fehlern in der Produktnutzung eingespielt. Hierbei werden Bayessche Netze verwendet, um Zusammenhänge zwischen Fehlern in der Produktnutzung und möglichen Einflüssen abzubilden. Nutzungsprofile sowie Muster in der Nutzung, welche mit den Algorithmen zur Wissensgenerierung in dem PUI Feedback Design Assistant ermittelt werden, werden mit den wahrgenommenen Fehlern in der Produktnutzung verknüpft. Die Autoren validieren die Methodik am Beispiel der Drehspindeleinheit als Teil einer Drahterosionsschleifmaschine. In der Nutzung wird der Antriebsriemen der Einheit als kritischste Komponente identifiziert. Innerhalb der Methodik sind daher Einflussfaktoren auf den Antriebsriemen wie die Rotationsgeschwindigkeit und die Laufzeit der Spindel oder die Umgebungstemperatur zu ermitteln. Alle Einflussfaktoren werden in einem

[285] In Anlehnung an Abramovici und Lindner (2011), Providing product use knowledge, S. 212.

Bayesschen Netz verbunden. Die Produktnutzungsinformationen zu diesen Einflussfaktoren werden dann zur Fehleranalyse verwendet.

Die Methodik zielt mit dem beschriebenen Validierungsbeispiel auf eine Komponente einer Maschine ab und verwendet Informationen aus der Produktnutzung. Zwar werden Innovationspotenziale in Form von Optimierungen für die nächste Produktgeneration identifiziert, dies basiert aber weitestgehend auf Fehlereinflussanalysen mittels der Bayesschen Netze und nicht auf einer gezielten Validierung einer Nutzungshypothese. Spezifische Entwicklungsmaßnahmen werden nicht bereitgestellt, jedoch erhält der Entwickler geeignete Anhaltspunkte, da der PUI Feedback Design Assistant darüber Auskunft gibt, welche Komponente zu optimieren ist, um den Fehler am Produkt zukünftig vermeiden zu können.

Analyse von Maschinendaten zur Entscheidungsunterstützung bei der Produktverbesserung durch die Anwendung eines Feedback Assistenz-Systems nach DIENST[286]

Der vorgestellte Ansatz hat das Ziel, ein Feedback Assistenz-System (kurz: FAS) zur Verbesserung der nachfolgenden Produktgeneration aufzubauen. Das FAS fokussiert jeweils die Nutzung eines „Produktes n", wobei Maschinen im Vordergrund stehen. Es ist als Zyklus aufgebaut und beginnt mit der Sammlung von Sensor- und Servicedaten. Diese Daten werden in eine zentrale Datenbank transferiert, dort analysiert und visualisiert und fließen in die Verbesserung der nächsten Produktgeneration „n+1" ein. Im Anschluss an die Produktion von „Produkt n+1" beginnt der Zyklus des FAS erneut. Das Ziel des FAS besteht darin, Verbesserungspotenziale zu identifizieren, um die Entwicklungszeiten der nachfolgenden Produktgeneration zu verkürzen sowie deren Qualität zu erhöhen. Dazu sollen Schwachstellen der Produktgeneration n beseitigt werden, welche in Bayesschen Netzen untersucht werden. Die Methodik fokussiert drei Einsatzgebiete: Die Evaluierung von Kundenanforderungen, die Aufdeckung von Fehlerursachen sowie die Auswahl einer Verbesserungsalternative anhand der Zielgrößen Zeit, Kosten und Qualität.[287]

In der Arbeit von DIENST werden zwei Beispiele aus dem Maschinen- und Anlagenbau, eine hydraulische Strömungsmaschine sowie ein Blockheizkraftwerk, als Validierungsobjekte verwendet. Die Produktnutzungsphase sowie Informationen über die

---

[286] Vgl. Dienst (2014), Analyse von Maschinendaten zur Entscheidungsunterstützung bei der Produktverbesserung.

[287] Vgl. Dienst (2014), Analyse von Maschinendaten zur Entscheidungsunterstützung bei der Produktverbesserung, S. 121.

Produktnutzung werden vollumfänglich in die Methodik einbezogen. Ein Nutzungszyklus sowie ein spezifischer Informationsbedarf werden nicht definiert. Eine Nutzungshypothese kommt nicht zum Einsatz, stattdessen werden Verbesserungspotenziale für die nachfolgende Produktgeneration vornehmlich aus der Analyse der Bayesschen Netze abgeleitet. Mögliche Handlungsalternativen werden durch Kenngrößen aus den Zielkriterien Zeit, Kosten und Qualität bewertet.

Design modification supporting method based on product usage data in closed-loop PLM nach SHIN ET AL.[288]

Die Methodik von SHIN ET AL. unterstützt Entwickler bei Konstruktionsänderungen durch die Analyse von Felddaten. Die Methodik bewertet hierfür den Zustand des Produktes, klassifiziert aufgenommene Felddaten und verknüpft auffällige Felddaten mit einer schwachen Produktperformance. Die auffälligen Felddaten werden Konstruktionsparametern zugewiesen, welche bei der Entwicklung der nachfolgenden Produktgeneration mit einer hohen Priorität bearbeitet werden sollen. Die Methodik wird am Beispiel der Bremse einer Eisenbahn validiert. In einem ersten Schritt wird ein Funktionsmodell aufgebaut. Dieses dient insbesondere dazu, Verbindungen zwischen Funktionen transparent darzustellen. Hierfür werden bestehende Funktionsmodelle abgewandelt, sodass noch detaillierter auf die Arten von Verbindungen zwischen Funktionen eingegangen werden kann. Zusätzlich werden relevante Felddaten sowie Performance-Kennzahlen mit den Funktionen verknüpft. Im zweiten Schritt wird das Szenario für eine abnehmende Produktperformance basierend auf dem Funktionsmodell aufgebaut. Dieses adressiert die Fragestellung, wie die übergeordnete Produktperformance beeinflusst wird, wenn bspw. eine Funktion nicht mehr wie erwartet eingesetzt werden kann. Durch die Aufnahme von Felddaten wird jede Produktfunktion in der Nutzung analysiert. Die Felddaten werden geclustert und kritische Daten werden identifiziert. Zuletzt wird eine Matrix zur Verbindung zwischen den kritischen Felddaten und Konstruktionsparametern in Anlehnung an die QFD-Methode (siehe auch Anhang A.4) aufgebaut.

Im Rahmen der Methodik werden Maschinen und Anlagen nicht explizit fokussiert, jedoch eignet sich die Methodik zur Anwendung auf diese Produkte. Die Methodik basiert auf der Analyse der Produktnutzung durch die Aufnahme von Felddaten. Eine Art eines Nutzungszyklus wird durch die erweiterte Funktionsstruktur modelliert, aus welcher erforderliche aufzunehmende Felddaten abgeleitet werden. Das Konzept der Nutzungshypothese wird nicht direkt verwendet, jedoch werden Abweichungen zum

[288] Vgl. Shin et al. (2015), Design modification supporting method based on product usage data in closed-loop PLM.

Normalzustand von Funktionen durch die aufgenommenen Daten identifiziert. Mit Hilfe der in der Matrix aufgestellten Verbindung der auffälligen Felddaten zu Konstruktionsparametern werden konkrete Indikationen für notwendige Änderungen in der Konstruktion bereitgestellt.

Concept for a sustainable Industrial Product Service Systems based on field data nach MAMROT ET AL. [289]

In ihrem Ansatz fokussieren die Autoren die Gestaltung von industriellen Produkt-Service-Systemen (IPSS), bei welchen der Aspekt der Nachhaltigkeit zunehmend an Bedeutung gewinnt. Bei der Gestaltung von IPSS beeinflussen sich Produkt und Dienstleistung gegenseitig. Um eine nachhaltige Gestaltung beider zu realisieren, ist es notwendig, alle Anforderungen an die Nachhaltigkeit entlang des Lebenszyklus von Produkt und Dienstleistung zu kennen. Die Autoren stellen daher ein Konzept für die Gestaltung eines nachhaltigen IPSS vor, welches auf Felddaten basiert. Das Konzept besteht aus drei Schritten.

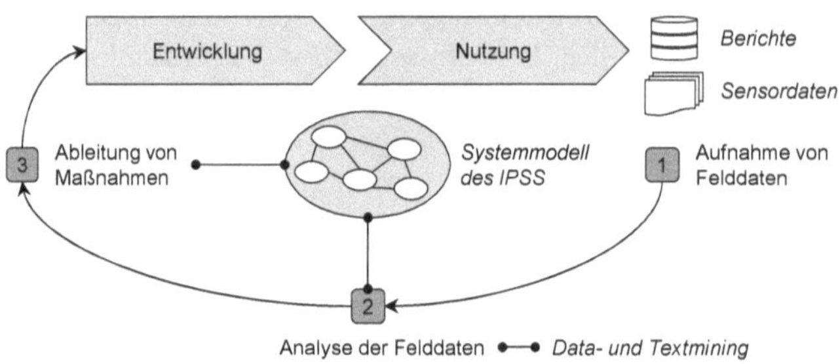

Abbildung 3-9: Konzept zur Entwicklung nachhaltiger IPSS basierend auf Felddaten[290]

Zunächst werden Felddaten aufgenommen. Hierbei kann es sich sowohl um bspw. textbasierte Serviceberichte als auch Sensordaten des Produktes handeln. Anschließend werden die Daten analysiert, wofür ein Systemmodell basierend auf dem Systems Engineering verwendet wird. In dieses werden bspw. Produktfunktionen und entsprechende Produktanforderungen einbezogen. Im dritten Schritt werden Maßnahmen

[289] Vgl. Mamrot et al. (2016), Concept for a sustainable Industrial Product Service Systems based on field data.

[290] In Anlehnung an Mamrot et al. (2016), Concept for a sustainable Industrial Product Service Systems based on field data, S. 690.

zur Verbesserung des IPSS identifiziert. Dazu wird ein semantisches Netz aus registrierten Fehlern in Verknüpfung mit Komponenten und Serviceberichten aufgebaut.

Der Ansatz betrachtet die Entwicklung und Nutzung von IPSS. Maschinen und Anlagen werden von den Autoren weder explizit in den Betrachtungsbereich des Ansatzes inkludiert noch exkludiert. Die Produktnutzung wird fokussiert, wobei Informationen über die Produktnutzung weniger einbezogen werden, da die Felddaten vornehmlich aus dem Service stammen. Die Nutzungsphase wird nicht modelliert, jedoch wird das gesamte IPSS als Systemmodell aufgebaut. Es wird kein spezifischer Informationsbedarf identifiziert, sondern alle verfügbaren Daten aufgenommen. Der Ansatz sieht die Identifizierung von Verbesserungspotenzialen sowie die Bereitstellung möglicher Entwicklungsmaßnahmen vor, es wird hierfür jedoch kein strukturiertes Vorgehen bereitgestellt.

An Integrated Approach For Design Improvement Based on Analysis of Time-Dependent Product Usage Data nach MA ET AL.[291]

Die Autoren stellen einen Ansatz zur Gestaltungsverbesserung in der Produktentwicklung durch die Analyse zeitabhängiger Produktnutzungsdaten vor. Die Methodik basiert auf einem „redesign necessity index“ (kurz: RNI), welcher aus der Verbindung von Gestaltungsparametern mit abnormalen Felddaten gebildet wird. Dadurch sollen zeitabhängige Produktnutzungsdaten Verschlechterungen in Produktfunktionen und Performances aufdecken sowie Rückschlüsse auf Gestaltungsverbesserungen zulassen. Die Methodik sieht in einem ersten Schritt den Aufbau eines hierarchischen Funktionsmodells vor. Die Funktionen werden u.a. durch Performance-Merkmale beschrieben, welche über eingebettete Sensoren überwacht werden. Das Funktionsmodell dient damit als Grundlage zur Identifizierung derjenigen Produktfunktionen, welche sich über die Zeit verschlechtern. Im zweiten Schritt wird die Verschlechterung der Funktionsperformances anhand verschiedener Methoden analysiert. Über Matrizen werden im dritten Schritt die Funktionen bewertet sowie Funktionsgewichte bestimmt, mit spezifischen Designparametern verknüpft und jedem Designparameter letztlich ein RNI zugewiesen. Die zu modifizierenden Designparameter werden anhand des RNI-Wertes und ihrer Verbindung zu stark abgeschwächten Produktfunktionen identifiziert. Als Validierungsobjekt dient ein Raupenkran.

[291] Vgl. Ma et al. (2017), An Integrated Approach for Design Improvement Based on Analysis of Time-Dependent Product Usage Data.

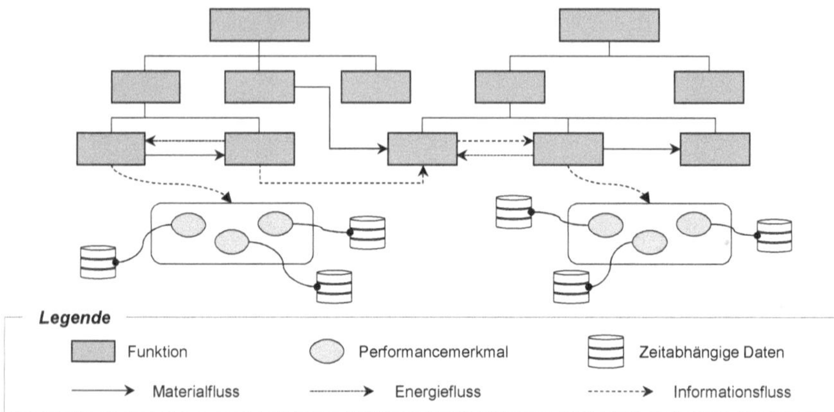

Abbildung 3-10: Hierarchisches Funktionsmodell zur Analyse zeitabhängiger Produktnutzungsdaten[292]

Die vorgestellte Methodik fokussiert damit den Bereich von Maschinen und Anlagen sowie ihre Nutzung und Informationen aus ihrer Nutzungsphase. Die Produktnutzung wird funktionsbasiert beschrieben, jedoch nicht in Form eines Nutzungszyklus. Innovationspotenziale werden als Gestaltungsparameter von schnell abschwächenden Produktfunktionen identifiziert. Die Entwickler erhalten dadurch spezifische Anhaltspunkte zur Verbesserung der nächsten Produktgeneration, jedoch werden ihnen keine konkreten Entwicklungsmaßnahmen bereitgestellt.

Behavior modeling method for functional verification of product considering ways of usage nach MORINAGA ET AL.[293]

Die Autoren stellen einen Ansatz zur Modellierung von Produktfunktionen, Produktverhalten und physikalischen Phänomenen vor. Sie nutzen dafür Funktionsbäume, Petri-Netze sowie Ursache-Wirkungs-Diagramme. Der Ansatz verfolgt das Ziel, mögliche Auswirkungen der Produktfunktionen basierend auf der Nutzung des Produktes noch während der Produktentwicklungsphase zu validieren, um ein ungewolltes Produktverhalten zu vermeiden und Anpassungen noch während der Entwicklung vorzunehmen. Das Produktverhalten wird durch ein Petri-Netz einheitlich modelliert und mit den Produktfunktionen verbunden. Physikalische Phänomene, welche durch das

[292] In Anlehnung an Ma et al. (2017), An Integrated Approach for Design Improvement Based on Analysis of Time-Dependent Product Usage Data, S. 3.

[293] Vgl. Morinaga et al. (2017), Behavior modeling method for functional verification of product considering ways of usage.

Nutzerverhalten beeinflusst werden, haben Auswirkungen auf das Produktverhalten. Alle drei Aspekte werden in einem integrierten Modell analysiert.

Der Ansatz wird am Beispiel eines Verkehrsflugzeugs, welches äußeren Störeinflüssen ausgesetzt wird, validiert. Der Ansatz fokussiert damit nicht ausdrücklich cyber-physische Maschinen und Anlagen. Die Produktnutzungsphase wird betrachtet, jedoch werden keine Informationen aus der Produktnutzungsphase aufgenommen. Die Produktnutzung wird modelliert, ohne explizit eine Überprüfung einer Nutzungshypothese durch Produktnutzungsinformationen vorzusehen. Der Identifizierung von Innovationspotenzialen wird lediglich durch das Aufdecken unerwünschten Produktverhaltens Rechnung getragen.

3.2.2.4 Ansätze zur Analyse der Produktnutzung zur Ableitung von Implikationen für die Produktentwicklung

In diesem Abschnitt werden ausgewählte Ansätze vorgestellt, welche bereits spezifisch darauf abzielen, aus einer Analyse der Produktnutzung Implikationen für die Produktentwicklung abzuleiten.

Environment and Usage Monitoring of Electronic Products for Health Assessment and Product Design nach VICHARE ET AL.[294]

Umwelt- und Nutzungsbedingungen eines Produktes können während des gesamten Lebenszyklus überwacht und analysiert werden, um den Zustand des Produktes zu bewerten, vor Ausfällen zu warnen und Informationen zur Verbesserung der Produktgestaltung zu generieren. Hierauf aufbauend stellen die Autoren einen Ansatz zur effizienten Aufnahme und Analyse von Umgebungs- und Nutzungsdaten mit dem Ziel der Bewertung des Produktzustands („health assessment") vor. Aus den Anforderungen an die Aufnahme der Daten wird das Konzept eines integrierten Hardware-Software-Moduls mit eingebetteten Sensoren abgeleitet. Ebenso werden Leitlinien zur Entwicklung eines lebenszyklusübergreifenden Monitoring-Plans abgeleitet, welcher die aufzunehmenden Umgebungs- und Nutzungsparameter beschreibt. Die Autoren stellen vier Schritte zur Aufnahme und Auswertung der Daten vor. Zunächst gilt es, die Parameter zum Monitoring basierend auf Vergangenheitserfahrungen oder Daten vergleichbarer Produkte auszuwählen. Anschließend wird das notwendige Hardware-Equipment entsprechend der aufzunehmenden Parameter identifiziert. Ein aufzustellender Monitoring-Plan definiert Vorgaben wie Aufnahmeintervall und -frequenz. Aufgenommene Daten werden abschließend für den Modellinput vorbereitet. Zunächst erfolgt

[294] Vgl. Vichare et al. (2007), Environment and Usage Monitoring of Electronic Products for Health Assessment and Product Design.

eine Datenreduktion, um bspw. Wechselwirkungen zwischen Lastparametern zu identifizieren. Abschließend werden die Daten final aufbereitet. Als Validierungsbeispiel dient ein Notebook-Computer, dessen thermische Lastparameter aufgenommen und analysiert werden. Daten wie die CPU-Kühlkörpertemperatur, Festplattentemperatur, Umgebungstemperatur sowie die CPU-Auslastung und der Lüfterzustand werden während des Ein- und Ausschaltens, der Nutzung und der Lagerung des Computers gemessen.

Der Ansatz fokussiert damit zu einem wesentlichen Anteil die Produktnutzungsphase. Cyber-physische Maschinen und Anlagen liegen nicht im expliziten Objektbereich des Ansatzes, zumal die Autoren ein Hardwaremodul zur Aufnahme der Daten vorstellen. Ein cyber-physischer Charakter der jeweiligen Produkte ist daher nicht notwendig. Ein spezifischer Bedarf an aufzunehmenden Informationen wird im Monitoring-Plan definiert, jedoch wird kein Vorgehen zum Aufstellen des Plans bereitgestellt. Das Ziel des Ansatzes ist zunächst lediglich die Aufnahme der Daten zur Analyse der Produktnutzung und sieht noch keine Methode zur Identifizierung von Optimierungs- und Innovationspotenzialen vor.

Integrated development by the consideration of product experiences nach LACHMAYER ET AL.[295]

Die Autoren LACHMAYER ET AL. stellen einen Ansatz zur Realisierung des Konzeptes der „technischen Vererbung“ vor, welches den Transfer von gesammelten und ausgewerteten Informationen aus dem Lebenszyklus eines Produktes in die nächste Produktgeneration umfasst. Der Ansatz baut dafür auf der zunehmenden Vernetzung von Maschinen und anderen Produkten durch „Industrie 4.0“ auf. Der Ansatz soll veranschaulichen, wie verschiedene Lebenszyklusinformationen in die Phasen eines integrierten Produktentwicklungsprozesses einbezogen werden können. Zur Darstellung dieses integrierten Prozesses wird der Informationsfluss mit Hilfe einer angepassten Version der Unified Modeling Language (UML) abgebildet. Dazu werden die folgenden Elemente gemäß Abbildung 3-11 verwendet.

[295] Vgl. Lachmayer und Gottwald (2014), Integrated development by the consideration of product experiences.

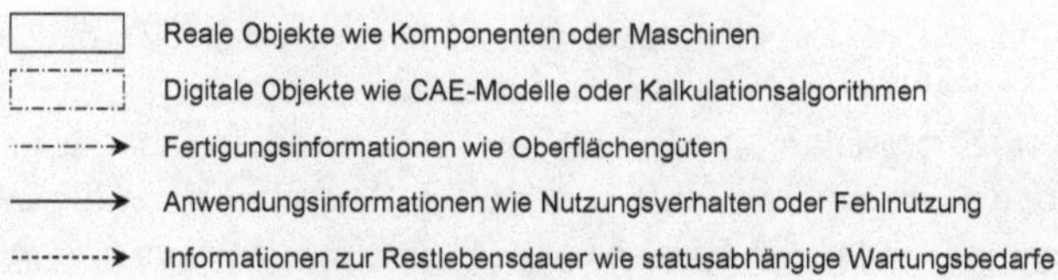

Abbildung 3-11: Angepasste Elemente der UML zur Modellierung technischer Vererbung[296]

Der Ansatz identifiziert zunächst geeignete Informationen aus dem Lebenszyklus für eine technische Vererbung. Im Validierungsbeispiel, der Radaufhängung eines Rennwagens, wird die Nutzung und Wartung anhand der UML-Notation modelliert und dadurch relevante Informationen identifiziert und analysiert. Die Informationen werden anhand von vier Kategorien in physikalische Prinzipien, nutzerbezogene Informationen, ökonomische Informationen sowie generelle Informationen zu bspw. Wettbewerbsprodukten unterschieden.

Der Ansatz fokussiert die Produktnutzungsphase und die Informationen aus dieser Phase, bezieht aber ebenso sämtliche weiteren Phasen des Produktlebenszyklus und deren Informationen ein. Es wird mittels UML jeweils ein Teil des Produktlebenszyklus modelliert, wobei nicht herausgestellt wird, wie dieser Teil abzugrenzen ist. Spezifische Informationen, welche in die Produktentwicklung einbezogen werden können, werden aufgenommen. Ein strukturiertes Vorgehen hierzu wird nicht bereitgestellt. Aus den Informationen können Potenziale für die Weiterentwicklung der nächsten Produktgeneration abgeleitet werden, jedoch wird auch hierzu keine spezifische Methode vorgestellt.

A big data framework for facilitating product innovation processes nach ZHAN ET AL. [297]

Die Autoren stellen einen Ansatz vor, der Unternehmen befähigen soll, Big Data zur Unterstützung des Produktinnovationsprozesses zu verwenden und damit die Markteinführungszeit zu verkürzen, die Produktakzeptanz der Kunden zu steigern sowie die Entwicklungskosten zu senken. Zunächst werden Erfolgsfaktoren zur Integration von Big Data in den Innovationsprozess identifiziert. Diese werden analysiert und durch Interviews detailliert. Drei Erfolgsfaktoren werden final ausgearbeitet: Ein beschleunigter Innovationsprozess, eine Verbindung zum Kunden sowie ein geeignetes

[296] In Anlehnung an Lachmayer und Gottwald (2014), Integrated development by the consideration of product experiences, S. 76.

[297] Vgl. Zhan et al. (2017), A big data framework for facilitating product innovation processes.

Innovations-Ökosystem. Darauf aufbauend wird der Ansatz „ACE-Framework" („accelerated innovation process, customer connection, ecosystem of innovation") genannt. Der erste Erfolgsfaktor, der beschleunigte Innovationsprozess, adressiert interdisziplinäre und autonome Innovationsteams. Big Data unterstützt hierbei dadurch, dass interdisziplinär und parallel zusammengearbeitet werden kann. Der Erfolgsfaktor der Kundenverbindung wird als relevant erachtet, um Anforderungen korrekt zu erfassen und damit Zeit und Kosten einzusparen. Durch Big Data wird die Verfügbarkeit von bspw. Nutzungsinformationen oder digitalisiertem Feedback gesteigert. Die Autoren sehen diesen Aspekt als besonders relevant an, um Funktionen entwickeln zu können, mit denen das Produkt einen Wettbewerbsvorteil erfährt. Der dritte Erfolgsfaktor des ACE-Frameworks adressiert ein geeignetes Ökosystem zur schnellen Entwicklung und Validierung. Es ist demnach ein Netzwerk mit Partnern und Kunden zu implementieren, um Produkte möglichst schnell und kostengünstig auf den Markt bringen zu können. Das Ökosystem fördert ein frühes Feedback durch Kunden und Partner, um Änderungen zur optimalen Erfüllung der Bedürfnisse durch das Produkt umsetzen zu können.

Zusammengefasst soll der vorgestellte Ansatz dazu beitragen, Big Data im Innovationsprozess einzusetzen, um diesen schneller und kostengünstiger zu machen. Konkrete Produkte werden nicht als Anwendungsobjekt genannt und die Produktnutzungsphase und Produktnutzungsinformationen werden implizit im zweiten Erfolgsfaktor einbezogen. Der Ansatz soll dabei unterstützen, nutzenstiftende Innovationen zu entwickeln. Konkrete Maßnahmen oder Methoden hierfür werden jedoch nicht bereitgestellt.

Towards an approach integrating various levels of data analytics to exploit product usage information in product development nach KLEIN ET AL.[298]

Die Autoren stellen einen Ansatz für die Auswertung und Analyse von Produktnutzungsinformationen zur Generierung von Erkenntnissen für die Produktentwicklung vor. Der Ansatz verfolgt das Ziel, die Vorhersage der zukünftigen Produkte zu verbessern. Dazu sieht er vor, aus Produktnutzungsinformationen verschiedener Kanäle und Quellen ein umfassendes Bild des MOL von Produkten zu generieren. Als Quellen können bspw. in das Produkt eingebettete Sensoren, aber auch Social-Media-Kanäle genutzt werden. Die Analyse der Informationen erfolgt durch deskriptive, prädiktive und

[298] Vgl. Klein et al. (2019), Towards an approach integrating various levels of data analytics to exploit product-usage information.

präskriptive Analyseverfahren. Der übergeordnete Prozess der auf Produktnutzungsinformationen basierenden Analysen wird in Abbildung 3-12 dargestellt.

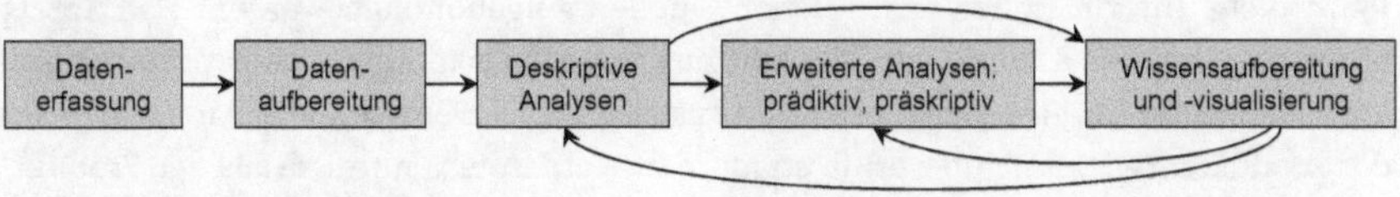

Abbildung 3-12: Prozess zur Analyse von Produktnutzungsinformationen nach KLEIN ET AL.[299]

Die deskriptiven Analysen werden zur Aggregation und zum Filtern der Informationen verwendet. Die Aggregation erfolgt dabei bspw. auf der Grundlage eines benutzerspezifischen Produktmerkmals, wobei Operationen (bspw. Minimum, Maximum, Durchschnitt) auf die aggregierten Informationen angewendet werden. Die Ergebnisse werden auf Designparameter des Gesamtproduktes oder einzelner Komponenten projiziert. Der Ansatz wird von den Autoren in eine offene Plattformarchitektur integriert, welche aus drei Ebenen besteht. Die unterste Ebene stellt Module zur Datensammlung bereit, welche mit verschiedenen Quellen für Produktnutzungsinformationen verbunden sind. Die mittlere Ebene verarbeitet die aufgenommenen Informationen. Hierfür werden Funktionen zur Transformation und Filterung der aufgenommenen Informationen sowie zu ihrer statistischen Analyse bereitgestellt. Die obere Ebene bietet Applikationen zur Visualisierung und Analyse der generierten Erkenntnisse sowie Schnittstellen zu externer Software. Die Autoren validieren den Ansatz u.a. an der Produktentwicklung einer Waschmaschine. Hierbei werden Produktnutzungsinformationen dazu verwendet, die Nutzung der Waschmaschine zu verstehen. So werden bspw. die am häufigsten ausgewählten Waschprogramme oder die maximale Zuladung an Wäsche aufgenommen, um damit Kräfte auf die Komponenten der Waschmaschine zu antizipieren. Darauf basierend werden in der Entwicklung geeignete Lager für die Waschmaschinentrommel ausgewählt.

Der Ansatz bietet eine Plattform, welche dabei unterstützt, Produktnutzungsinformationen aus verschiedenen Quellen zu aggregieren und für deskriptive, präskriptive und prädiktive Analysen zu nutzen. Die Erkenntnisse sollen bspw. in der Auslegung von Produktkomponenten während der Produktentwicklung dienen. Die Validierung erfolgt am Beispiel einer Waschmaschine, welche über Sensoren Informationen aus der Produktnutzung bereitstellt. Es handelt sich demnach um ein cyber-physisches Produkt. Die Methodik fokussiert nicht den Bereich von Maschinen und Anlagen. Die

[299] In Anlehnung an Klein et al. (2019), Towards an approach integrating various levels of data analytics to exploit product-usage information, S. 2629.

Produktnutzung wird vorgedacht und entsprechende Quellen für geeignete Produktnutzungsinformationen identifiziert, allerdings lässt die Methodik dem Anwender offen, welche Informationen aus welchen Quellen aufgenommen werden. Der Ansatz unterstützt bei der Analyse von Produktnutzungsinformationen weniger methodisch als vielmehr durch eine geeignete IT-Infrastruktur. Es werden keine Annahmen aus der Produktentwicklung überprüft, sondern es werden Erkenntnisse aus der Produktnutzung in Annahmen überführt und als Grundlage für die Auslegung des Produktes genutzt. Es handelt sich dabei weniger um Innovationspotenziale, sondern vielmehr um grundsätzliche Aktivitäten der Produktentwicklung.

Significance and Challenges of Data-driven Product Generation and Retrofit Planning nach MASSMANN ET AL.[300]

Die Autoren stellen ein Konzept für eine datenbasierte Produkt- bzw. Produktgenerationsplanung vor. Dieses Konzept beinhaltet die lebenszyklusübergreifende Aufnahme relevanter Daten und die Weiterentwicklung des Produktes basierend auf der Auswertung dieser Daten. Als Grundlage für die Herleitung einer Forschungsroadmap leiten die Autoren verschiedene Anforderungen an ein solches Konzept her. Zunächst wird der Bedarf an Hypothesen über die aktuellen und zukünftigen Kundenanforderungen und damit über die Produktnutzung und die Produkteigenschaften dargestellt. Diese Hypothesen müssen systematisch modelliert werden, damit sie datenbasiert getestet werden können. Zusätzlich werden verschiedene Anforderungen an die strukturierte Aufnahme von Daten sowie die datenbasierte Überprüfung der Hypothesen und die Ableitung von Maßnahmen für die Produktplanung formuliert. Aufbauend auf diesen Anforderungen wird eine Forschungsroadmap abgeleitet.

Obwohl die Autoren noch keine konkrete Lösung anbieten, ist der Ansatz dennoch von Relevanz für die vorliegende Arbeit. Die Autoren definieren die Anforderung, Nutzungshypothesen zu definieren und diese datenbasiert zu validieren. Aus der Validierung sollen durch ein systematisches Vorgehen Entwicklungsmaßnahmen abgeleitet werden können. Hierbei wird kein spezieller Fokus auf Innovationen, sondern vielmehr generisch auf die Generationsweiterentwicklung gelegt.

[300] Vgl. Massmann et al. (2019), Significance and Challenges of Data-driven Product Generation and Retrofit Planning.

Simulations Based on Product-Usage Information from Connected Products to Support Redesign for Improvement Performance nach VAN DER VEGTE[301]

Die Autoren betonen in dem Ansatz, dass die tatsächliche Nutzung der Produkte während der Entwicklung noch nicht vorhersehbar ist und adressieren daher das Potenzial von Informationen zum Erkenntnisgewinn über Aktivitäten des Nutzers während der Produktnutzung. Die Autoren haben das Ziel, diese Erkenntnisse durch Simulationen in der Entwicklung zurückzuführen und diese damit realistischer zu machen. Sie streben damit zum einen an, den Einfluss nutzungsbezogener Phänomene auf die Produktperformance zu analysieren und zum anderen verschiedene Designvarianten hinsichtlich ihrer Kompatibilität mit dem Nutzer- und Produktverhalten zu prüfen. Beides soll als Optimierungspotenzial für die nächste Produktgeneration dienen. Das Validierungsobjekt in der Ausarbeitung ist ein Kühlschrank. Hierbei werden verschiedene Nutzungsdaten wie bspw. die gesamte Anzahl der Türöffnungen oder in definierten Intervallen jeweils mit Zeitstempeln aufgenommen. Die Daten dienen im Validierungsbeispiel als Input für entwickelte benutzerdefinierte Simulationsmodellierungselemente, in welchen Werte basierend auf Nutzungsdaten variiert werden können, die normalerweise als konstant angenommen werden. Der Forschungsfokus beim Kühlschrank liegt auf dem Energieverbrauch. Die Ergebnisse des Validierungsbeispiels zeigen, dass ein zyklisches Muster, welches auf der durchschnittlichen Öffnungszeit je Öffnung und der durchschnittlichen Zeit zwischen den Öffnungen basiert, verwendet werden kann, um Erkenntnisse über den Einfluss der Türöffnungen auf den Energieverbrauch zu erhalten. Anhand der Ergebnisse können die Autoren verschiedene Designalternativen bewerten, welche darauf abzielen, den Energieverbrauch trotz eines häufigen Türöffnens zu senken.

Der Ansatz der Autoren fokussiert cyber-physische Produkte, jedoch nicht explizit Maschinen und Anlagen. Die Übertragung auf diese wird von den Autoren dennoch nicht ausgeschlossen. Die Produktnutzungsphase sowie Informationen über die Produktnutzung werden vollumfänglich betrachtet. Ein Nutzungszyklus wird nicht modelliert, jedoch wird analysiert, welche Funktionen genutzt werden. Aus diesen werden, ohne eine spezifische Methode, aufzunehmende Informationen abgeleitet. Der Ansatz identifiziert Potenziale zur Weiterentwicklung des Produktes insofern, als dass Designalternativen für die nächste Produktgeneration simuliert und mit Daten aus der Produktnutzung gespeist werden. Dieses Vorgehen unterstützt die Ableitung von Entwicklungsmaßnahmen.

[301] Vgl. van der Vegte et al. (2019), Simulations Based on Product-Usage Information From Connected Products to Support Redesign for Improved Performance.

A Framework for the Capture and Analysis of Product Usage Data for Continuous Product Improvement nach VOET ET AL.[302]

VOET ET AL. stellen einen Ansatz zur Auswertung von Nutzungsdaten vor, welche die Generierung von Erkenntnissen über die Mensch-Maschine-Interaktion ermöglicht und so eine datenbasierte Produktverbesserung unterstützt. Der Ansatz besteht aus fünf Schritten (vgl. Abbildung 3-13).

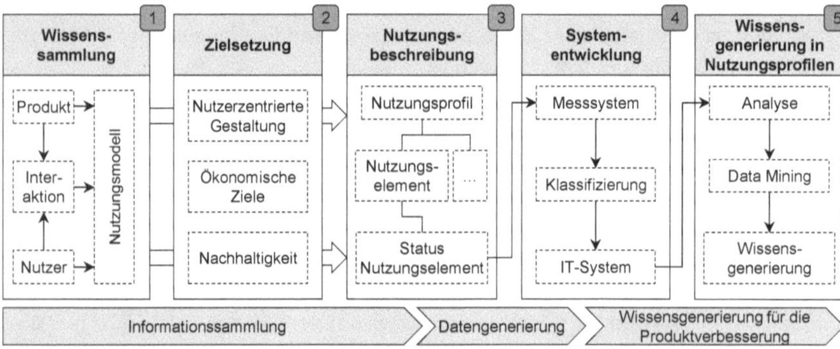

Abbildung 3-13: Vorgehen zur Analyse von Produktnutzungsdaten zur Produktverbesserung[303]

Zunächst werden Informationen über das Produkt, den Nutzer sowie deren Interaktion gesammelt. Anschließend wird das Ziel der Anwendung der Methodik innerhalb der drei möglichen Zielrichtungen „Nachhaltigkeit", „Ökonomische Ziele" und „Nutzerzentrierte Produktgestaltung" festgelegt. Zur Vorbereitung der Datenaufnahme werden Nutzungselemente im Hinblick auf die erwartete Produktnutzung charakterisiert und ihr angenommener Zustand als Nutzungsprofil formuliert. Darauf aufbauend wird ein System zur Aufnahme und Klassifizierung von Daten entwickelt. Der letzte Schritt beinhaltet die Ableitung konkreter Optimierungspotenziale basierend auf einem Abgleich der Nutzungsprofile mit den Produktnutzungsdaten. Die Methodik wird am Beispiel eines Handschleifgeräts validiert.

[302] Vgl. Voet et al. (2019), A Framework for the Capture and Analysis of Product Usage Data for Continuous Product Improvement.

[303] In Anlehnung an Voet et al. (2019), A Framework for the Capture and Analysis of Product Usage Data for Continuous Product Improvement, S. 4.

Die Methodik fokussiert cyber-physische Produkte, während Maschinen und Anlagen nicht explizit betrachtet werden. Die Produktnutzungsphase sowie Produktnutzungsinformationen werden vollumfänglich adressiert. Ein Nutzungszyklus wird nicht modelliert, jedoch werden Nutzungsprofile aufgestellt, aus denen notwendige Informationen abgeleitet werden. Eine Nutzungshypothese wird in Form der Nutzungselementzustände definiert und anhand der aufgenommenen Informationen validiert. Hieraus sollen Optimierungspotenziale abgeleitet werden, jedoch wird kein explizites Vorgehen hierfür bereitgestellt.

A hybrid intelligence approach for sustainable service innovation of smart and connected product nach BU ET AL.[304]

In ihrem Ansatz fokussieren die Autoren BU ET AL. intelligente und vernetzte Produkte (engl.: smart and connected products, kurz: SCP) als Betrachtungsobjekte. SCP beinhalten das physische Produkt sowie innovative Services, welche wechselnde Kundenanforderungen adressieren sollen. Der beschriebene Ansatz baut auf einer hybriden Intelligenz („hybrid intelligence") auf, da er sowohl Nutzerdaten als auch Sensordaten einbezieht. Die Methodik soll den Entscheidungsprozess in der Service-Innovation unterstützen und besteht aus drei Schritten. Zunächst werden Daten über den Nutzer sowie seine Produktnutzung mittels Sensoren aufgenommen. Diese werden durch Vorverarbeitung, Modellierung und Visualisierung in Informationen überführt. Aus diesen Informationen werden im dritten Schritt Potenziale zur Service-Innovation abgeleitet. Die Autoren validieren ihre Methodik anhand eines smarten Gruppen-Spinning-Fahrradsystems. Die aufgenommenen Daten im Validierungsbeispiel sind subjektive und physiologische Daten der Nutzer sowie Sensordaten des Produktes. Im Validierungsbeispiel werden Innovationen in Form neuer Funktionen für die Produktnutzung wie die Echtzeit-Aufzeichnung von Daten, eine verbesserte Nutzerinteraktion und ein smartes Feedback generiert.

Der vorgestellte Ansatz fokussiert nicht explizit Maschinen und Anlagen, jedoch cyber-physische Produkte. Die Produktnutzungsphase sowie die Informationen aus dieser Phase werden in der Methodik einbezogen. Die Definition oder Validierung einer Nutzungshypothese ist nicht vorgesehen, jedoch wird gezielt eruiert, welche Informationen aus der Produktnutzung benötigt werden. Die Methodik zielt darauf ab, Innovationspotenziale für SCP zu identifizieren, gibt aber wenig Rückschlüsse darauf, wie genau diese Potenziale aus den Informationen abgeleitet werden. Es werden keine

[304] Vgl. Bu et al. (2020), A hybrid intelligence approach for sustainable service innovation of smart and connected product.

konkreten Entwicklungsmaßnahmen, sondern lediglich Anhaltspunkte für den Entwickler bereitgestellt.

Data-Driven Product Generation and Retrofit Planning nach MEYER ET AL.[305]

Die Autoren bauen auf der vorangehend beschriebenen Forschungsroadmap von MASSMANN ET AL.[306] auf und stellen eine Methodik zur datengetriebenen Produktgenerationsplanung vor. Die Methodik besteht aus drei Phasen (vgl. Abbildung 3-14).

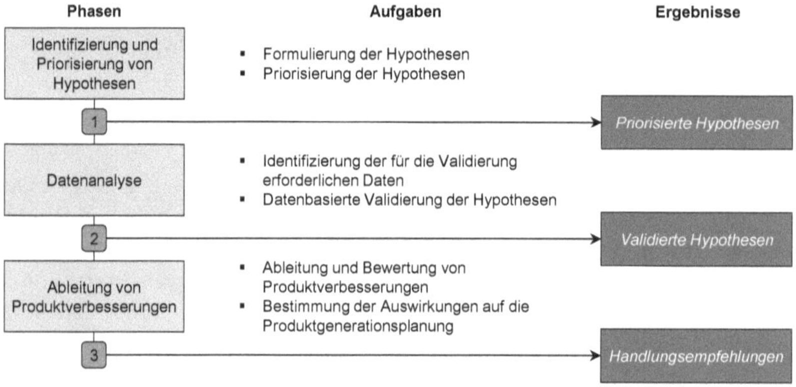

Abbildung 3-14: Methodik zur datenbasierten Produktplanung[307]

Zunächst werden Hypothesen festgelegt und priorisiert. Dazu wird das Produkt mit Hilfe der Technik CONSENS (vgl. Abschnitt 2.2.3) sowie einem angepassten Value Proposition Canvas modelliert. Alle Teilmodelle werden hinsichtlich ihrer Bedeutung für die Produktgenerationsplanung bewertet und priorisiert. Anschließend werden mögliche Daten zur Validierung der Hypothesen identifiziert. Es wird geprüft, ob diese Daten verfügbar sind und geeignete Datenanalysemethoden ausgewählt. Abschließend werden mögliche Produktverbesserungen abgeleitet. Aufbauend auf der TRIZ-Methode werden aus Parametern, welche sich in der Produktnutzung verbessern oder verschlechtern, mögliche Lösungsprinzipien abgeleitet. Es wird abschließend entschieden, ob die Änderung noch in die aktuelle Produktgeneration im Sinne eines Ret-

[305] Vgl. Meyer et al. (2020), Data-Driven Product Generation and Retrofit Planning.

[306] Vgl. Massmann et al. (2019), Significance and Challenges of Data-driven Product Generation and Retrofit Planning.

[307] In Anlehnung an Meyer et al. (2020), Data-Driven Product Generation and Retrofit Planning, S. 966.

rofits oder in die neue Produktgeneration eingespielt wird. Die Methodik wird an einem modularen Gehäusesystem im Maschinen- und Anlagenbau validiert. Die Hypothese lautet hierbei, dass die Deckelverschraubung der Hauptgrund für die zeitintensive Wartung der Maschine ist. Der Fokus wird demnach auf Serviceaktivitäten gelegt. Der Zeitverlust wurde entsprechend als zu optimierender Parameter identifiziert und Verbesserungspotenziale innerhalb der TRIZ-Matrix ermittelt. Eine magnetische Verschlussfunktion des Gehäuses wird als mögliche Verbesserung abgeleitet. Entsprechend der Bewertung soll diese Funktion in die nächste Produktgeneration einfließen.

Im Validierungsbeispiel werden Maschinen und Anlagen fokussiert, jedoch schränken die Autoren den Objektbereich für die Methodik nicht ein. Es werden die Produktnutzungsphase und Informationen zur Produktnutzung, aber auch bspw. zu Serviceaktivitäten einbezogen. Hypothesen werden definiert, jedoch nicht zur Produktnutzung, sondern vielmehr zu Schwachstellen des Produktes. Diese Hypothesen werden in der Methodik durch Informationen aus der Produktnutzung validiert. Konkrete Optimierungsmaßnahmen werden durch die Anwendung der TRIZ-Methode bereitgestellt. Es ist demnach eine hohe Überdeckung mit dem definierten Objekt- und Zielbereich der vorliegenden Arbeit feststellbar.

3.2.2.5 Eigene Ansätze

In diesem Abschnitt werden eigene Veröffentlichungen der Autorin im Zusammenhang mit der Themenstellung der vorliegenden Arbeit vorgestellt, welche in der Erstellungsphase der Arbeit entstanden sind.

Framework for the Continuous Increase of Product Performance by Analyzing Product Usage Data nach RIESENER ET AL.[308]

Der Ansatz beinhaltet einen Ordnungsrahmen zur kontinuierlichen Steigerung der Leistung von Produkten durch die Analyse von Produktnutzungsdaten. Der Ansatz besteht aus vier Schritten. Zunächst wird der Objektbereich durch Beschreibung der Funktionsstruktur und Verknüpfung mit der Produktstruktur definiert. Anschließend werden aus diesem Objektbereich die erforderlichen Produktnutzungsdaten abgeleitet, aus welchen im vierten Schritt Optimierungspotenziale abgeleitet werden. Das Vorgehen wird am Beispiel der Optimierung eines Industrie-Kompressors demonstriert, bei welchem durch Produktnutzungsdaten Optimierungspotenziale am Propeller identifiziert werden.

[308] Vgl. Riesener et al. (2019), Framework for the Continuous Increase of Product Performance by Analyzing Product Usage Data.

Der Ansatz bezieht sich auf cyber-physische Maschinen und Anlagen und fokussiert die Produktnutzung sowie Informationen aus der Produktnutzung. Die Formulierung von Nutzungshypothesen kommt in diesem Ansatz noch nicht zur Anwendung. Auch eine spezifische Anleitung zur Ableitung der Optimierungspotenziale wird noch nicht bereitgestellt.

Modeling of Usage Hypotheses for the Identification of Innovation Potential nach RIESENER ET AL.[309]

Dieser Ansatz konkretisiert den vorhergehenden Ansatz durch die Anwendung von Nutzungshypothesen. Es wird ein Vorgehen vorgestellt, mit welchem relevante Funktionen identifiziert und auf die Ebene von Elementarfunktionen spezifiziert werden. Aus den Elementarfunktionen können relevante Funktionsmerkmale abgeleitet werden, welche mit Annahmen aus der Produktentwicklung versehen und durch aufgenommene Produktnutzungsinformationen überprüft werden.

Der Ansatz fokussiert damit insbesondere die Formulierung von Nutzungshypothesen mit dem Ziel, diese durch aufgenommene Produktnutzungsinformationen zu überprüfen und Innovationspotenziale abzuleiten. Durch den Fokus auf die Formulierung und Überprüfung von Nutzungshypothesen wird keine spezifische Methode zur Identifizierung von Innovationspotenzialen bereitgestellt.

Always Beta - DevOps für cyber-physische Produkte nach SCHUH ET AL.[310]

Die Autoren beschreiben den Status Quo in der Entwicklung physischer Produkte, nach welchem häufig Erkenntnisse über das Produkt nach agilen Prinzipien während der Produktentwicklung generiert und einbezogen werden. Werden die Produkte auf den Markt gebracht, verlieren Hersteller häufig den Kontakt zu den Produkten. Dabei betonen die Autoren, dass insbesondere die Produktnutzungsphase enorme Potenziale zum Erkenntnisgewinn über die tatsächlichen Kundenbedürfnisse und die Nutzung der Produkte bietet. Die Autoren vergleichen dies mit der Softwarebranche, in der die Erkenntnisgenerierung aus der Produktnutzung bereits etabliert ist. Der Ansatz der Autoren baut daher auf der DevOps-Methodik auf, welche die Entwicklung und den Betrieb der Software derart eng verbindet, dass die Analyse von Produktnutzungsdaten sowie die kurzzyklische Anpassung der laufenden Software im Betrieb ermöglicht wird. Die Hersteller von Software können so mit einer „Beta-Version" in den Markt eintreten und diese in der Nutzung kontinuierlich weiterentwickeln. Dieses Prinzip übertragen die Autoren auf den Bereich cyber-physischer Produkte und definieren für

[309] Vgl. Riesener et al. (2020), Modeling of Usage Hypotheses for the Identification of Innovation Potential.
[310] Vgl. Schuh et al. (2020), Always Beta - DevOps für cyber-physische Produkte.

diese den „Always Beta"-Zustand. Die kontinuierliche Weiterentwicklung cyber-physischer Produkte während der Nutzungsphase soll den Kundennutzen während der Produktnutzung steigern, wobei die Autoren einen Fokus auf die Erhöhung der Gesamtanlageneffektivität (engl. Overall Equipment Effectiveness, kurz: OEE) bzw. der Produktivität von Maschinen legen. Hierfür wird ein Vorgehen aus vier Schritten definiert. In der „Monitor"-Phase werden gezielt Daten aus der Produktnutzung aufgenommen. Anschließend werden diese in der „Evaluate"-Phase ausgewertet und Potenziale zur Steigerung der OEE abgeleitet. In der „Adapt"-Phase werden darauf aufbauend konkrete Maßnahmen zur Weiterentwicklung des cyber-physischen Produktes erarbeitet. Diese werden schließlich in der „Release"-Phase hinsichtlich der Nutzengenerierung für Kunde und Hersteller priorisiert und in die Produktnutzung implementiert.

Die Autoren fokussieren in ihrem Ansatz cyber-physische Produkte und ihre Nutzungsphase sowie Informationen über die Produktnutzung. Die vier Schritte des Always-Beta Ansatzes werden allerdings nicht detailliert beschrieben. Es wird kein Nutzungszyklus beschrieben und kein spezifischer Informationsbedarf identifiziert. Die Annahmen über die Produktnutzung sollen abgeglichen und Innovationspotenziale abgeleitet werden, jedoch wird hierfür kein detailliertes Vorgehen bereitgestellt. Konkrete Entwicklungsmaßnahmen können aus dem Ansatz nicht abgeleitet werden.

Concept for the Usage Data-Based Advancement of Minimum Viable Products in the Context of the Internet of Production nach RIESENER ET AL.[311]

In dem Ansatz wird, in Anlehnung an das DevOps-Prinzip aus der Softwarebranche, ein Vorgehen skizziert, mit welchem Produkte in der Nutzung weiterentwickelt werden sollen. Neben der Bewertung von Innovationsideen durch Produktnutzungsinformationen wird die Identifizierung von Innovationspotenzialen durch die Überprüfung von Nutzungshypothesen als zweite relevante Methode zur Realisierung der Produktweiterentwicklung beschrieben.

Der Ansatz fokussiert weniger das Vorgehen zur Identifizierung von Innovationspotenzialen durch die Überprüfung von Nutzungshypothesen, sondern setzt dieses Vorgehen mit anderen Methoden in den Kontext der Weiterentwicklung von Produkten in der Produktnutzung. Der Fokus des beschriebenen Ansatzes liegt auf der Bestimmung des Reifegrades, welchen das sogenannte Minimum Viable Product, also das zu bewertende Produkt, besitzen muss, um die für die Weiterentwicklung relevanten Informationen in der Nutzung generieren zu können. Zudem wird analysiert, welche

[311] Vgl. Riesener et al. (2021), Concept for the Usage Data-Based Advancement of Minimum Viable Products.

Prozesse in der Entwicklung dabei unterstützen, identifizierte Weiterentwicklungspotenziale effizient und effektiv in das Produkt am Markt einzubringen.

Application of natural language processing for systematic requirement management in model-based systems engineering nach RIESENER ET AL.[312]

Der Ansatz, welcher in Zusammenarbeit mit dem Massachusetts Institute of Technology (MIT) erarbeitet wurde, dient als Ergänzung der Analyse von sensordatenbasierten Produktnutzungsinformationen zur Identifizierung von Innovationspotenzialen und adressiert das Potenzial von textbasierten Informationen aus der Produktnutzung. Angesichts verkürzter Innovationszyklen und gleichzeitig einer enormen Menge an möglichen textbasierten Informationen, welche als Produktanforderungen wieder in die Produktentwicklung einfließen können, beschreibt der Ansatz ein automatisiertes Vorgehen zur Aufbereitung textbasierter Anforderungen. Die textbasierten Anforderungen werden derart aufbereitet, dass sie in modellbasierten Entwicklungsmethoden direkt verarbeitet werden können. Der Ansatz sieht dafür eine automatisierte Vorbereitung der textbasierten Informationen mittels Natural Language Processing (NLP) vor. Anschließend werden hieraus Anforderungen in Tabellenform generiert. Als letzten Schritt sieht der Ansatz eine Nutzerschnittstelle zur Überprüfung der generierten Anforderungen bzw. zum Trainieren des Algorithmus vor.

Der Ansatz fokussiert damit eine Ergänzung der Potenziale direkter Produktnutzungsinformationen durch die Analyse von textbasierten Informationen aus der Produktnutzung. Der Schwerpunkt liegt auf der Bereitstellung einer Vorgehensweise zur automatisierten Aufbereitung der textbasierten Informationen und Überführung in ein weiter bearbeitbares Anforderungsformat.

Use of product usage information to identify innovations nach PILLER ET AL.[313]

Dieser Ansatz der Autorin entstand im Rahmen des Exzellenzclusters „Internet of Production“ der RWTH Aachen University. Er setzt die Methodik zur Identifizierung von Innovationspotenzialen durch die Analyse von Produktnutzungsinformationen in den Kontext von plattformbasierten Ökosystemen. Hierbei wird die Methodik im Bereich der Strategie, genauer im Bereich der Ressourcen und Fähigkeiten eingeordnet, da sie den Mehrwert adressiert, welcher aus Nutzungsdaten abgeleitet werden kann. In diesem Kontext schlägt der Ansatz bereits vier spezifische Schritte zur Identifizierung von

[312] Vgl. Riesener et al. (2021), Application of natural language processing for systematic requirement management in model-based systems engineering.

[313] Vgl. Piller et al. (2022), Design Elements of a Platform-Based Ecosystem for Industry Applications.

Innovationspotenzialen vor. Der erste Schritt beinhaltet die Abgrenzung und Beschreibung des Nutzungszyklus sowie die Modellierung der Nutzungselemente. Anschließend werden im zweiten Schritt relevante Produktnutzungsinformationen ermittelt, welche im dritten Schritt als Grundlage zur Formulierung von Annahmen über die Produktnutzung in Form einer Nutzungshypothese dienen. Diese wird überprüft und dient im vierten Schritt der Methodik dazu, konkrete Potenziale für die Innovation der nächsten Maschinengeneration zu generieren.

Obwohl die vier Schritte in dem Ansatz nur generisch beschrieben werden, adressieren sie die gleichen Ziele wie die Teilforschungsfragen dieser Arbeit (vgl. Unterkapitel 1.2). Somit erfüllt der Ansatz bereits im Kern die für diesen Abschnitt definierten Bewertungskriterien, jedoch werden die Details der Methodik in ihrer Tiefe erst in der vorliegenden Arbeit ausgearbeitet und beschrieben.

3.2.3 Zusammenfassung der bestehenden Ansätze und Positionierung der Arbeit

Die im vorangehenden Kapitel vorgestellten Ansätze bilden den Stand der Technik in Bezug auf den Objekt- und Zielbereich sowie auf die Lösungshypothese der vorliegenden Arbeit ab. Die Ansätze stammen zu einem überwiegenden Teil aus wissenschaftlichen Beiträgen in Journals oder Konferenzen und weiteren Veröffentlichungstypen. Die Autoren der Ansätze sind vorrangig in Deutschland, den USA oder Asien angesiedelt. Knapp drei Viertel der Beiträge wurden in den letzten zehn Jahren veröffentlicht. Die früher verfassten Beiträge wurden nach gründlicher Auswahl aufgrund ihrer Relevanz für die Thematik in die Darstellung des Stands der Technik aufgenommen.

Die vorgestellten bestehenden Ansätze werden im Folgenden den in Abschnitt 3.2.1 eingeführten Kriterien gegenübergestellt. Die Erfüllungsgrade der Kriterien durch die Ansätze sind in Abbildung 3-15 dargestellt. Die eigenen Ansätze sind hierbei entsprechend ihrer Reihenfolge in Abschnitt 3.2.2.5 aufgeführt. Die Abbildung verdeutlicht, dass einzelne Aspekte des Objekt- und Zielbereichs der vorliegenden Arbeit durch einige Ansätze abgedeckt sind. Für eine vereinfachte Analyse wurde der durchschnittliche Erfüllungsgrad jedes Ansatzes in der letzten Spalte der Abbildung eingefügt. Dieser bewertet die Übereinstimmung des bewerteten Ansatzes mit den definierten Kriterien und verdeutlicht, dass keiner der Ansätze die Kriterien bereits vollumfänglich erfüllt.

Die durchschnittliche Häufigkeit in der letzten Zeile der Abbildung bewertet übergreifend die Erfüllung der einzelnen Bewertungskriterien durch die Ansätze. Es wird deutlich, dass einzelne Aspekte der zu entwickelnden Methodik bereits durch bestehende Ansätze adressiert werden. Hinsichtlich des definierten Objektbereichs fokussiert der Großteil der Ansätze die Nutzungsphase von Produkten. Die meisten Ansätze betrachten hierbei jedoch nicht explizit Maschinen und Anlagen. Die Charakteristika der Nutzung dieser Produkte wird daher meist nicht in die Beschreibung der Produktnutzung einbezogen. Informationen über die Produktnutzung werden vor allem von neueren Ansätzen fokussiert. Diese beschränken sich häufig nicht auf durch Sensorik im Sinne von cyber-physischen Produkten generierte Produktnutzungsinformationen, sondern beziehen häufig noch qualitativ generierte Daten, bspw. über Interviews oder Studien, ein. Hinsichtlich des Zielbereichs wird von diversen Ansätzen das Ziel der Identifizierung von Innovations- bzw. Optimierungs- oder Verbesserungspotenzialen fokussiert. Häufig erfolgt hierfür jedoch keine systematische Beschreibung der Produktnutzung sowie Ableitung eines Informationsbedarfs. Die meisten Ansätze enden mit der Identifizierung verschiedener Potenziale und stellen keine expliziten Maßnahmen zur Adressierung dieser Potenziale in der Produktentwicklung bereit. Keiner der Ansätze verwendet vollumfänglich die Definition und Überprüfung von Nutzungshypothesen zur Ableitung von Innovationspotenzialen (Lösungshypothese).

Legende

- ○ nicht erfüllt
- ◔ kaum erfüllt
- ◑ teilweise erfüllt
- ◕ fast erfüllt
- ● vollständig erfüllt

LH = Lösungshypothese

	Objektbereich			Zielbereich					LH	
	Fokussierung cyber-physischer Maschinen und Anlagen	Fokussierung der Produktnutzungsphase	Fokussierung von Produktnutzunginformationen	Beschreibung von Nutzungszyklen	Bestimmung des Informationsbedarfs zur Beschreibung der Produktnutzung	Formulierung und Überprüfung von Nutzungshypothesen	Identifizierung von Innovationspotenzialen	Bereitstellung geeigneter Entwicklungsmaßnahmen	Überprüfung von Nutzungshypothesen durch Produktnutzungsinformationen	Ø Erfüllungsgrad des Ansatzes
Ansätze zur Beschreibung und Analyse der Produktnutzung										
RAM UND JUNG (1990)	○	●	●	◔	◔	○	○	○	○	◑
WEBER (2012)	○	◑	◔	○	○	○	○	◔	○	◑
PONN UND LINDEMANN (2011)	○	◕	◑	◑	○	◔	○	○	○	◔
SUN (2012)	○	◕	◑	◕	○	◔	○	○	◔	◔
WÄLDELE (2012)	○	◑	◑	◔	○	○	○	○	○	◑
Ansätze zur Analyse der Produktnutzung zur Ableitung von Kundenbedürfnissen										
SCHULTE (2006)	○	●	◑	○	◕	◔	◕	●	◔	◕
STEINER ET AL. (2009)	○	●	◔	◔	○	○	◑	◕	○	◔
AYOUB ET AL. (2019)	○	◕	◑	○	○	○	◑	◕	○	◔
Ansätze zur Analyse der Produktnutzung zur Ableitung von Schwachstellen des Produktes in der Nutzung										
ABRAMOVICI ET AL. (2011)	◕	●	●	○	◔	◔	◕	◑	◔	◑
DIENST (2014)	●	●	●	◔	○	○	◕	◕	○	◑
SHIN ET AL. (2015)	◔	●	●	◑	◑	◔	◑	◑	◔	◑
MAMROT ET AL. (2016)	◔	◕	◔	◔	◔	○	◔	◔	○	◔
MA ET AL. (2017)	◕	●	●	◔	○	◔	◕	◔	◑	◑
MORINAGA ET AL. (2017)	◔	●	◑	◕	◔	○	◔	◔	○	◑
Ansätze zur Analyse der Produktnutzung zur Ableitung von Implikationen für die Produktentwicklung										
VICHARE ET AL. (2007)	○	◕	◕	◑	◑	○	◔	○	◔	◑
LACHMAYER ET AL. (2014)	◔	◑	◕	◔	◑	○	◔	◔	○	◔
ZHAN ET AL. (2017)	○	◔	◔	○	◔	○	◔	○	○	◔
KLEIN ET AL. (2019)	◑	●	●	◑	◑	◔	◑	◑	◔	◑
MASSMANN ET AL. (2019)	◔	◑	◑	◑	◑	◕	◔	◔	◔	◑
VAN DER VEGTE (2019)	◔	●	●	○	◔	◔	○	○	◔	◔
VOET ET AL. (2019)	◔	●	●	◑	◕	●	◑	◔	◕	◕
BU ET AL. (2020)	◑	◕	●	○	◑	○	◕	◔	○	◑
MEYER ET AL. (2020)	◕	◕	◕	○	◔	◕	◕	●	◕	◕
Eigene Ansätze										
RIESENER ET AL. (2019)	●	●	●	◑	◑	◔	◔	○	◔	◑
RIESENER ET AL. (2020)	●	●	●	◑	◑	●	○	○	◕	◑
SCHUH ET AL. (2020)	●	●	●	○	○	◔	◔	○	◔	◔
RIESENER ET AL. (2021)	◑	◕	●	◔	○	○	◔	◑	◔	◑
RIESENER ET AL. (2021)	○	◑	◑	○	◔	○	◕	○	○	◔
PILLER ET AL. (2022)	●	●	●	◕	◕	◕	◕	◕	◕	◕
Ø Häufigkeit	◔	◕	◕	◔	◔	◔	◑	◔	◔	◑

Abbildung 3-15: Bewertung der relevanten Ansätze

In der Kategorie der Ansätze zur Beschreibung und Analyse der Produktnutzung zeigt sich, dass die Produktnutzung hinsichtlich verschiedener Aspekte beleuchtet werden kann. RAM und JUNG zielen auf eine Bewertung der Intensität und Vielfalt der Produktnutzung ab, während die weiteren vier Ansätze vielmehr beschreiben, wie der Nutzer durch Interaktion mit dem Produkt Einfluss auf die Produktnutzung nehmen kann. Die Charakteristika cyber-physischer Maschinen und Anlagen werden hierbei nicht ausdrücklich einbezogen. Keiner der fünf vorgestellten Ansätze in dieser Kategorie verfolgt das Ziel der Formulierung oder Überprüfung von Nutzungshypothesen, um Potenziale für Innovationen der Produkte abzuleiten.

Die Ansätze der zweiten Kategorie verwenden Produktnutzungsinformationen bereits gezielt dazu, die Produkte durch die Bereitstellung geeigneter Entwicklungsmaßnahmen zu innovieren. Hierzu werden auf verschiedene Arten, wie die Bewertung von prospektivem und retrospektivem Feedback bei SCHULTE, die Analyse der Toolkit-Verwendung bei STEINER ET AL. oder die Auswertung von Produkt-Reviews bei AYOUB ET AL., Kundenbedürfnisse identifiziert. Das Potenzial, welches sich aus der Analyse von Informationen aus der Produktnutzung cyber-physischer Maschinen und Anlagen ergibt, wird von keinem der Ansätze adressiert.

Gegensätzlich hierzu fokussieren die Ansätze der dritten Kategorie explizit die Analyse von Produktnutzungsinformationen. Diese werden vornehmlich dazu verwendet, Schwachstellen bzw. Fehler des Produktes in dessen Nutzung zu identifizieren. Hierdurch können, insbesondere in den Ansätzen von ABRAMOVICI und LINDNER, DIENST sowie SHIN ET AL., gezielt geeignete Entwicklungsmaßnahmen bereitgestellt werden, um die Produkte insbesondere hinsichtlich der identifizierten Schwachstellen zu verbessern. Auffallend ist, dass die Ansätze nahezu keine Unterstützung bei der Ermittlung relevanter Informationen aus der Produktnutzung bieten, weshalb die Gewährleistung einer effizienten Anwendung fraglich ist.

Die Ansätze der vierten Kategorie zielen darauf ab, Implikationen für die Produktentwicklung abzuleiten. Das Konzept der Formulierung und Überprüfung von Nutzungshypothesen wird hier, insbesondere in den Ansätzen MASSMANN ET AL., VOET ET AL. und MEYER ET AL., auf verschiedene Arten in die jeweilige Methodik einbezogen. Hierbei kommen die Ansätze von VOET ET AL. und MEYER ET AL. dem Zielbereich dieser Arbeit dadurch am nächsten, dass die Ansätze eine Modellierungsmethode bereitstellen, Produktnutzungshypothesen aufstellen und erforderliche Informationen ableiten. Die Modellierung von Nutzungszyklen, welche die Charakteristika von Maschinen und Anlagen einbeziehen, wird von keinem der Ansätze fokussiert.

Die eigenen Ansätze der Autorin, welche in der fünften Kategorie beschrieben werden, adressieren den Zielbereich dieser Arbeit aus verschiedenen Perspektiven. Die ersten beiden Ansätze beleuchten insbesondere die Charakteristika von Maschinen und Anlagen sowie die Möglichkeit der Modellierung ihrer Nutzung und die Ermittlung erforderlicher Informationen zur Beschreibung der Nutzung. Der zweite und sechste Ansatz verfolgen hierauf aufbauend zusätzlich das Ziel, Nutzungshypothesen zu formulieren und zu überprüfen. Hinsichtlich der Identifizierung von Innovationspotenzialen und der Ableitung von Entwicklungsmaßnahmen werden bereits erste Forschungsergebnisse präsentiert, jedoch noch auf einer übergeordneten Ebene.

Zusammenfassend ist festzustellen, dass kein Ansatz die gezielte Innovation von Maschinen und Anlagen dadurch verfolgt, dass integriert die Produktnutzung modelliert, relevante Nutzungsinformationen ermittelt, Nutzungshypothesen überprüft, Innovationspotenziale abgeleitet sowie Entwicklungsmaßnahmen bereitgestellt werden. Die analysierten Ansätze beschränken sich vornehmlich auf eine generische Beschreibung von Produktnutzungen. Eine auf den Charakteristika von Maschinen und Anlagen basierende Modellierung der Produktnutzung erfolgt bislang nicht. Spezifische Empfehlungen zur Eingrenzung und Analyse der enormen Menge an möglichen aufzunehmenden Produktnutzungsinformationen werden noch nicht bereitgestellt. Ebenso erfolgt bislang keine Bereitstellung expliziter Maßnahmen zur Bearbeitung identifizierter Verbesserungs- oder Innovationspotenziale.

3.3 Zwischenfazit: Forschungsbedarf zur Identifizierung von Innovationspotenzialen

In Unterkapitel 3.1 wurde aufgezeigt, dass in der unternehmerischen Praxis ein ausgeprägtes Defizit sowohl in der gezielten Identifizierung und Aufnahme relevanter Produktnutzungsinformationen als auch in der Ableitung von Erkenntnissen und Verwendung der Erkenntnisse zur Identifizierung von Innovationspotenzialen besteht. Durch die Analyse bestehender Ansätze in Unterkapitel 3.2 wurde basierend auf Kriterien des Objekt- und Zielbereichs der Forschungsbedarf herausgearbeitet, welchen die vorliegende Arbeit adressiert.

Unternehmen der produzierenden Industrie, insbesondere Herstellern von Maschinen und Anlagen, fällt es schwer, relevante Informationen in der Nutzung ihrer Produkte zu antizipieren, sodass die Produkte gezielt noch während der Herstellung mit einer adäquaten Sensorik ausgestattet werden können. Dies resultiert häufig darin, dass Informationen aus der Nutzung der Produkte nicht aufgenommen werden bzw. durch aufwendige qualitative Verfahren generiert werden müssen. Werden Informationen aufgenommen, wird häufig ihr Potenzial nicht ausgeschöpft, da es an Methoden zur zielgerichteten Auswertung mangelt. Generierte Erkenntnisse hinsichtlich der Produktnutzung sowie möglicher Innovationspotenziale können häufig nicht in die Entwicklung einbezogen werden, da konkrete Methoden zur Bearbeitung dieser Innovationspotenziale fehlen.

Die Analyse des Stands der Forschung verdeutlicht, dass die praktischen Herausforderungen auch in der Theorie nicht hinreichend adressiert werden. Die analysierten Ansätze adressieren Teilaspekte des definierten Objekt- und Zielbereichs wie bspw. die Beschreibung der Produktnutzung. Wenngleich viele Ansätze bereits die enormen Potenziale der Analyse der Produktnutzung anhand von Produktnutzungsinformationen berücksichtigen, erfolgt selten eine anwendergerechte Beschreibung einer Methodik zur zielgerichteten Auswertung der Informationen zur Ableitung von Innovationspotenzialen. Ebenso mangelt es im Kontext der Anwendbarkeit an Empfehlungen für die Entwicklung zur Bearbeitung der identifizierten Potenziale.

Aufbauend auf dem herausgearbeiteten Praxis- und Theoriedefizit wird im folgenden Kapitel 4 das Grobkonzept der vorliegenden Arbeit entwickelt. Dazu werden Anforderungen an die Arbeit formuliert sowie Teilmodelle konzipiert.

4 Konzeption der Methodik

In den vorangehenden Kapiteln wurden grundlegende Begrifflichkeiten sowie relevante bestehende Ansätze vorgestellt. Das zu adressierende Defizit in Praxis und Theorie wurde aufgezeigt. Aufbauend auf diesen Ausführungen dient das vierte Kapitel in Anlehnung an die Forschungsmethodik nach ULRICH der Entwicklung eines Grobkonzepts zur Identifizierung von Innovationspotenzialen durch die Analyse von Produktnutzungsinformationen. Dazu wird zunächst ein Zielbild erarbeitet, an welchem sich die zu entwickelnde Methodik ausrichtet (Unterkapitel 4.1). Anschließend werden die inhaltlichen und formalen Anforderungen an die Methodik definiert, welche während der Erarbeitung der Methodik einen Abgleich mit dem Objektbereich und der Zielsetzung ermöglichen (Unterkapitel 4.2). Die wesentlichen Schritte der Methodik werden im Grobkonzept entwickelt (Unterkapitel 4.3), aus welchem die Teilmodelle abgeleitet werden (Unterkapitel 4.4). Den Abschluss des Kapitels bildet ein Zwischenfazit (Unterkapitel 4.5).

4.1 Zielbild der Methodik und angestrebte Nutzenpotenziale

Das übergeordnete Ziel der zu entwickelnden Methodik besteht darin, Unternehmen im Maschinen- und Anlagenbau zur Identifizierung von Innovationspotenzialen durch die Analyse von Produktnutzungsinformationen zu befähigen (vgl. Unterkapitel 1.2). Die Methodik unterstützt demnach dabei, nutzenstiftende Innovationen zu generieren und den Ressourcen- und Budgetverbrauch für die Entwicklung nicht verwendeter oder nicht benötigter Funktionen und Funktionsausprägungen in der Produktnutzung zu minimieren. Gleichzeitig können bei der Weiterentwicklung der Maschinen die Entwicklungsaktivitäten fokussiert und damit die Ressourcen gezielt eingesetzt werden. Dazu sollen Produktnutzungsinformationen aufgenommen und zur Überprüfung der angenommenen Produktnutzung verwendet werden. Die Erkenntnisse hieraus sollen den Prozess der Generierung und Entwicklung von Innovationen steuern. Die Methodik baut damit eine enge Verknüpfung zwischen Produktnutzung und Produktentwicklung von CPS auf.

Eine solche Verknüpfung ist ein wesentlicher Forschungsfokus des Exzellenzclusters „Internet of Production“ (IoP) an der RWTH Aachen University, an welchem auch die Autorin mitwirkte. Das IoP kann als Weiterentwicklung des Internet of Things (IoT) angesehen werden, welches die Idee des Internets im Sinne eines globalen sozio-technischen Netzwerks auf die physische Welt überträgt.[314] Dies bedeutet, dass im Sinne des IoP CPS horizontal vernetzt werden, wodurch bspw. die Zugänglichkeit von Felddaten aus der Nutzung gefördert wird.[315] Um die Potenziale dieser Vernetzung ausschöpfen zu können, ist ein übergreifender Zugriff in Entwicklung, Produktion und Nutzung auf die Daten notwendig, um eine vertikale Integration dieser drei Domänen zu einer domänenübergreifenden horizontalen Zusammenarbeit zu erweitern. Diesen Aspekt adressiert die Infrastruktur des IoP (vgl. Abbildung 4-1).

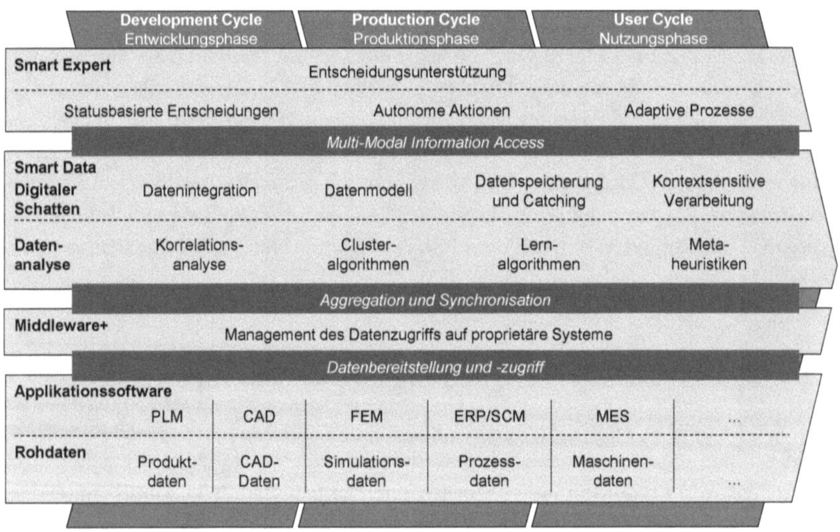

Abbildung 4-1: Die Infrastruktur des Internet of Production[316]

Sie verfolgt das Ziel, die domänenübergreifende Zusammenarbeit durch die Bereitstellung kontextbezogener Daten aus Entwicklung, Produktion und Nutzung in Echtzeit

---

[314] Vgl. Gubbi et al. (2013), Internet of Things (IoT): A vision, architectural elements, and future directions, S. 1645ff.

[315] Vgl. Porter und Heppelmann (2014), How Smart, Connected Products Are Transforming Competition, S. 64ff.

[316] In Anlehnung an Schuh et al. (2016), Internet of Production, S. 4.

und in angemessener Granularität zu realisieren. [317] Die Infrastruktur des Internet of Production bildet vier Ebenen und die drei Lebenszyklusphasen von der Entwicklung über die Produktion bis zur Nutzung ab. Die oberste Ebene ist die Ebene „Smart Expert". Sie ist die Schnittstelle zu den Entscheidern, um Entscheidungssituationen interaktiv und intuitiv zu unterstützen. Dazu bereiten spezifische, auf die Entscheidungssituationen zugeschnittene Apps relevante Daten so auf, dass mit ihnen agile und transparente Entscheidungen getroffen werden können. Die Ebene „Smart Data" ermöglicht diese Entscheidungsunterstützung. Die für die Anwenderebene notwendigen Daten werden aus der Rohdatenebene aggregiert und synchronisiert. Durch diese Ebene wird ein Zugriff auf die verknüpften Daten aus Entwicklungs-, Produktions- und Nutzungsphase realisiert. Hierbei wird unterstützend eine „Middleware+" benötigt. Diese erlaubt die Zusammenarbeit verschiedener proprietärer Anwendungssysteme und unterstützt so die Verwaltung großer Datenbestände aus diversen Quellen. Die unterste Ebene beinhaltet die Rohdaten. Auf dieser Ebene werden Daten aus bspw. PLM-, CAD-, ERP-, MES oder CRM-Systemen gesammelt und bereitgestellt.[318] Die IoP-Infrastruktur unterstützt somit die Verbindung großer Mengen an heterogenen Daten mit entscheidungsunterstützenden Modellen entlang der drei Phasen des Lebenszyklus. Dies realisiert domänenübergreifende und produktlebenszyklusübergreifende Analysen von spezifischen Fragestellungen, welche sowohl rückwärts gerichtet die Erstellung von Berichten und Diagnosen, als auch vorwärts gerichtet die Generierung von Vorhersagen und Empfehlungen ermöglicht.[319] Zu diesen vorwärts gerichteten Empfehlungen können die in dieser Arbeit fokussierten Innovationspotenziale als Entwicklungsempfehlungen für die Weiterentwicklung der Maschinen angesehen werden.

Das Ziel der Arbeit kann auf übergeordneter Ebene in den hochiterativen Produktlebenszyklus im Kontext der IoP-Infrastruktur eingeordnet werden (vgl. Abbildung 4-2). In der Produktnutzung werden relevante Produktnutzungsinformationen gezielt aufgenommen und in die Entwicklung zurückgeführt. Hier werden diese verwendet, um Innovationspotenziale zur Weiterentwicklung der Maschine zu identifizieren, welche wieder in die Produktnutzung eingebracht werden. Der Verlauf der Pfeile zwischen Entwicklung und Nutzung verdeutlicht, dass dies als potenziell kontinuierlicher Prozess verstanden werden kann.

---

[317] Vgl. Schuh et al. (2019), Internet of Production, S. 533ff.

[318] Vgl. Schuh et al. (2016), Internet of Production, S. 3ff.

[319] Vgl. Häfner et al. (2020), Effizientere Produktion mit Digitalen Schatten, 105ff.; Schuh et al. (2019), Internet of Production, 533ff.

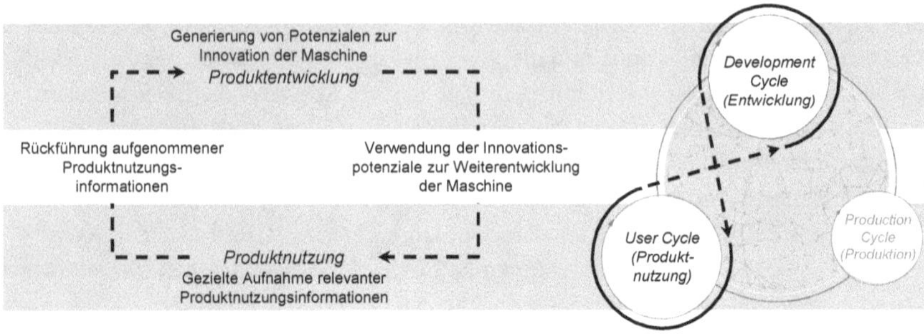

Abbildung 4-2: Einordnung des Ziels der Arbeit in den hochiterativen Produktlebenszyklus des IoP[320]

Aufbauend auf diesen Ausführungen wird zur weiteren Detaillierung und Darstellung des Ziels der Arbeit auf eine Abwandlung des Innovationsprozesses als Regelkreis nach BROWN und SVENSON (vgl. Abbildung 2-4 in Abschnitt 2.1.2) zurückgegriffen. Das Zielbild der Arbeit wird in Abbildung 4-3 dargestellt.

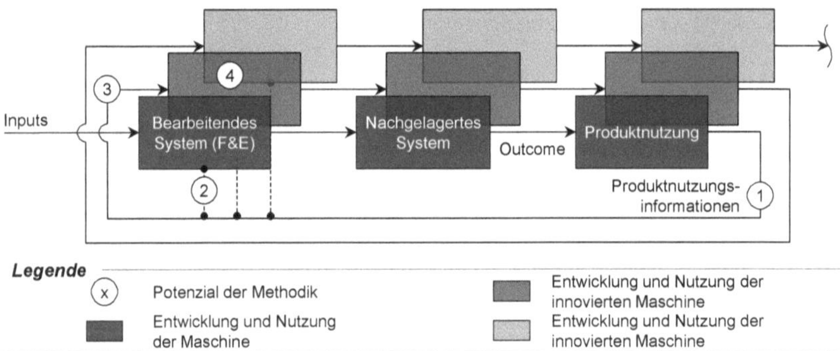

Abbildung 4-3: Zielbild der zu entwickelnden Methodik

Im Zielbild folgt die Produktnutzung auf das bearbeitende und das nachgelagerte System, welche im Kontext dieser Arbeit eine Maschine oder Anlage als Outcome hervorbringen. Die reale Produktnutzung bzw. Produktnutzungsinformationen werden aus der Produktnutzung als Regelgröße aufgenommen. Diese wird mit den „Soll-Vorgaben" des bearbeitenden Systems, hier der Nutzungshypothese, abgeglichen. Aus dem Abgleich zieht die regelnde Instanz, hier die Produktentwicklung, Schlüsse und greift,

[320] In Anlehnung an Schuh et al. (2016), Internet of Production, S. 7.

in Form gezielt abgeleiteter Innovationspotenziale als Input für die Weiterentwicklung bzw. Innovation der Maschine, regelnd in den Prozess ein. Die drei hintereinander gestellten Regelkreise verdeutlichen, dass die Methodik als ein Prozess des kontinuierlichen Lernens über die Produktnutzung und der regelmäßigen Weiterentwicklung der Maschine angesehen werden kann.

Übergeordnet sollen die Nutzenpotenziale der Methodik innerhalb des Innovationsprozesses die Effizienz in Form eines optimierten Ressourceneinsatzes durch schlanke Prozesse sowie die Effektivität in Form einer hohen Kundenzufriedenheit durch bessere Produkte steigern und somit einen positiven Einfluss auf die Innovationsproduktivität nehmen.[321]

Die angestrebten Nutzenpotenziale der Methodik werden am Zielbild schematisch aufgezeigt:

- Durch die zielgerichtete Aufnahme der relevanten Informationen aus einem definierten und abgegrenzten Bereich der Produktnutzung der Maschine soll die Effizienz in der Informationsaufnahme gesteigert werden (Potenzial 1)
- Durch die Überprüfung einer Nutzungshypothese als Referenz soll die Effizienz in der Auswertung der aufgenommenen Informationen gesteigert werden (Potenzial 2)
- Durch die strukturierte Identifizierung von Innovationspotenzialen soll die Effektivität in der Weiterentwicklung der Maschine gesteigert werden (Potenzial 3)
- Durch die Empfehlung geeigneter Methoden zur weiteren Bearbeitung der identifizierten Innovationspotenziale soll die Effizienz in der Weiterentwicklung der Maschine gesteigert werden (Potenzial 4)

Im Anschluss an die Vorstellung des Zielbilds und der angestrebten Nutzenpotenziale werden im nächsten Unterkapitel relevante inhaltliche und formale Anforderungen an die Methodik abgeleitet.

[321] Vgl. Schuh et al. (2021), Sustainable Innovation, S. 13.

4.2 Anforderungen an die Methodik

Dieses Unterkapitel dient der Herleitung von inhaltlichen und formalen Anforderungen, aus welchen im Anschluss das Grobkonzept für die Identifizierung von Innovationspotenzialen durch die Analyse von Produktnutzungsinformationen abgeleitet wird.

4.2.1 Inhaltliche Anforderungen

Die inhaltlichen Anforderungen bilden die Grundlage für die zu entwickelnde Methodik. Gleichzeitig stellen sie eine Referenz für die kritische Reflexion der Methodik im Rahmen der Validierung in Kapitel 6 dar. Die Grundlage für diese Anforderungen bilden die Zielsetzung (vgl. Unterkapitel 1.2) und der Objektbereich der Arbeit (vgl. Abschnitt 3.2.1) sowie die identifizierten Defizite in der Praxis (vgl. Unterkapitel 3.1) und der Theorie (vgl. Abschnitt 3.2.3). Eine Übersicht über die Anforderungen, welche sich aus diesen vier Bereichen ergeben, ist in Abbildung 4-4 dargestellt.

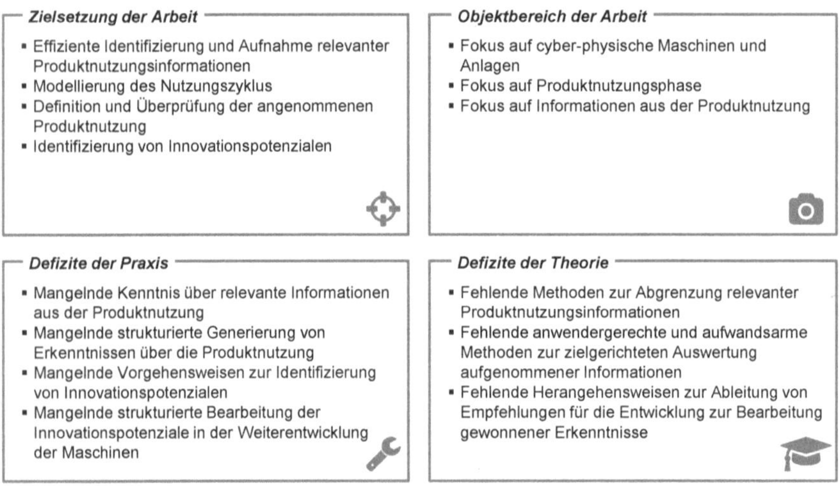

Abbildung 4-4: Inhaltliche Anforderungen an die Methodik

Die übergeordnete Zielsetzung der vorliegenden Arbeit besteht in der Befähigung von Unternehmen des Maschinen- und Anlagenbaus zur Identifizierung von Innovationspotenzialen durch die Analyse von Produktnutzungsinformationen. Hierbei sollen durch die zu entwickelnde Methodik die Effektivität und die Effizienz im Innovationsprozess und damit die Innovationsproduktivität gesteigert werden. Die Effizienz muss durch die Methodik dadurch adressiert werden, dass sie den zu analysierenden Nutzungszyklus strukturiert eingrenzt und durch eine einfache und intuitive Modellierungsmethode beschreibt. Die aus der Produktnutzung aufzunehmenden Informationen sind im Kontext des übergeordneten Ziels der Methodik gezielt zu ermitteln. Um diese Informationen strukturiert zur Identifizierung möglicher Innovationspotenziale einsetzen zu können, muss die angenommene Produktnutzung definiert und überprüfbar gemacht werden. Aus der Überprüfung der angenommenen Produktnutzung müssen sich in der Methodik konkrete Innovationspotenziale ergeben. Es sind konkrete Entwicklungsmethoden vorzuschlagen, mit welchen die Innovationspotenziale im Entwicklungsprozess effizient erarbeitet werden können.

Der Objektbereich der Arbeit lässt sich aus der zuvor beschriebenen Zielsetzung ableiten. Aufgrund der aufgenommenen Produktnutzungsinformationen, auf welchen die Methodik basiert, sowie aufgrund der eingrenzbaren Anwendungsfälle sind cyberphysische Maschinen und Anlagen zu fokussieren. Da die Innovationspotenziale aus der Produktnutzung abgeleitet werden sollen, ist diese Lebenszyklusphase zu fokussieren und die Phasen BOL sowie EOL aus dem Betrachtungsbereich auszuschließen (vgl. Abschnitt 2.2.2). Die Informationen über die Produktnutzung werden fokussiert, indem sie strukturiert identifiziert und in die Methodik eingebunden werden.

Die Defizite in der industriellen Praxis sollen ebenfalls im Rahmen der Entwicklung der Methodik adressiert werden. Eine grundlegende Herausforderung in der Praxis besteht darin, relevante Produktnutzungsinformationen zu antizipieren, sodass Maschinen gezielt mit Sensorik ausgestattet werden können. Die Methodik muss diese Herausforderung adressieren, indem die relevanten Produktnutzungsinformationen strukturiert aus dem spezifischen Nutzungszyklus der Maschine und den Möglichkeiten der Einflussnahme des Nutzers in diesem Nutzungszyklus abgeleitet werden können. Die Produktnutzungsinformationen sind derart auszuwählen, dass aus ihnen strukturiert die erforderlichen Erkenntnisse über die Produktnutzung gewonnen werden können, um die Annahmen aus der Entwicklung zu überprüfen. Die Methodik muss insbesondere darin unterstützen, effizient mögliche Innovationspotenziale abzuleiten, welche in der Weiterentwicklung der Maschine erschlossen werden können.

Weitere inhaltliche Anforderungen an die Methodik ergeben sich aus den Defiziten in der Theorie. Die Analyse bestehender Ansätze in Abschnitt 3.2.2 zeigt auf, dass die Defizite in der industriellen Praxis auch durch bestehende aktuelle Ansätze nicht adäquat adressiert werden. Insbesondere fehlt eine Methode zur Eingrenzung relevanter Produktnutzungsinformationen. Bestehende Ansätze beschreiben meist sämtliche aus der Produktnutzung aufnehmbare Informationen, sodass eine zielgerichtete Eingrenzung entsprechend des verfolgten Zwecks der Aufnahme nicht erfolgt. Ebenso fehlt eine Methode, um aufgenommene Informationen aufwandsarm und zielgerichtet auszuwerten. Wird eine Methode zur Generierung von Erkenntnissen beschrieben, wird meist keine weitere Unterstützung angeboten, um diese Erkenntnisse effizient in der Produktentwicklung zu verarbeiten.

4.2.2 Formale Anforderungen

Nach der Definition der inhaltlichen Anforderungen werden im Folgenden die formalen Anforderungen an die Methodik vorgestellt. Diese gewährleisten die Einhaltung von grundsätzlichen, allgemeingültigen Anforderungen sowie die daraus resultierende Anwendbarkeit und Richtigkeit.[322] Die formalen Anforderungen werden in Anlehnung an die von PATZAK[323] definierten Anforderungen an ein Modell aufgeführt und kurz erläutert:

- Die empirische Richtigkeit ist gegeben, wenn Modelle möglichst realitätsbezogen sind, d.h. die von ihnen modellierten Beobachtungen möglichst realitätsnah abbilden
- Die formale Richtigkeit ist gewährleistet, wenn Modelle in sich widerspruchsfrei sowie formal einwandfrei sind und Ergebnisse möglichst in quantitativer Form liefern
- Die Zweckbezogenheit von Modellen ist gegeben, wenn diese auf spezifische Fragestellungen inhaltlich und formal nützliche Antworten geben
- Die Nutzerfreundlichkeit stellt sicher, dass Modelle leicht anzuwenden und die Ergebnisse leicht zu interpretieren sind
- Die Wirtschaftlichkeit von Modellen ist gewährleistet, wenn der Aufwand zu ihrer Anwendung im Verhältnis zum Nutzen der Anwendung gering ist

Bei der Betrachtung der Anforderungen fällt auf, dass diese teilweise im Widerspruch zueinander stehen. Insbesondere existiert ein Zielkonflikt zwischen der empirischen Richtigkeit und der Nutzerfreundlichkeit bzw. Wirtschaftlichkeit von Modellen. Da Modelle immer eine vereinfachte Abbildung der Realität darstellen, gilt es, diese unter Berücksichtigung der gesetzten Ziele zu vereinfachen. Dies bedeutet, dass individuell

[322] Vgl. Dölle (2018), Projektsteuerung in der Produktentwicklung mittels Predictive Analytics, S. 97.
[323] Vgl. Patzak (1982), Systemtechnik - Planung komplexer innovativer Systeme, S. 309f.

eine Abwägung zwischen Aufwand der Modellbildung und geforderter Genauigkeit des Modells vorgenommen werden muss.[324]

Auf Basis der vorgestellten inhaltlichen und formalen Anforderungen wird im Folgenden das Grobkonzept für die Identifizierung von Innovationspotenzialen entwickelt.

4.3 Grobkonzept zur Identifizierung von Innovationspotenzialen durch die Analyse von Produktnutzungsinformationen

Im vorliegenden Unterkapitel wird das Grobkonzept zur Identifizierung von Innovationspotenzialen durch die Analyse von Produktnutzungsinformationen entwickelt. Das Grobkonzept bildet den Kern des vierten Kapitels. Die zu entwickelnde Methodik gliedert sich in vier Teilmodelle, welche im Folgenden beschrieben werden.

Die Grundlage für die Identifizierung von Innovationspotenzialen durch die Analyse von Produktnutzungsinformationen ist die Definition des Betrachtungsbereichs in der Produktnutzung. Dazu sollen Nutzungszyklen von Maschinen generisch abgegrenzt sowie für die Methodik relevante Nutzungszykluselemente identifiziert werden. Als Grundlage für die spätere Analyse der Produktnutzung wird eine Methode zur zielgerichteten Modellierung dieser Elemente entwickelt. Abschließend gilt es verschiedene Möglichkeiten des Nutzers zu identifizieren, während der Nutzung auf das Verhalten der Maschine Einfluss zu nehmen sowie diese in Form von Variabilitätsarten zu definieren und anwendbar zu machen (vgl. Unterkapitel 5.1).

Im zweiten Teilmodell wird der Informationsbedarf zur Beschreibung der Produktnutzung im modellierten Nutzungszyklus ermittelt. Hierfür sollen, aufbauend auf dem ersten Teilmodell, zunächst relevante Informationsträger identifiziert und anschließend diejenigen Produktnutzungsinformationen herausgearbeitet werden, welche zur Beschreibung des Zustands dieser Informationsträger im Kontext der Variabilitätsarten relevant sind (vgl. Unterkapitel 5.2). Die ersten beiden Teilmodelle bilden die Grundlage für die Formulierung und Überprüfung der Nutzungshypothese.

Die Nutzungshypothese soll die für die Methodik relevanten Annahmen zur Nutzung der Maschine zusammenfassen. Aus einer zielgerichteten Auswahl eines geeigneten Testverfahrens sollen Anforderungen an die Formulierung und Überprüfung der Nutzungshypothese abgeleitet werden. Es soll dargelegt werden, wie Informationen aus

[324] Vgl. Patzak (1982), Systemtechnik - Planung komplexer innovativer Systeme, S. 315.

der Produktnutzung aufzunehmen und zu verarbeiten sind und wie statistisch signifikante Abweichungen zwischen Hypothese und realer Produktnutzung identifiziert und quantifiziert werden können (vgl. Unterkapitel 5.3).

Das vierte Teilmodell dient zur Ableitung von konkreten Innovationspotenzialen aus den identifizierten Abweichungen. Hierzu sollen mögliche Abweichungen zwischen Nutzungshypothese und realer Produktnutzung in generischen Nutzungsfällen zusammengefasst werden. Aus diesen Nutzungsfällen sollen in Verbindung mit möglichen Zielen des Nutzers innerhalb der Nutzungsfälle Innovationspotenziale abgeleitet werden. Diese sollen dazu dienen, die Ziele, welche der Nutzer durch seine Beeinflussung der Maschine in der Nutzung verfolgt hat, in der Weiterentwicklung der Maschine zu adressieren. Um dies effizient umsetzen zu können, sollen abschließend für jedes Innovationspotenzial Empfehlungen zu ihrer Bearbeitung in der Produktentwicklung formuliert werden (vgl. Unterkapitel 5.4).

Die vorgestellten Teilmodelle werden in Abbildung 4-5 zusammengefasst.

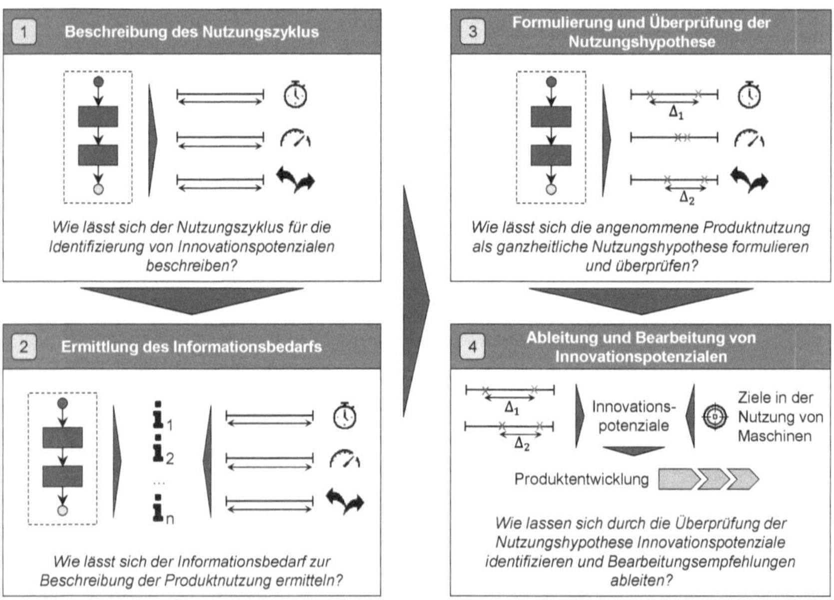

Abbildung 4-5: Übersicht über das Grobkonzept der Methodik

Die Teilmodelle werden in den folgenden Abschnitten vorgestellt und in den Gesamtkontext der Methodik eingeordnet. Eine Detaillierung der einzelnen Teilmodelle erfolgt anschließend in Kapitel 5.

4.3.1 Beschreibung des Nutzungszyklus zur Identifizierung von Innovationspotenzialen

Das erste Teilmodell bildet die Grundlage für die weitere Methodik, indem die Produktnutzung beschrieben wird. Der Betrachtungsbereich soll abgegrenzt und die für die Methodik relevanten Elemente identifiziert und einheitlich definiert werden. Dies liefert einen ersten Beitrag zur Steigerung der Effektivität und Effizienz in der Methodik zur Identifizierung von Innovationspotenzialen (vgl. Abbildung 4-3). Zunächst soll der Nutzungszyklus, d.h. derjenige Abschnitt der Nutzungsphase, welcher analysiert wird, in den Produktlebenszyklus und die Nutzungsphase durch Einbettung in die Systemtheorie eingeordnet werden. Dadurch wird der Nutzungszyklus gezielt abgegrenzt. Anschließend gilt es aus den in Abschnitt 4.2.1 definierten Zielen der Methodik Anforderungen an die Beschreibung des Nutzungszyklus, d.h. an die abzubildenden relevanten Elemente, abzuleiten. Das Ziel besteht anschließend darin, dem Anwender der Methodik eine Vorgabe bereitzustellen, wie diese Elemente als Grundlage für die weitere Methodik zu modellieren sind. Es werden daher ebenso für die Modellierung der Elemente des Nutzungszyklus Anforderungen aus Abschnitt 4.2.1 abgeleitet. Bestehende Methoden zur Modellierung von Produktnutzungen sollen vorgefiltert und ausgewählte Methoden den Anforderungen gegenübergestellt werden. Geeignete Bestandteile dieser Methoden können so identifiziert und ggfs. wiederverwendet werden. Eine Methode zur Modellierung des Nutzungszyklus im Kontext der vorliegenden Arbeit soll entwickelt und detailliert beschrieben werden. Weiterhin trägt das erste Teilmodell dazu bei, die relevanten aufzunehmenden Produktnutzungsinformationen weiter einzugrenzen. Innerhalb der Methodik sollen nur Informationen zu denjenigen Elementen der Produktnutzung aufgenommen werden, welche der Nutzer während der Nutzung beeinflussen kann. Es gilt daher, aufbauend auf den vorherigen Ausarbeitungen, verschiedene Arten zu identifizieren, auf die der Nutzer die Nutzung der Maschine beeinflussen kann. Hierauf aufbauend sollen sogenannte Variabilitätsarten definiert werden. Das ausgearbeitete Teilmodell zur Modellierung des Nutzungszyklus und Identifizierung der Variabilitätsarten soll abschließend an einem Beispiel demonstriert werden.

4.3.2 Ermittlung des Informationsbedarfs zur Beschreibung der Produktnutzung

Das geplante Vorgehen des ersten Teilmodells der Methodik legt die Grundlage für die zielgerichtete Aufnahme relevanter Produktnutzungsinformationen. Der spezifische Informationsbedarf soll aufbauend auf diesen Ausarbeitungen im zweiten Teilmodell der Methodik ermittelt werden. Gemäß der Ausführungen in Unterkapitel 2.3 besteht der Informationsbedarf aus Informationsträgern sowie beschreibenden Informationen. Daher sollen zunächst Informationsträger aus den definierten Elementen des Nutzungszyklus abgeleitet werden. Weiterhin soll der Informationsbedarf ermittelt werden. Die übergeordnete Methodik dient dazu, zu überprüfen, ob die Maschine tatsächlich so genutzt wird wie in der Produktentwicklung angenommen wurde. Der Informationsbedarf muss demnach die möglichen Zustände der Informationsträger in der Produktnutzung abbilden. Er ergibt sich also aus der Gegenüberstellung der Informationsträger mit den definierten Variabilitätsarten aus dem ersten Teilmodell der Methodik. Relevante Produktnutzungsinformationen im Kontext der Methodik sollen aus dieser Gegenüberstellung abgeleitet und definiert werden. Das Teilmodell zur Ermittlung des Informationsbedarfs wird aufbauend auf dem im ersten Schritt eingeführten Beispiel demonstriert.

4.3.3 Formulierung und Überprüfung der Nutzungshypothese

Die übergeordnete Methodik soll zur Identifizierung von Innovationspotenzialen überprüfen, ob eine Maschine in der realen Produktnutzung so verwendet wird, wie in der Produktentwicklung angenommen wurde. Die Annahmen zur Produktnutzung sollen hierfür in Form einer Hypothese, der sogenannten Nutzungshypothese, formuliert werden. Die Formulierung der Nutzungshypothese basiert auf den Ausarbeitungen der ersten beiden Teilmodelle. Sie soll demnach die relevanten modellierten Elemente sowie die Informationen, welche den Zustand der Elemente im Kontext der Variabilitätsarten beschreiben, beinhalten. Das dritte Teilmodell der Methodik soll dazu anleiten, diese Inhalte als Hypothese zu formulieren und anschließend durch aufgenommene Produktnutzungsinformationen zu überprüfen. Hierzu werden aus Grundlagen zu wissenschaftlichen Hypothesen im Kontext der Statistik zunächst inhaltliche Anforderungen an die Formulierung der Nutzungshypothese abgeleitet. Es soll weiterhin ein geeignetes Testverfahren zur Überprüfung der Nutzungshypothese anhand von Kriterien ausgewählt und beschrieben werden. Aus dem ausgewählten Testverfahren können weitere Anforderungen an die Formulierung der Nutzungshypothese abgeleitet werden. Weiterhin gibt das ausgewählte Testverfahren Aufschluss über die Anforderungen an die Aufnahme und Aufbereitung der Produktnutzungsinformationen.

Abschließend sollen Kriterien zur Identifizierung statistisch signifikanter Abweichungen zwischen Nutzungshypothese und realer Produktnutzung aus dem Testverfahren sowie weiteren statistischen Grundlagen abgeleitet und definiert werden. Das Teilmodell zur Formulierung und Überprüfung der Nutzungshypothese wird anhand des Beispiels der ersten beiden Teilmodelle demonstriert.

4.3.4 Identifizierung und Bearbeitung von Innovationspotenzialen

Das vierte Teilmodell der Methodik soll zur Adressierung des dritten und vierten Potenzials der Methodik (vgl. Abbildung 4-3) dienen, indem aus den Inhalten der ersten drei Teilmodelle strukturiert Innovationspotenziale abgeleitet sowie Vorgehensempfehlungen zu ihrer Bearbeitung bereitgestellt werden.

Zunächst wird, basierend auf Grundlage der Teleologie, angenommen, dass sämtliche identifizierten Abweichungen zwischen Nutzungshypothese und realer Nutzung vom Nutzer absichtlich herbeigeführt werden und somit ein bestimmtes Ziel erfüllen sollen. Die Ausarbeitungen im vierten Teilmodell bauen auf dieser Annahme auf. Daher sollen, zur Ableitung der richtigen Innovationspotenziale, bei den identifizierten Abweichungen jeweils antizipiert werden, was der Nutzer mit der spezifischen Beeinflussung der Nutzung erzielen wollte. Hierfür soll zunächst eine geeignete Ebene zur Formulierung der antizipierten Ziele in der Nutzung von Maschinen und Anlagen im Kontext der Zielhierarchie produzierender Unternehmen definiert werden. Um zu einer abgegrenzten Anzahl von Innovationspotenzialen zu gelangen und die Methodik somit anwendbar zu machen, sollen mögliche Abweichungen zwischen Nutzungshypothese und realer Produktnutzung in generischen Nutzungsfällen aggregiert werden. Je Nutzungsfall soll antizipiert werden, welches Ziel der Nutzer jeweils verfolgt hat. Ein geeignetes Vorgehen zur Prüfung des Vorliegens der Nutzungsfälle wird aufbauend auf den statistischen Grundlagen des dritten Methodikschritts erarbeitet.

Die in den Nutzungsfällen antizipierten Ziele werden geclustert und sollen, in Verbindung mit den Aktivitäten des Nutzers innerhalb der Nutzungsfälle, zur strukturierten Ableitung von Innovationspotenzialen dienen. Die Innovationspotenziale sollen damit die vom Nutzer in den Nutzungsfällen verfolgten Ziele in der Weiterentwicklung der Maschine proaktiv adressieren. Um eine effiziente Bearbeitung identifizierter Innovationspotenziale zu unterstützen, sollen für jedes definierte Innovationspotenzial Bearbeitungsempfehlungen erarbeitet werden. Dazu werden, basierend auf Grundlagen der agilen Produktentwicklung, je Innovationspotenzial Entwicklungsfragestellungen definiert, welche es im Entwicklungsprozess zu beantworten gilt. Auf Basis dieser Fragestellungen sollen geeignete bestehende Entwicklungsmethoden ausgewählt, vorgestellt und ggfs. angepasst werden. Das ausgearbeitete Teilmodell zur Identifizierung und Bearbeitung von Innovationspotenzialen wird anhand des durchgängigen Beispiels demonstriert.

4.4 Modelltheoretische Abbildung des Grobkonzeptes

Das vorgestellte Grobkonzept wird nachfolgend in abgegrenzte Teilmodelle überführt. Diese modelltheoretische Abbildung des Grobkonzeptes dient dazu, den Zweck sowie den Zusammenhang der Teilmodelle zu verdeutlichen.

In der Modelltheorie sind Modelle stets Abbildungen von etwas. Darüber hinaus erfassen Modelle im Allgemeinen nicht alle Eigenschaften des Originals, sondern nur solche, die für den Modellerschaffer und/ oder den Modellnutzer von Relevanz sind.[325] Ein Modell repräsentiert damit einen realen Sachverhalt in abstrahierter und vereinfachter Weise.[326] Ein Modell dient somit dazu, das Original, welches abgebildet wird, zu verkleinern oder zu vergrößern, um die wesentlichen Grundzusammenhänge des Originals, auf denen es beruht, aufzudecken.[327]

Modelle können entsprechend ihres Verwendungszwecks in verschiedene Typen unterteilt werden. Beschreibungsmodelle, auch Demonstrationsmodelle genannt[328], beinhalten eine reine Beschreibung von Zuständen, ohne dabei auf die Voraussetzungen oder die Ursachen für die beschriebenen Zustände einzugehen. Beschreibungsmodelle beinhalten damit weder wesentliche deduktive noch induktive Schritte.[329] Erklärungsmodelle, auch Experimentalmodelle genannt[330], hingegen geben eine Antwort auf die Frage „Warum ist etwas so?". Sie beinhalten logisch-induktiv ermittelte Wirkzusammenhänge für das Auftreten der Zustände und erlauben so die Ableitung von Thesen. Der Zweck von Erklärungsmodellen ist es, eine möglichst weitgehende Einsicht in einen Zustand zu bekommen und diesen zu verstehen.[331] Entscheidungsmodelle, auch Optimierungsmodelle genannt, beantworten die Frage „Was soll sein?". Sie zielen

[325] Vgl. Reitzer (1975), Allgemeine Modelltheorie. Eine neupragmatische Herausforderung, S. 263.

[326] Vgl. Patzak (1982), Systemtechnik - Planung komplexer innovativer Systeme, S. 310.

[327] Vgl. Stachowiak (1973), Allgemeine Modelltheorie, S. 139.

[328] Vgl. Stachowiak (1973), Allgemeine Modelltheorie, S. 138f.

[329] Vgl. Patzak (1982), Systemtechnik - Planung komplexer innovativer Systeme, S. 313; Cleff (2015), Deskriptive Statistik und Explorative Datenanalyse, S. 12.

[330] Vgl. Stachowiak (1973), Allgemeine Modelltheorie, S. 138f.

[331] Vgl. Patzak (1982), Systemtechnik - Planung komplexer innovativer Systeme, S. 313f.

darauf ab, Handlungsalternativen zu bestimmen und optimale Entscheidungen zu unterstützen.[332] Die Grundlage von Entscheidungsmodellen ist häufig eine Art Zielfunktion, die der Anwender des Modells unter Einhaltung bestimmter Nebenbedingungen optimieren möchte.[333] Abschließend bilden Gestaltungsmodelle ein Einwirken auf die Realität ab. Identifizierte Handlungsalternativen werden getestet und es wird aufgezeigt, welcher Zielzustand unter dem Einfluss verschiedener Einflussgrößen erreicht werden kann. Gestaltungsmodelle enthalten damit sowohl beschreibende, erklärende als auch entscheidungsvorbereitende Elemente.[334] Eine Übersicht über die beschriebenen Modellarten lässt sich, in Anlehnung an RESCHKE, hinsichtlich ihres deskriptiven bzw. gestaltungsorientierten sowie ihres funktionalen bzw. strukturellen Charakters darstellen (vgl. Abbildung 4-6).

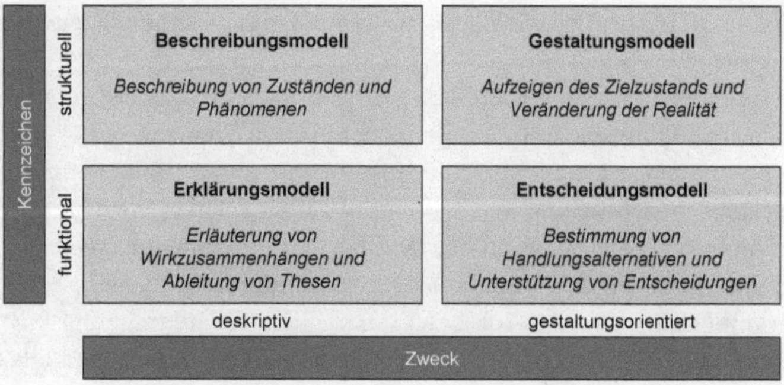

Abbildung 4-6: Modellbildung und Modellarten nach RESCHKE[335]

Die Methodik zur Identifizierung von Innovationspotenzialen durch die Analyse von Produktnutzungsinformationen gliedert sich vier Teilmodelle, welche in Abbildung 4-7 dargestellt sind.

[332] Vgl. Patzak (1982), Systemtechnik - Planung komplexer innovativer Systeme, S. 314; Reschke (2019), Gestaltungsmodell der Kennzahlen und Indikatoren, S. 74; Cleff (2015), Deskriptive Statistik und Explorative Datenanalyse, S. 12; Grochla (1982), Grundlagen der organisatorischen Gestaltung, S. 382.

[333] Cleff (2015), Deskriptive Statistik und Explorative Datenanalyse, S. 12.

[334] Vgl. Reschke (2019), Gestaltungsmodell der Kennzahlen und Indikatoren, S. 74; Barg (2018), Kontextbezogene Auslegung von Produktbaukästen, S. 104.

[335] In Anlehnung an Reschke (2019), Gestaltungsmodell der Kennzahlen und Indikatoren, S. 74.

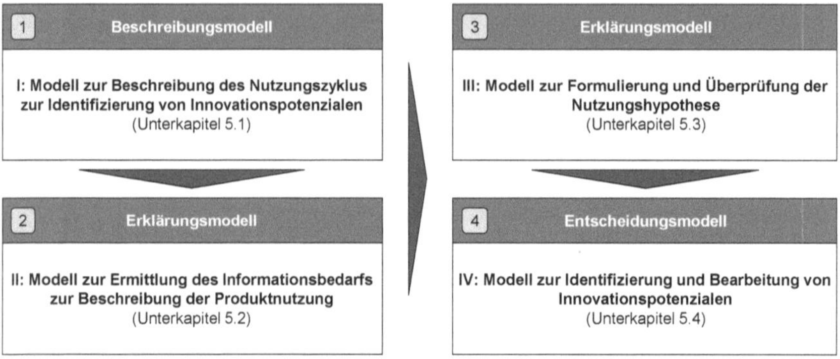

Abbildung 4-7: Teilmodelle der Methodik zur Identifizierung von Innovationspotenzialen

Das erste Teilmodell (vgl. Abschnitt 4.3.1) zur Beschreibung des Betrachtungsbereichs stellt ein Beschreibungsmodell dar. Es beschreibt die Elemente eines abgegrenzten Nutzungszyklus und erläutert verschiedene Arten der Variabilität innerhalb dieses Nutzungszyklus. Anschließend wird das zweite Teilmodell (vgl. Abschnitt 4.3.2) durch ein Erklärungsmodell erarbeitet. Es baut auf den Wirkzusammenhängen zwischen den Informationsträgern und den Variabilitätsarten auf und ermöglicht daraus die Ermittlung relevanter Informationen zur Beschreibung der Produktnutzung innerhalb des Nutzungszyklus. Das dritte Teilmodell (vgl. Abschnitt 4.3.3) bildet ebenfalls ein Erklärungsmodell. In diesem Teilmodell werden basierend auf statistischen Zusammenhängen Anforderungen an die Formulierung und Überprüfung von Nutzungshypothesen erarbeitet. Abschließend stellt das vierte Teilmodell (vgl. Abschnitt 4.3.4) ein Entscheidungsmodell dar. Durch die Ableitung von Innovationspotenzialen aus identifizierten Abweichungen sowie die Bereitstellung von geeigneten Vorgehensempfehlungen wird der Anwender der Methodik dazu befähigt, Entscheidungen hinsichtlich der Entwicklungsfokussierungen zur Weiterentwicklung der Maschine zu treffen sowie diese effizient zu bearbeiten.

4.5 Zwischenfazit: Konzeption der Methodik

Im vierten Kapitel der vorliegenden Arbeit wurde das Grobkonzept für die Identifizierung von Innovationspotenzialen durch die Analyse von Produktnutzungsinformationen entwickelt. Zunächst wurde auf Basis der vorangehenden Kapitel ein Zielbild erarbeitet sowie die entsprechenden Nutzenpotenziale der Methodik vorgestellt (Unterkapitel 4.1). Anschließend wurden aus Zielsetzung und Objektbereich sowie aus in Kapitel 3 identifizierten Defiziten in Theorie und Praxis die inhaltlichen und formalen Anforderungen an die Methodik abgeleitet (Unterkapitel 4.2). Daran anschließend wurde das Grobkonzept für die Methodik entworfen, welches in vier Teilmodelle eingeteilt ist (Unterkapitel 4.3). Die vier Teilmodelle wurden in den Kontext der allgemeinen Modelltheorie eingeordnet (Unterkapitel 4.4). Im folgenden Kapitel 5 werden die vier Teilmodelle im Detail erarbeitet.

5 Detaillierung der Methodik

Im fünften Kapitel erfolgt die Detaillierung der Methodik zur Identifizierung von Innovationspotenzialen durch die Analyse von Produktnutzungsinformationen. Die Struktur des Kapitels orientiert sich an dem in Unterkapitel 4.3 vorgestellten Grobkonzept.

5.1 Beschreibung des Nutzungszyklus zur Identifizierung von Innovationspotenzialen

Durch die Beschreibung und damit die Eingrenzung des Betrachtungsbereichs soll das erste Nutzenpotenzial der übergeordneten Methodik (vgl. Unterkapitel 4.1) adressiert werden: Die Steigerung von Effizienz und Effektivität in der Weiterentwicklung der Maschinen durch die zielgerichtete Aufnahme von benötigten Informationen aus der Produktnutzung. Zu diesem Zweck wird zunächst ein Betrachtungsbereich definiert (vgl. Abschnitt 5.1.1) und modelliert (vgl. Abschnitt 5.1.2) sowie anschließend nur diejenigen Elemente in die weitere Methodik einbezogen, welche vom Nutzer während der Produktnutzung beeinflusst werden können (vgl. Abschnitt 5.1.3). Der theoretisch mögliche Betrachtungsbereich der Produktnutzungsphase wird damit systematisch eingegrenzt, sodass eine effiziente und effektive Informationsaufnahme sichergestellt und der Aufwand für die Anwendung der übergeordneten Methodik minimiert werden kann.

Der zu definierende Bereich der Produktnutzung soll durch den Nutzungszyklus abgebildet werden. Dieser wird im Folgenden detailliert beschrieben.

5.1.1 Definition des Betrachtungsbereichs

Die Definition des betrachteten Nutzungszyklus dient zunächst der Eingrenzung des Betrachtungsbereichs zur Identifizierung von Innovationspotenzialen. Mit einer zu entwickelnden Modellierungsmethode gilt es anschließend, den Nutzungszyklus einheitlich und zielgerichtet zu beschreiben. Der modellierte Nutzungszyklus bildet damit ein ganzheitliches Grundgerüst zur Ermittlung relevanter Produktnutzungsinformationen (vgl. Unterkapitel 5.2) sowie zur Definition der Nutzungshypothese (vgl. Abschnitt 5.3.1).

Zu Beginn wird die Betrachtungsebene für den Nutzungszyklus definiert. Hierfür wird der übergeordnete Produktlebenszyklus in den Kontext der Systemtheorie eingebettet. Nach dem hierarchischen Konzept der Systemtheorie bilden die Bestandteile eines Systems sogenannte Subsysteme, während das System selbst als Teil eines umfassenderen Systems, dem Supersystem, angesehen werden kann (vgl. Abbildung 5-1). Es existieren somit mehrere Stufen von Ganzheiten und Teilen, wobei die Ganzheit einen Teil der nächsthöheren Stufe und der Teil selbst eine Ganzheit der nächstniedrigeren Stufe bildet.[336]

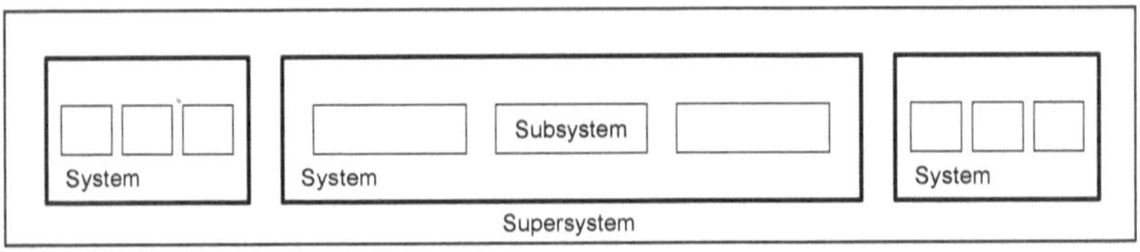

Abbildung 5-1: Hierarchisches Konzept der Systemtheorie[337]

Entsprechend der Definition des hierarchischen Konzeptes wird der übergeordnete Produktlebenszyklus als Supersystem betrachtet, welches verschiedene Nutzungszyklen auf Systemebene in der Phase MOL enthält, die sequenziell oder parallel durchlaufen werden können (vgl. Abschnitt 2.2.2). Ein einzelner Nutzungszyklus wird damit auf Subsystemebene fokussiert. Zur Modellierung des einzelnen Nutzungszyklus wird dieser als strukturales Systemkonzept (vgl. Abbildung 5-2) definiert. Der Grundsatz des strukturalen Konzeptes besagt, dass die Elemente eines strukturalen Systems nicht losgelöst von ihrem Kontext betrachtet werden dürfen, sondern immer in ihren Interdependenzen mit anderen Elementen des strukturalen Systems eingeordnet werden. Ein strukturales System ist damit immer als Ganzheit von miteinander verknüpften Elementen zu betrachten.[338] Dies bedeutet, dass ebenso der einzelne Nutzungszyklus, als Subsystem der Phase MOL, als ein durch Relationen verknüpftes Zusammenspiel vieler Elemente verstanden werden soll.

[336] Vgl. Ropohl (2009), Allgemeine Technologie, S. 77.
[337] In Anlehnung an Ropohl (2009), Allgemeine Technologie, S. 76.
[338] Vgl. Ropohl (2009), Allgemeine Technologie, S. 75.

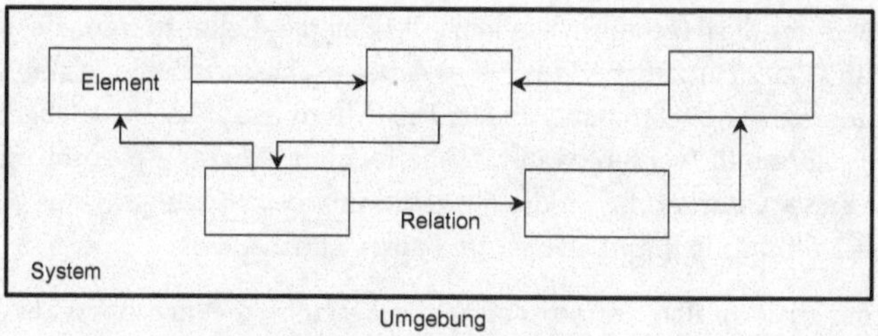

Abbildung 5-2: Strukturales Konzept der Systemtheorie[339]

Hieran angelehnt sollen die Bestandteile eines Nutzungszyklus zunächst als „Nutzungselemente" bezeichnet werden, bevor diese im weiteren Verlauf des Kapitels weiter detailliert werden. Der Begriff des Nutzungszyklus wird für diese Arbeit wie folgt definiert:

Ein **Nutzungszyklus** beschreibt als ein Subsystem der Produktnutzungsphase eine Nutzung der Maschine, welche aus verschiedenen Nutzungselementen besteht, die durch Relationen miteinander verknüpft sind.

Zusammenfassend besteht der Betrachtungsbereich zur Identifizierung von Innovationspotenzialen jeweils aus einem bzw. mehreren abgeschlossenen Nutzungszyklen des gleichen Anwendungsfalls, aus welchen Produktnutzungsinformationen aufgenommen werden. Im weiteren Verlauf der Detaillierung der Methodik wird bestimmt, wie viele Nutzungszyklen der Maschine verglichen werden müssen, um statistisch signifikante Analysen durchführen zu können (vgl. Abschnitt 5.3.2).

5.1.2 Modellierung des Nutzungszyklus

Zum Zweck der Erarbeitung einer geeigneten Modellierungsmethode werden zunächst relevante Nutzungselemente identifiziert sowie inhaltliche und formale Anforderungen an ihre Modellierung definiert. Anschließend werden verschiedene bestehende, in Abschnitt 2.2.3 vorgestellte, Modellierungsmethoden anhand einer Bewertung diesen Anforderungen gegenübergestellt.

Anforderungen an die Modellierung des Nutzungszyklus

Wie eingangs eingeführt bildet die Produktnutzung im Sinne des hierarchischen Konzepts ein System aus mehreren Nutzungszyklen als Subsysteme. Diese Nutzungszyklen

[339] In Anlehnung an Ropohl (2009), Allgemeine Technologie, S. 76.

können nach der Systemtheorie sequenziell oder parallel auftreten. Im Rahmen der Modellierung eines Nutzungszyklus gilt es daher exakt festzulegen, wann der betrachtete Nutzungszyklus beginnt und endet. Der Nutzungszyklus muss abgegrenzt sein, d.h. es soll dargestellt werden, wann die betrachtete Nutzung beginnt und wann sie endet. Die erste Anforderung an die Modellierung des Nutzungszyklus besteht demnach in der Definition eines Anfangs- und eines Endzustands.

Im Sinne des strukturalen Konzepts stellt der betrachtete Nutzungszyklus ein System dar, welches aus verschiedenen Nutzungselementen besteht, zwischen denen Relationen auftreten. Es sind daher zunächst die Elemente des Nutzungszyklus in der Modellierung abzubilden. Der Fokus liegt hierbei auf denjenigen Elementen, welche für die übergeordnete Methodik zur Identifizierung von Innovationspotenzialen relevant sind. Die Methodik soll primär auf der Überprüfung basieren, ob die Maschine in der Produktnutzung so verwendet wird, wie in der Produktentwicklung angenommen wurde. Da die Nutzung der Maschine durch die Produktfunktionen realisiert wird (vgl. Abschnitt 2.2.1), muss abgeglichen werden, ob die Funktionen derart verwendet werden, wie sie in der Produktentwicklung ausgelegt wurden. Demnach müssen im Rahmen der Modellierung die Funktionen als Zustände mit Merkmalen und Ausprägungen angesehen werden, damit beschrieben sowie überprüft werden kann, wie sie in der Nutzung tatsächlich verwendet werden. Die zweite Anforderung an die Modellierung des Nutzungszyklus als Grundlage für die spätere Nutzungshypothese besteht demnach in der Modellierung der Funktionen und Merkmale der Maschine als Zustände.

Die Zustände der Produktfunktionen und Merkmale müssen strukturiert beschrieben werden. Dazu muss die Modellierung eine einheitliche Nomenklatur bereitstellen. Die dritte Anforderung besteht darin, die Elemente der Produktnutzung sowie ihre Zustände durch eine geeignete Nomenklatur einheitlich und strukturiert zu beschreiben.

Neben der Modellierung von Funktionen und ihren Merkmalen im Nutzungszyklus müssen im Sinne des strukturalen Konzepts ebenso die Relationen zwischen den Produktfunktionen abgebildet werden. Der Nutzer übt Einfluss auf die Funktionen aus, indem er sie starten oder beenden kann. Die vierte Anforderung ist demnach, dass die Übergänge des Nutzers zwischen Produktfunktionen abgebildet werden.

Innerhalb eines Nutzungszyklus erfüllt die Maschine die übergeordnete Aufgabe durch verschiedene Produktfunktionen. Durch die oben genannten Übergänge wird eine zeitliche Relation zwischen den Funktionen während der Nutzung hergestellt. Um ein umfassendes Verständnis des Nutzungszyklus zu ermöglichen, muss die Modellierung darstellen, in welcher zeitlichen Reihenfolge die Produktfunktionen im Nutzungszyklus von der Maschine bereitgestellt und vom Nutzer beansprucht werden. Die fünfte Anforderung besteht demnach darin, eine zeitliche Reihenfolge zwischen den Elementen des Nutzungszyklus abzubilden.

Zusammenfassend lassen sich die folgenden fünf Anforderungen formulieren:

- Definition von Anfangs- und Endzustand: Die zu entwickelnde Methode zur Modellierung muss einen Anfangs- und einen Endzustand des Nutzungszyklus definieren
- Modellierung von Produktfunktionen: Die Modellierungsmethode muss Produktfunktionen als Zustände abbilden
- Nomenklatur für Elemente: Die Modellierungsmethode soll durch eine einheitliche Nomenklatur die Elemente des Nutzungszyklus strukturiert beschreiben
- Modellierung von Übergängen: Die Modellierungsmethode soll die Übergänge zwischen Produktfunktionen abbilden
- Modellierung einer zeitlichen Reihenfolge: Die Modellierungsmethode soll die zeitliche Reihenfolge der Elemente des Nutzungszyklus abbilden

Die formulierten Anforderungen werden zur Analyse bestehender Ansätze verwendet und bei der Entwicklung der Modellierungsmethode berücksichtigt.

5.1.2.1 Analyse bestehender Modellierungsansätze

Im Folgenden werden die in Abschnitt 2.2.3 ausgewählten und vorgestellten Modellierungsansätze analysiert. Dazu werden diese hinsichtlich ihrer Erfüllung der oben definierten Anforderungen bewertet. In Abbildung 5-3 wird die Bewertung der Ansätze nach der Harvey-Ball Logik (vgl. Abschnitt 3.2.3) zusammengefasst.

Legende

- ○ nicht erfüllt
- ◔ kaum erfüllt
- ◑ teilweise erfüllt
- ◕ fast erfüllt
- ● vollständig erfüllt

	Anforderungen an die Modellierung des Nutzungszyklus				
	Anforderung 1: Definition von Anfangs- und Endzustand	Anforderung 2: Modellierung von Produkt-funktionen	Anforderung 3: Nomenklatur für Elemente	Anforderung 4: Modellierung von Übergängen	Anforderung 5: Modellierung einer zeitlichen Reihenfolge
Ausgewählte bestehende Modellierungsmethoden (vgl. Abschnitt 2.2.3)					
Zustandsautomaten	●	◑	○	◑	◕
Petri-Netze	●	◑	○	◑	●
UML	○	○	●	○	○
CONSENS	●	◕	◔	●	◕

Abbildung 5-3: Bewertung bestehender Modellierungsansätze

Die erste Anforderung, welche die Definition eines Anfangs- und Endzustands fordert, erfüllen Zustandsautomaten und Petri-Netze sowie CONSENS mit dem Partialmodell „Verhalten". UML modelliert lediglich eine „starre" Beschreibung von Zusammenhängen von Objekten in einem System und benötigt hierbei keine Anfangs- und Endzustände. Hinsichtlich der zweiten Anforderung lässt sich feststellen, dass lediglich im „Verhalten-Aktivitäten" Modell von CONSENS Aktivitäten bzw. Funktionen abgebildet werden. Hierbei werden diese jedoch nicht als Zustände modelliert. Zustandsautomaten und Petri-Netze modellieren Zustände eines Objektes, jedoch keine Zustände von Produktfunktionen. Explizite Eigenschaften der modellierten Elemente beschreiben nur UML und CONSENS. Hierbei liefert nur UML einen expliziten Nomenklatur-Vorschlag zur Beschreibung der Attribute. CONSENS hingegen bietet lediglich die Möglichkeit, die Eigenschaften der modellierten Elemente durch Verbindung zu den anderen Partialmodellen zu explizieren, ohne hierfür eine spezifische Nomenklatur bereitzustellen. Definierte Übergänge zwischen Systemelementen bieten Zustandsautomaten, Petri-Netze sowie CONSENS, wobei Zustandsautomaten die Übergänge zwischen den Zuständen des Systems modellieren. Nur CONSENS modelliert Übergänge durch Eingaben bzw. Aktivitäten des Nutzers. Zeitliche Reihenfolgen stellen Zustandsautomaten, CONSENS und Petri-Netze bereit, wobei Petri-Netze durch die Verwendung von Token (Marken) die zeitlichen Abläufe im System am detailliertesten abbilden können.

Insgesamt wird bei der Bewertung der vorgestellten bestehenden Ansätze deutlich, dass keiner der Ansätze die Anforderungen, welche die übergeordnete Methodik an die Modellierung des Nutzungszyklus stellt, vollumfänglich erfüllt. Es wird daher im Folgenden, basierend auf der Bewertung in Abbildung 5-3, ein geeigneter Ansatz zur Modellierung der Nutzung von Maschinen und Anlagen ausgearbeitet und dabei, sofern möglich, auf geeignete Elemente der bewerteten Modellierungsansätze zurückgegriffen.

5.1.2.2 Modellierung der Nutzung von Maschinen und Anlagen

Wie zu Beginn des vorangehenden Abschnitts hergeleitet, besteht die erste Anforderung zunächst darin, einen Anfangs- und Endzeitpunkt des betrachteten Nutzungszyklus zu modellieren. In Anlehnung an die grafische Darstellung von Zustandsautomaten wird der Anfangszustand durch einen gefüllten Kreis dargestellt, für die Darstellung des Endzustands wird dieser durch einen äußeren Kreis ergänzt.[340]

Abbildung 5-4: Darstellung des Anfangs- und Endzustands des Nutzungszyklus

Zur Übertragung der Definition des Anfangs- und Endzustands auf den Maschinen- und Anlagenbau wird auf die Definition von FELDHUSEN und GROTE zurückgegriffen (vgl. Kapitel 2.2.1), nach welcher Maschinen und Anlagen zur Lösung technischer Aufgaben dienen. Genauer handelt es sich hierbei meist um ein Produkt, welches verarbeitet oder bearbeitet werden soll.[341] Demnach soll in diesem Kontext der initiale Zustand des zu bearbeitenden bzw. des verarbeitenden Produktes den Anfangszustand des Nutzungszyklus definieren. Der Anfangszustand stellt somit den Anfang der zu lösenden technischen Aufgabe dar. Entsprechend soll der Endzustand des Nutzungszyklus den fertigen Zustand des zu bearbeitenden bzw. verarbeitenden Produktes definieren, in dem die technische Aufgabe als erfüllt gilt. Der Endzustand beschreibt damit das Ende der zu lösenden technischen Aufgabe.

Die zweite Anforderung besteht darin, die Funktionen des Produktes als Zustände zu modellieren. In der Modellierung von Zustandsautomaten bzw. Petri-Netzen werden Zustände abgebildet. Übertragen auf den vorliegenden Anwendungsfall sollen hier Zustände als die jeweilige ausgeführte Funktion zu dem jeweils betrachteten Zeitpunkt definiert werden. Wie bei Zustandsautomaten beziehen sich die Zustände auf ein einzelnes Objekt, welches in diesem Fall die Maschine darstellt. Es werden demnach bei dieser Modellierung nicht die Zustände des verarbeiteten oder bearbeiteten Produktes

[340] Vgl. Staud (2010), Unternehmensmodellierung, S. 289.
[341] Vgl. Feldhusen und Grote (2013), Pahl/Beitz Konstruktionslehre, S. 238.

betrachtet, sondern stets die Zustände der Maschine im Sinne der jeweils ausgeführten Funktion.

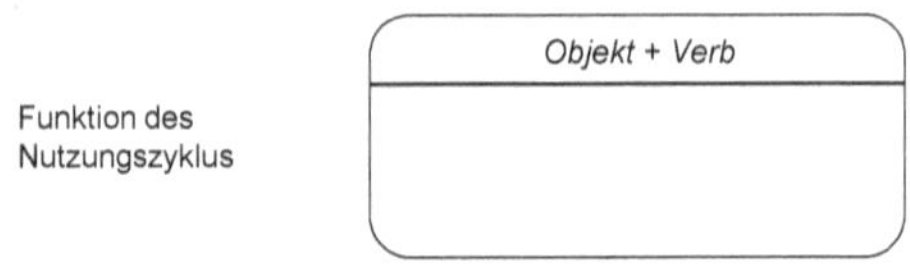

Abbildung 5-5: Darstellung von Funktionen im Nutzungszyklus

Zustände sollen durch einen rechteckigen Kasten mit abgerundeten Ecken dargestellt werden. Die Funktion wird als Kombination eines Objekts und Verbs beschrieben (vgl. Abbildung 5-5). Eine weitere wichtige Rolle im Kontext der Nutzung von Maschinen und Anlagen nimmt der Not-Aus-Schalter bzw. der damit einhergehende unmittelbare Übergang in den ausgeschalteten Zustand ein. Es gilt, dass jede Maschine in gefährlichen Betriebszuständen auch von nicht unterwiesenen Personen stillgesetzt werden können muss.[342] Der Zustand des Not-Aus soll in der Modellierungsmethode durch einen gekreuzten Kreis dargestellt werden (vgl. Abbildung 5-6).

Abbildung 5-6: Darstellung des Not-Aus-Zustands im Nutzungszyklus

Die dritte Anforderung besteht darin, dass die Modellierungsmethode eine einheitliche Nomenklatur für die Eigenschaften der Elemente des Nutzungszyklus bereitstellen muss. In Anlehnung an Begrifflichkeiten der Statistik sollen diese Eigenschaften als Merkmale und ihre jeweiligen Ausprägungen als Merkmalsausprägungen bezeichnet werden. Die Produktfunktionen dienen in diesem Fall als Merkmalsträger.[343] Zur Adressierung dieser Anforderung erfolgt eine Orientierung an der Modellierung von Klassendiagrammen in UML. So sollen in Anlehnung an die Definition der Funktionen als Zustände (siehe oben) diejenigen Merkmale beschrieben werden, welche den Zustand der Funktionen in der Nutzung detaillieren. Daher wird, in Orientierung an UML, die Darstellung der Funktionen um eine Auflistung der Merkmale erweitert.

[342] Vgl. Hering et al. (1999), Handbuch der Elektrischen Maschinen und Anlagen, S. 563.

[343] Vgl. Mittag (2014), Statistik, S. 15.

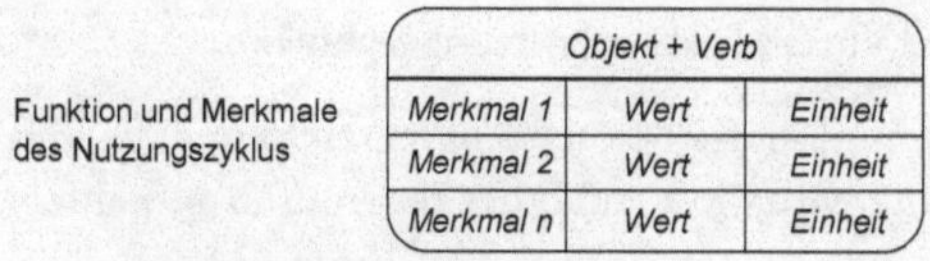

Abbildung 5-7: Darstellung von Funktionen und Merkmalen sowie ihren Ausprägungen im Nutzungszyklus

Gemäß Abbildung 5-7 werden die Merkmale, welche die Funktion beschreiben, unter der Funktionsbezeichnung aufgelistet. Zur Detaillierung der Merkmalsausprägung sollen stets die jeweiligen Werte sowie die Einheiten der Merkmale im dargestellten Zustand definiert werden.

Zur Erfüllung der vierten Anforderung, der Modellierung von Übergängen zwischen den Produktfunktionen, wird ebenso auf die Darstellung von Zustandsautomaten bzw. Petri-Netzen zurückgegriffen. Die Übergänge von einem Zustand in einen anderen werden hier als Transition bezeichnet. Transitionen werden durch ein Ereignis ausgelöst, das zu einem bestimmten Zeitpunkt eintritt. Von einem Zustand aus können ein oder mehrere alternative Zustände erreicht werden.[344] Der Begriff der Transition soll im vorliegenden Kontext auf angepasste Art übernommen werden und meint den Übergang zwischen zwei Funktionen bzw. Zuständen durch eine Aktivität des Nutzers. Die Transitionen werden durch einen Pfeil dargestellt und die ausgeführte Aktivität durch ein Objekt und Verb bezeichnet (vgl. Abbildung 5-8).

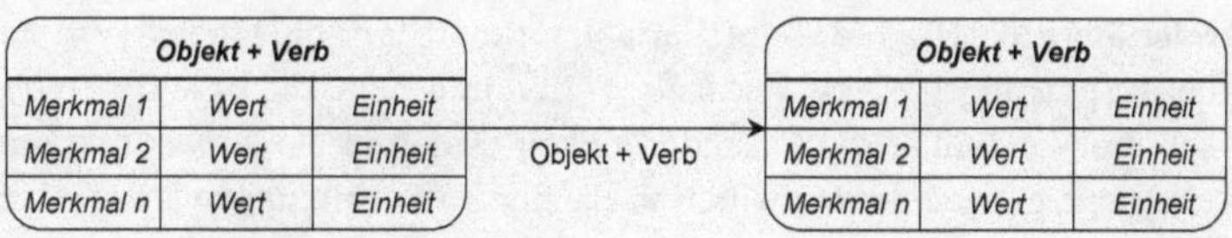

Abbildung 5-8: Darstellung von Transitionen im Nutzungszyklus

Die fünfte Anforderung besteht darin, dass die Modellierungsmethode die zeitlichen Relationen zwischen den Elementen des Nutzungszyklus abbildet. Diese Anforderung wird implizit durch die Erfüllung der ersten und vierten Anforderung adressiert. Der Anfangszustand definiert den Start des Nutzungszyklus. Weiterhin wird davon ausgegangen, dass jeweils eine Funktion, welche am Ende eines Transitionspfeils steht, zeitlich später auf diejenige Funktion folgt, welche sich am Anfang des Pfeils befindet.

---

[344] Vgl. Staud (2010), Unternehmensmodellierung, S. 287.

5.1.3 Bestimmung der Variabilität im Nutzungszyklus

Im Anschluss an die Definition des Betrachtungsbereichs und die Identifizierung relevanter Nutzungselemente wird die Vielfalt der theoretisch aufnehmbaren Informationen in der Produktnutzung weiter eingegrenzt. In der zu entwickelnden Methodik sollen lediglich Nutzungsinformationen über diejenigen Elemente aufgenommen werden, welche durch den Nutzer während der Produktnutzung beeinflussbar sind. Zum einen steigert dies die Effizienz in der Anwendung der Methodik, indem Informationen über Nutzungselemente, welche nicht durch den Nutzer beeinflussbar sind, gezielt ausgeschlossen werden. Zum anderen wird ein wesentlicher Teil des in Unterkapitel 3.1 vorgestellten Praxisdefizits adressiert. In diesem wird dargestellt, dass produzierende Unternehmen im Maschinen- und Anlagenbau vor der Herausforderung stehen, innerhalb der enormen Menge an möglichen aufzunehmenden Informationen aus der Produktnutzung die für die Identifizierung von Innovationspotenzialen relevanten Informationen zu bestimmen.

Die für die folgenden Ausführungen relevanten Elemente des Nutzungszyklus sind diejenigen Elemente, die vom Nutzer während der Produktnutzung beeinflussbar und somit in der Nutzung veränderlich sind. Ein veränderlicher Sachverhalt kann im Sprachgebrauch durch den Begriff „variabel“ ausgedrückt werden.[345] Die angesprochenen Elemente werden daher im Folgenden mit dem Begriff „variabel“ bezeichnet, ihre Summe soll die „Variabilität“ des Nutzungszyklus beschreiben. Eine weitere Orientierung bei der Begriffsdefinition erfolgt an dem Begriffsverständnis der Variabilität im Kontext der Statistik. Hierbei meint Variabilität die Unterschiedlichkeit in den beobachteten Ausprägungen eines Merkmals.[346] Übertragen auf die zu entwickelnde Methodik soll die Variabilität die Veränderlichkeit in den in der Produktnutzung beobachteten Ausprägungen der modellierten Elemente des Nutzungszyklus beschreiben. Im Kontext der vorliegenden Arbeit wird „Variabilität“ daher wie folgt definiert:

Variabilität bedeutet die Veränderlichkeit der in der Produktnutzung beobachteten Ausprägungen der modellierten Elemente des Nutzungszyklus, welche aus einer externen Beeinflussung seitens der Maschinennutzer während des Nutzungszyklus resultiert.

Im Folgenden werden verschiedene Arten von Variabilität, welche im Kontext dieser Arbeit innerhalb des Nutzungszyklus von Maschinen und Anlagen auftreten können, identifiziert und beschrieben. Dies soll einerseits den Anwender der Methodik dazu

[345] Dudenredaktion (o.J.), "variabel" auf Duden online.

[346] Vgl. Kähler (2013), Einführung in die statistische Datenanalyse, S. 43.

befähigen, die Variabilität in der spezifischen Nutzung seiner Maschine zu ermitteln. Andererseits dienen die Arten von Variabilität im zweiten Teilmodell der zu entwickelnden Methodik zur Identifizierung der Informationen, welche benötigt werden, um den Zustand der variablen Elemente im Nutzungszyklus zu beschreiben und zu analysieren.

Die Arten von Variabilität, welche im Nutzungszyklus auftreten können, werden anhand des folgenden beispielhaften Nutzungszyklusmodells hergeleitet, welches an ein Industrieprojekt der Abteilung Innovationsmanagement am Werkzeugmaschinenlabor WZL der RWTH Aachen angelehnt ist. Als Anschauungsbeispiel dient eine Anlage für die Entleerung sogenannter „Big Bags“ und die hochpräzise Dosierung von Schüttgütern. Big Bags sind flexible Behälter aus Gewebe und dienen zum Transport und zur Lagerung von Schüttgütern.[347] Ein vereinfachter Nutzungszyklus einer solchen Anlage wird, in Anlehnung an die in Abschnitt 5.1.2.2 definierte Modellierungsmethode, in Abbildung 5-9 dargestellt.

[347] Vgl. Schulze (2019), Pulver und Schüttgüter, S. 588.

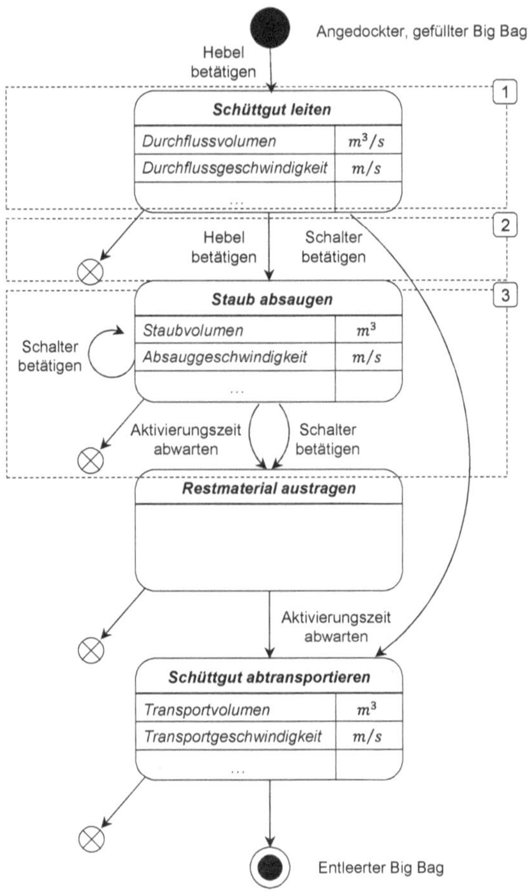

Abbildung 5-9: Beispielhafter Nutzungszyklus zur Ableitung der Variabilitätsarten

Zunächst wird der mit der Ziffer „1“ gekennzeichnete Bereich des Nutzungszyklus analysiert, welcher die Funktion „Schüttgut leiten“ umfasst. Laut der eingeführten Modellierungsmethode wird der spezifische Zustand dieser Funktion durch verschiedene Merkmale beschrieben. Entsprechend der Nomenklatur besitzt die Funktion „Restmaterial austragen“ keine Merkmale, welche in der Nutzung seitens des Nutzers beeinflusst werden können. Im vorliegenden Beispiel wird die Funktion „Schüttgut leiten“ bspw. durch das Durchflussvolumen sowie die Durchflussgeschwindigkeit detailliert.

Im Kontext der Beschreibung der Produktnutzung besitzen diese Merkmale eine messbare Dimension oder können in Mengeneinheiten ausgedrückt werden. Sie können daher als quantitative Merkmale bezeichnet werden.[348] Werden diese Merkmale durch den Nutzer während der Produktnutzung beeinflusst, wird ihre quantitative Ausprägung verändert. Es liegt hierbei damit eine quantitative Variabilität vor. Um die in der Definition der Variabilität beschriebene Veränderlichkeit in der Ausprägung von Merkmalen zu adressieren, setzt eine quantitative Variabilität zum einen voraus, dass für die beschriebenen Merkmale entwicklungsseitig mindestens zwei alternative Ausprägungen vorgesehen sind. Zum anderen liegt, entsprechend derselben Definition, eine quantitative Variabilität nur dann vor, wenn der Nutzer während des Nutzungszyklus diese Ausprägung durch eine externe Aktivität selbst beeinflussen kann. Die Art der quantitativen Variabilität innerhalb eines Nutzungszyklus soll daher zusammenfassend wie folgt definiert werden:

Quantitative Variabilität beschreibt die Möglichkeit, als Nutzer der Maschine die Ausprägung eines oder mehrerer Merkmale, welche den Zustand einer Funktion in der Nutzung beschreiben, durch eine externe Aktivität zu beeinflussen.

Hierauf aufbauend lässt sich eine quantitative Variabilität als Anwender der Methodik anhand der folgenden Fragestellung im Nutzungszyklus identifizieren: „Kann der Nutzer auf die Ausprägung eines oder mehrerer Merkmale der Funktionen während der Nutzung Einfluss nehmen?“

Zur Herleitung weiterer Variabilitätsarten wird der mit der Ziffer „2“ gekennzeichnete Bereich analysiert. Auffallend sind in diesem Bereich verschiedene Optionen an Transitionen. Entsprechend der definierten Modellierungsmethodik sagen diese Transitionen aus, dass der Nutzer das Absaugen von Staub durch die Betätigung eines Schalters aktivieren kann. Wird ein anderer Schalter betätigt, werden die Funktionen „Staub absaugen“ und „Restmaterial austragen“ übersprungen und es wird direkt zum Abtransport des Schüttguts übergegangen. Dies bedeutet, dass unterschiedliche optionale, sich gegenseitig zur gleichen Zeit ausschließende, Transitionen vorliegen, die zu den selben oder unterschiedlichen angeschlossenen Zuständen führen, sowie unterschiedliche optionale Funktionen, zu denen der Nutzer durch gezielte Auswahl der optionalen Transitionen übergehen kann. Die Art der optionalen Variabilität innerhalb eines Nutzungszyklus wird zusammenfassend wie folgt definiert:

---

[348] Vgl. Bourier (2008), Beschreibende Statistik, S. 11.

Optionale Variabilität beschreibt die Möglichkeit, als Nutzer der Maschine durch eine oder mehrere optionale Transitionen, die verschiedene externe Aktivitäten des Nutzers implizieren, in einen oder mehrere optionale Zustände überzugehen sowie die Möglichkeit, mit verschiedenen optionalen Funktionen fortzufahren.

Eine optionale Variabilität lässt sich als Anwender der Methodik anhand der folgenden Fragestellung im Nutzungszyklus identifizieren: „Kann der Nutzer im Anschluss an eine Funktion zwischen verschiedenen Aktivitäten wählen, um in einen oder mehrere unterschiedliche nachfolgende Zustände oder Funktionen überzugehen?“

Neben der qualitativen und der optionalen Variabilität ist im Nutzungszyklus eine zeitliche Dimension in der Variabilität feststellbar. Aufgezeigt wird dies an dem mit der Ziffer „3“ gekennzeichneten Bereich. Hierbei wird das Absaugen des Staubs durch einen Schalter ausgelöst. Beendet werden kann diese Funktion durch das Abwarten einer Aktivierungszeit der nachfolgenden Funktion „Restmaterial austragen“, durch die Betätigung eines Schalters oder durch das Drücken des Not-Aus-Schalters. Zudem kann die Funktion durch Betätigung eines weiteren Schalters wiederholt werden (runder Pfeil). Dies bedeutet, dass der Nutzer die Funktion auch vor Absaugen des gesamten Staubs durch die Betätigung des Not-Aus-Schalters oder der anderen Schalter vorzeitig beenden kann. Eine zeitliche Variabilität innerhalb des Nutzungszyklus wird wie folgt definiert:

Zeitliche Variabilität beschreibt die Möglichkeit, als Nutzer der Maschine die zeitliche Dauer der Funktionen innerhalb des Nutzungszyklus durch externe Aktivitäten zu beeinflussen.

Eine zeitliche Variabilität lässt sich somit als Anwender der Methodik anhand der folgenden Fragestellung im Nutzungszyklus identifizieren: „Kann der Nutzer eine Funktion im Nutzungszyklus durch eine Aktivität vorzeitig beenden?“

Diejenigen Elemente des Nutzungszyklus, welche anhand der Definitionen und Fragestellungen als variabel identifiziert werden, sollen als solches mit einem „Q“ für quantitativ variabel, mit einem „O“ für optional variabel bzw. mit einem „Z“ für zeitlich variabel gekennzeichnet werden (vgl. Abbildung 5-10).

5.1.4 Vorgehensbeispiel zur Beschreibung des Nutzungszyklus

Aufbauend auf den Ausführungen in den Abschnitten 5.1.1, 5.1.2 und 5.1.3 wird im Folgenden an einem Beispiel das generische Vorgehen zur Beschreibung des Nutzugszyklus zusammengefasst. Ein umfassendes Beispiel ist in der Validierung in Kapitel 6 zu finden. Als Vorgehensbeispiel dient der in Abschnitt 5.1.3 eingeführte Nutzungszyklus der Big Bag-Entleeranlage.

Modellierung der Produktnutzung

Zunächst werden Anfangs- und Endzustand des Nutzungszyklus definiert. Gemäß Abschnitt 5.1.2.2 ist der Anfangszustand der Anfang der zu lösenden technischen Aufgabe. Die technische Aufgabe der Big Bag-Entleeranlage ist das Entleeren des mit Schüttgut gefüllten Big Bags. Entsprechend wird der angedockte, aber noch gefüllte Big Bag als Anfangszustand für den Nutzungszyklus angenommen. Entsprechend der Definition des Endzustands als das Ende der zu lösenden technischen Aufgabe ist dieser der entleerte Big Bag. Im Anschluss an die Definition des Anfangs- und Endzustands werden die Funktionen und Transitionen des Nutzungszyklus dargestellt. Nach dem Andocken des gefüllten Big Bags wird nach Betätigung eines Hebels das Schüttgut aus dem Big Bag geleitet. Über die erneute Betätigung eines Hebels kann die Absaugfunktion für aufkommenden Staub aktiviert werden. Alternativ kann durch einen Schalter direkt zum Abtransport des Schüttguts übergegangen werden. Nach dem Absaugen des Staubs kann entweder durch das Abwarten einer Aktivierungszeit oder durch die Betätigung eines Schalters die Austragung des Restmaterials aus dem Big Bag gestartet werden. Nach Abwarten einer Aktivierungszeit wird das ausgeleitete Schüttgut auf einem Förderband abtransportiert. Jede Funktion kann durch Betätigung des Not-Aus-Schalters abgebrochen werden. Mit dem vollständig entleerten Big Bag endet der Nutzungszyklus.

Bestimmung der Variabilität

Entsprechend der Ausführungen in Abschnitt 5.1.3 ist im Anschluss an die Modellierung des Nutzungszyklus die Variabilität, also die Möglichkeit zur Einflussnahme durch den Nutzer, zu identifizieren. Hierzu dienen die in dem Abschnitt definierten Fragestellungen.

Die quantitative Variabilität im Nutzungszyklus kann durch die Fragestellung ermittelt werden, ob der Nutzer auf die Ausprägung eines oder mehrerer Merkmale der Funktionen während der Nutzung Einfluss nehmen kann. In dem vorgestellten Beispiel sind die Merkmale der Funktionen „Schüttgut leiten", „Staub absaugen" und „Schüttgut abtransportieren" veränderlich, während die Merkmale der Funktion „Restmaterial austragen" nicht durch den Nutzer beeinflussbar sind.

Die optionale Variabilität im Nutzungszyklus wird durch die Fragestellung identifiziert, ob der Nutzer im Anschluss an eine Funktion zwischen verschiedenen Aktivitäten wählen kann, um in einen oder mehrere angeschlossene Zustände überzugehen bzw. optionale Funktionen zu aktivieren. Im dargestellten Beispiel kann der Nutzer im Anschluss an die Funktion „Schüttgut leiten“ zwischen der Betätigung des Schalters zur Aktivierung der Staubabsaugung und der Betätigung eines anderen Schalters zum direkten Abtransport des Schüttguts auswählen. Entsprechend weisen auch die Funktionen „Staub absaugen“ und „Restmaterial austragen“ eine optionale Variabilität auf. Im Anschluss an die Funktion „Staub absaugen“, sofern sie aktiviert wurde, kann der Nutzer entweder eine Aktivierungszeit abwarten oder einen Schalter betätigen, damit das Restmaterial aus dem Big Bag ausgetragen wird. Ebenso kann durch die Aktivierung eines weiteren Schalters die Funktion wiederholt werden.

Die zeitliche Variabilität im Nutzungszyklus wird durch die Fragestellung, ob der Nutzer eine Funktion durch eine Aktivität vorzeitig beenden kann, identifiziert. Zunächst sind die Funktionen „Schüttgut leiten“ und „Staub absaugen“ zeitlich variabel, da der Nutzer durch die Betätigung eines Schalters jederzeit zur nächsten Funktion übergehen kann. Darüber hinaus kann im dargestellten Beispiel jede Funktion durch die Betätigung des Not-Aus-Schalters abgebrochen werden, wodurch eine zeitliche Variabilität für jede Funktion des Nutzungszyklus entsteht.

Die resultierende Variabilität im Vorgehensbeispiel wird in Abbildung 5-10 dargestellt.

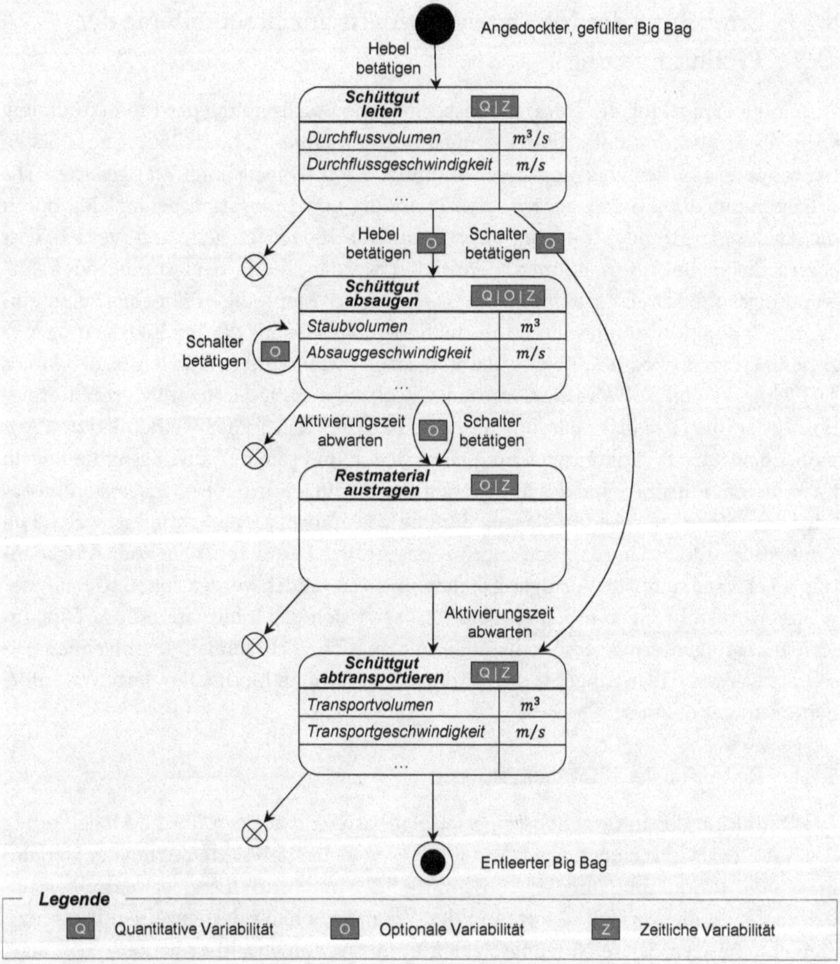

Abbildung 5-10: Identifizierte Variabilität im Vorgehensbeispiel

Aufbauend auf der Definition des Betrachtungsbereichs, der Modellierung des Nutzungszyklus sowie der Bestimmung der Variabilität wird im Folgenden der Informationsbedarf zur Beschreibung der Produktnutzung ermittelt.

5.2 Ermittlung des Informationsbedarfs zur Beschreibung der Produktnutzung

Durch die Ermittlung des Informationsbedarfs zur Beschreibung der Produktnutzung wird, ebenso wie mit den Ausarbeitungen in Unterkapitel 5.1, ein Beitrag zum ersten Nutzenpotenzial der übergeordneten Methodik (vgl. Unterkapitel 4.1) geleistet: Die Effizienz und Effektivität bei der Identifizierung von Innovationspotenzialen durch die Analyse von Produktnutzungsinformationen soll dadurch gesteigert werden, dass gezielt diejenigen Informationen identifiziert werden, die in dem vorliegenden Anwendungskontext relevant sind. Der Anwender der Methodik erhält somit eine eindeutige Indikation zu relevanten Informationen, welche aus der Produktnutzung aufzunehmen sind, wodurch ebenso die vorgestellten Herausforderungen in der Praxis (vgl. Unterkapitel 3.1) adressiert werden. Gleichzeitig stellt der identifizierte Informationsbedarf die Grundlage dar, um diesen im nächsten Schritt der Methodik durch Annahmen aus der Produktentwicklung zu ergänzen und so eine Nutzungshypothese zu formulieren. Entsprechend des in Unterkapitel 2.3 eingeführten Begriffsverständnisses wird der Informationsbedarf als jene Summe von Informationen definiert, welche im Kontext der Identifizierung von Innovationspotenzialen unabhängig vom Aufgabenträger relevant sind, zur Verfügung stehen und verwendet werden sollen. Gemäß der weiteren Ausführungen in Unterkapitel 2.3 setzt sich der Informationsbedarf aus Informationsträgern sowie beschreibenden Informationen zusammen. Im folgenden Abschnitt werden daher zunächst die für die übergeordnete Methodik relevanten Informationsträger definiert.

5.2.1 Definition der Informationsträger

Die Definition der Informationsträger erfolgt basierend auf den für die Modellierung des Nutzungszyklus eingeführten Elementen sowie den definierten Arten der Variabilität in der Produktnutzung (vgl. Abschnitte 5.1.2 und 5.1.3). Dies liegt darin begründet, dass sich die Variabilitätsarten in der Veränderlichkeit der einzelnen Nutzungselemente äußern. Diese Nutzungselemente müssen folglich Informationsträger sein, da die zu entwickelnde Methodik auf die Analyse abzielt, ob diese Elemente wie in der Produktentwicklung angenommen genutzt werden. Zu dieser Analyse dienen in der übergeordneten Methodik die aus der Produktnutzung aufgenommen Informationen. Daher können die von den Variabilitätsarten beeinflussten Elemente als Informationsträger definiert werden.

Aus der quantitativen Variabilität ergeben sich die Merkmale der Funktionen als Informationsträger. Aus der Definition der optionalen Variabilität können Transitionen und Funktionen als Informationsträger abgeleitet werden. Aus der zeitlichen Variabilität ergeben sich Funktionen als Informationsträger.

Als **Informationsträger** können somit im Kontext der vorliegenden Arbeit Funktionen, ihre Merkmale sowie die Transitionen zwischen den Funktionen definiert werden.

Die Funktionen und Transitionen werden bereits in der Modellierungsmethode in Abschnitt 5.1.2.2 berücksichtigt. Zur Ermittlung relevanter Merkmale je quantitativ variabler Funktion bietet sich jeweils der Vergleich mit sogenannten Elementarfunktionen an. Laut Abschnitt 2.2.1 sind diese definiert als Funktionen, welche auf einer abstrahierten Ebene beschrieben sind, sodass sie sich nicht in weitere Funktionen unterteilen lassen. Nach KOLLER ist es für die Entwicklung technischer Systeme vorteilhaft, „die elementaren Tätigkeiten (Grundoperationen, Elementarfunktionen) zu kennen, aus welchen die in technischen Gebilden notwendigen komplexen Tätigkeiten zusammengesetzt (synthetisiert) werden können."[349] Zur Bildung der Elementarfunktionen werden Stoff, Energie und Signale (Informationen/Daten) mit sogenannten Grundoperationen verknüpft. Eine Übersicht über die Grundoperationen für energie-, stoff- und signalumsetzende Funktionen findet sich in Abbildung 5-11.

Grundoperationen für ...		
... energieumsetzende Systeme	... stoffumsetzende Systeme	... signalumsetzende Systeme
▪ wandeln ▪ vergrößern/ verkleinern ▪ Richtung ändern ▪ leiten ▪ isolieren ▪ sammeln ▪ teilen ▪ mischen ▪ trennen	▪ wandeln ▪ vergrößern/ verkleinern ▪ leiten ▪ isolieren ▪ fügen ▪ lösen ▪ mischen ▪ trennen ▪ sammeln ▪ teilen	▪ verknüpfen ▪ vervielfältigen ▪ umcodieren ▪ leiten ▪ isolieren

Abbildung 5-11: Grundoperationen für energie-, stoff- und signalumsetzende Systeme[350]

Gemäß der Definition von Elementarfunktionen lässt sich jede im Nutzungszyklus der Maschinen modellierte Funktion, für welche aufgrund quantitativer Variabilität Merkmale identifiziert werden sollen, als eine solche Elementarfunktion abstrahieren.

[349] Koller und Kastrup (1994), Prinziplösungen zur Konstruktion technischer Produkte, S. 6.

[350] In Anlehnung an Koller und Kastrup (1994), Prinziplösungen zur Konstruktion technischer Produkte, S. 12, 19, 26.

Relevante Merkmale zur Charakterisierung der modellierten Funktionen lassen sich dann über die Elementarfunktionen in verschiedenen verfügbaren Konstruktionskatalogen und Lösungssammlungen nach bspw. KOLLER[351], ROTH[352] oder EWALD[353] ermitteln. In den Katalogen sind physikalische Effekte sowie ihre grundlegenden physikalischen Gesetze für die verschiedenen Elementarfunktionen zusammengestellt, aus welchen relevante Funktionsmerkmale für die Funktionen im spezifischen Nutzungszyklus bei Bedarf abgeleitet werden können.

5.2.2 Bestimmung des Informationsbedarfs zur Beschreibung der Produktnutzung

In Abschnitt 5.2.1 wurden die Informationsträger aus den Nutzungselementen und den Variabilitätsarten abgeleitet. Diese Informationsträger sind gemäß den Definitionen der Variabilitätsarten in der Nutzung variabel, da der Nutzer der Maschine auf sie Einfluss nehmen kann. Es gilt daher, diejenigen Informationen zu ermitteln, welche notwendig sind, um zu beschreiben, wie die Informationsträger entsprechend den Annahmen in der Entwicklung sowie unter Einfluss des Nutzers in der Nutzung ausgeprägt sind (vgl. Abbildung 5-12).

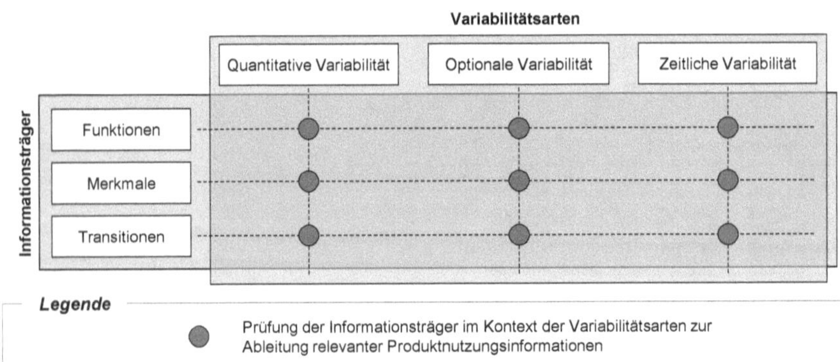

Abbildung 5-12: Ermittlung des Informationsbedarfs im Kontext der Variabilitätsarten

[351] Koller (1994), Konstruktionslehre für den Maschinenbau, S. 471ff.
[352] Roth (2001), Konstruieren mit Konstruktionskatalogen.
[353] Ewald (1975), Lösungssammlungen für das methodische Konstruieren.

Gemäß der Ausführungen in Abschnitt 2.3.1 wird die Summe aller Informationen, welche erforderlich sind, um einen Sachverhalt abzubilden, als Informationsbedarf definiert. Übertragen auf den Kontext der zu entwickelnden Methodik wird der Begriff demnach wie folgt definiert:

Der **Informationsbedarf** beschreibt je Informationsträger diejenigen Informationen, welche relevant sind, um, im Kontext der Variabilitätsarten, die angenommene und tatsächliche Ausprägung der Informationsträger in der Produktnutzung zu beschreiben.

Informationsbedarf im Kontext der quantitativen Variabilität

Zunächst wird der Informationsbedarf im Kontext der quantitativen Variabilität ermittelt. In Anlehnung an die obenstehende Definition des Informationsbedarfs sind damit diejenigen Informationen gemeint, welche relevant sind, um hinsichtlich der quantitativen Variabilität die angenommene und tatsächliche Ausprägung der Informationsträger in der Produktnutzung zu beschreiben. Die quantitative Variabilität beschreibt die Möglichkeit, als Nutzer der Maschine die Ausprägung eines oder mehrerer Merkmale durch eine externe Aktivität zu beeinflussen (vgl. Abschnitt 5.1.3). Daher sind bei der Bestimmung des Informationsbedarfs im Fall der quantitativen Variabilität Merkmale die einzigen relevanten Funktionsträger. Zur Ableitung notwendiger Informationen zur Beschreibung der Merkmalsausprägungen in der Produktnutzung gilt es zunächst, verschiedene mögliche Arten von Merkmalen zu beschreiben.

Hierbei wird auf Grundlagen der Statistik zurückgegriffen. Die Disziplin der Statistik umfasst die „Planung der Erhebung von Daten über die Beschreibung und Visualisierung der erhobenen Befunde über die Identifikation von Auffälligkeiten in den Daten bis zur Ableitung von Schlüssen [...].“[354] Darüber hinaus wird der Begriff auch häufig für Kenngrößen, die sich aus statistischen Daten ableiten, herangezogen. Insbesondere relevant ist in diesem Kontext die deskriptive Statistik, welche die Reduktion von Informationen durch Aggregation auf wenige Kenngrößen fokussiert.[355] In der deskriptiven Statistik werden als Merkmale die Eigenschaften statistischer Einheiten bezeichnet. Die möglichen Werte, die diese Merkmale annehmen können, werden Merkmalsausprägungen genannt.[356]

Die Merkmale können zunächst hinsichtlich der Anzahl der möglichen Ausprägungen unterschieden werden. Ein quantitatives Merkmal, welches endlich viele, abzählbare

[354] Mittag (2014), Statistik, S. 7.
[355] Vgl. Mittag (2014), Statistik, S. 7.
[356] Vgl. Mittag (2014), Statistik, S. 15.

Werte annehmen kann, wird als diskret bezeichnet, während ein Merkmal als stetig bezeichnet wird, wenn es innerhalb eines definierten Intervalls sämtliche, nicht zählbare Werte annehmen kann.[357] Hierüber hinaus gilt es, verschiedene Arten statistischer Messskalen, sogenannte Skalenniveaus, zu unterscheiden, auf welchen die möglichen Werte der Merkmalsausprägungen nach einem bestimmten Ordnungsprinzip aufgetragen sind.[358] Eine Nominalskala ist eine Messskala, bei welcher die Merkmalsausprägungen Namen oder Kategorien darstellen. Bezeichnend für Nominalskalen ist, dass es keine natürliche Rangordnung zwischen den Merkmalsausprägungen gibt.[359] Ein Beispiel für nominal skalierte Werte sind die Postleitzahlen deutscher Städte. Bei einer Ordinalskala hingegen stehen die Merkmalsausprägungen nicht mehr gleichwertig nebeneinander, sondern sind entsprechend einer Rangordnung in auf- oder absteigender Folge auf der Skala angeordnet.[360] Ein Beispiel für ordinal skalierte Werte sind Schulnoten von 1 (sehr gut) bis 6 (ungenügend). Auf einer metrischen Skala oder Kardinalskala sind die Werte der Merkmalsausprägungen als reelle Zahlen entsprechend ihres Zahlenwertes in auf- oder absteigender Folge auf der Skala angeordnet. Abstände bzw. Differenzen zwischen den Merkmalsausprägungen sind somit interpretierbar. Eine metrische Skala wird als Verhältnisskala oder Ratioskala bezeichnet, wenn ein natürlicher Nullpunkt der Merkmalsausprägungen existiert, ansonsten liegt eine Intervallskala vor.[361] Ein Beispiel für eine Verhältnisskala ist das Lebensalter.

Im Anschluss an die Unterscheidung verschiedener Merkmalsarten wird im Folgenden zunächst der Informationsbedarf zur Beschreibung des Durchschnitts bzw. des „Zentrums" der Merkmalsausprägungen in der Produktnutzung definiert. Zur Charakterisierung dieses Zentrums einer Merkmalsverteilung werden Lageparameter herangezogen.[362] Hierbei bestimmt das jeweilige Skalenniveau, welche statistischen Verfahren und Kenngrößen zur Aufbereitung, Auswertung und Analyse verwendet werden dürfen. Der Lageparameter von Merkmalen, welche auf einer Nominalskala angeordnet werden, wird durch den Modus oder Modalwert beschrieben. Da Merkmale auf Nominalskalen qualitativer Natur sind, beschreibt der Modus die Merkmalsausprägung mit der größten Häufigkeit.[363] Ein weiterer Lageparameter ist der Median, welcher bei

---

[357] Vgl. Mittag (2014), Statistik, S. 16.; Bourier (2008), Beschreibende Statistik, S. 11; Härtter (1974), Wahrscheinlichkeitsrechnung, S. 89ff.

[358] Vgl. Bourier (2008), Beschreibende Statistik, S. 13.

[359] Vgl. Bourier (2008), Beschreibende Statistik, S. 14.; Mittag (2014), Statistik, 17

[360] Vgl. Bourier (2008), Beschreibende Statistik, S. 15.; Mittag (2014), Statistik, S. 17f.

[361] Vgl. Bourier (2008), Beschreibende Statistik, S. 15.; Mittag (2014), Statistik, S. 18

[362] Vgl. Mittag (2014), Statistik, S. 58.

[363] Vgl. Mittag (2014), Statistik, S. 58.

mindestens ordinal skalierten Merkmalen anwendbar ist, d.h. bei Merkmalen, für deren Werte eine natürliche Rangordnung gilt. Der Median ist dann der „mittlere" Wert des geordneten Datensatzes der Merkmalsausprägungen.[364] Bei metrisch skalierten Merkmalen ist als Lageparameter der Mittelwert, auch arithmetisches Mittel genannt, anwendbar. Dieses ergibt sich aus der Summe aller Ausprägungswerte und ihrer Division durch die Anzahl der Merkmalsträger.[365] Es ist damit „der Wert, der sich bei gleichmäßiger Verteilung der Summe aller beobachteter Merkmalswerte auf alle Merkmalsträger ergibt".[366] Eine weitere Kenngrößen, welche bei der Beschreibung von Merkmalsausprägungen in der Produktnutzung zu berücksichtigen ist, ist der angenommene bzw. tatsächlich ausgeprägte Maximalwert. Das Maximum ist bei ordinal- sowie metrisch skalierten Merkmalen anwendbar.[367]

Zusammenfassend kann festgehalten werden, dass entsprechend der Art und Skalierung der Merkmale verschiedene Informationen im Kontext der quantitativen Variabilität eingeholt werden müssen. Nach der Ableitung des Informationsbedarfs im Kontext der quantitativen Variabilität wird der Fokus im Folgenden auf die optionale Variabilität gelegt.

Informationsbedarf im Kontext der optionalen Variabilität

Gemäß Abschnitt 5.1.3 beschreibt die optionale Variabilität die Möglichkeit, als Nutzer der Maschine durch eine oder mehrere optionale Transitionen, die durch verschiedene externe Aktivitäten ausgelöst werden, in einen oder mehrere optionale Zustände zu gelangen sowie in verschiedene Funktionen überzugehen. Der Informationsbedarf im Kontext der optionalen Variabilität umfasst demnach diejenigen Informationen, welche relevant sind, um die Auswirkungen der Wahl zwischen optionalen Transitionen oder Funktionen in der Produktnutzung zu beschreiben. Es sind Informationen darüber erforderlich, wie häufig der Nutzer eine Transition oder Funktion nutzt.

Es soll daher auf den Begriff der einfachen Häufigkeit aus dem Bereich der Statistik aufgebaut werden. Die einfache Häufigkeit gibt an, wie häufig eine Merkmalsausprägung auftritt. Sie kann absolut oder relativ ausgedrückt werden.[368] Die absolute Häufigkeit gibt die Anzahl der Merkmalsträger mit einem definierten Messwert an. Die relative Häufigkeit gibt den Anteil der Merkmalsträger mit dem definierten Merkmals-

---

[364] Vgl. Mittag (2014), Statistik, S. 58.
[365] Vgl. Mittag (2014), Statistik, S. 59.
[366] Bourier (2008), Beschreibende Statistik, S. 78.
[367] Vgl. Mittag (2014), Statistik, S. 59.
[368] Vgl. Bourier (2008), Beschreibende Statistik, S. 38.

wert an. Sie ergibt sich aus dem Relativieren der absoluten Häufigkeit anhand der Gesamtzahl der Merkmalsträger.[369] Übertragen auf den Kontext der Produktnutzung soll die absolute Nutzungshäufigkeit ausdrücken, wie oft eine Funktion oder Transition im Nutzungszyklus verwendet wird. Stehen mehr als eine weitere Funktion oder Transition optional zur Verfügung, soll die relative Nutzungshäufigkeit ausdrücken, wie oft eine Funktion oder Transition im Vergleich zur jeweiligen optionalen Alternative genutzt wird. Nach der Ermittlung des Informationsbedarfs im Kontext der quantitativen und optionalen Variabilität wird im Folgenden der Informationsbedarf im Kontext der zeitlichen Variabilität definiert.

Informationsbedarf im Kontext der zeitlichen Variabilität

Gemäß Abschnitt 5.1.3 beschreibt die zeitliche Variabilität die Möglichkeit, als Nutzer die zeitliche Dauer der Funktionen im Nutzungszyklus durch externe Aktivitäten zu beeinflussen. Es sind daher Informationen darüber erforderlich, ob die Funktion kürzer, genauso lange oder länger genutzt wird als in der Produktentwicklung angenommen. Die Nutzungsdauer der Funktion soll die Zeitspanne von der Aktivierung der Funktion bis zu ihrem Abbruch durch den Nutzer oder bis zu dem vorgesehenen Ende umfassen.

In Unterkapitel 5.2 wurde der Informationsbedarf zur Beschreibung der Produktnutzung ermittelt. Hierfür wurden zunächst die Funktionen, Merkmale und Transitionen als relevante Informationsträger definiert. Anschließend wurde der Informationsbedarf aus der Gegenüberstellung der Informationsträger mit den drei in Abschnitt 5.1.3 festgelegten Variabilitätsarten abgeleitet. Eine Übersicht über den so ermittelten Informationsbedarf ist in Abbildung 5-13 dargestellt.

[369] Vgl. Mittag (2014), Statistik, S. 38f.; Bourier (2008), Beschreibende Statistik, S. 39

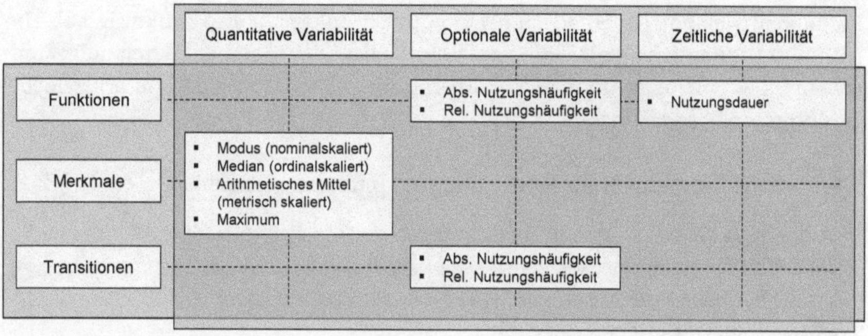

Abbildung 5-13: Ermittelter Informationsbedarf zur Beschreibung der Produktnutzung im Kontext der Variabilitätsarten

Diejenigen Gegenüberstellungen von Informationsträgern und Variabilitätsarten, aus denen sich gemäß Abbildung 5-13 kein Informationsbedarf ergibt, werden im Folgenden erläutert. Auf Funktionsebene ergibt sich im Kontext der quantitativen Variabilität kein Informationsbedarf, da die quantitative Variabilität auf untergeordneter Ebene für jedes einzelne Merkmal der Funktion beeinflusst wird. Ebenso ergibt sich in diesem Kontext auf Transitionsebene kein Informationsbedarf, da Transitionen in der Methodik keine Merkmale besitzen, welche in ihrer quantitativen Ausprägung variabel sind. Die absolute und relative Häufigkeit einer Transition bezieht sich übergeordnet auf die gesamte Transition und wird daher auf dieser Ebene analysiert. Im Kontext der optionalen Variabilität ergibt sich auf Merkmalsebene kein Informationsbedarf, da Merkmale nicht wie Funktionen und Transitionen optional auswählbar sind. Hinsichtlich der zeitlichen Variabilität ergibt sich auf Merkmalsebene kein Informationsbedarf, da diese Variabilität nur auf Gesamtfunktionsebene betrachtet wird. Eine mögliche Veränderlichkeit der Merkmalsausprägung während der Nutzung der Funktion, bspw. eine steigende Durchflussgeschwindigkeit, wird aufgrund der hohen Komplexität in Informationsaufnahme und -analyse aus dem Betrachtungsbereich dieser Arbeit ausgeschlossen. Die zeitliche Dauer von Transitionen wird im Rahmen der Methodik als nicht relevant erachtet und daher ebenfalls ausgeschlossen. Es ergibt sich daher auf Transitionsebene kein Informationsbedarf im Kontext der zeitlichen Variabilität.

Die ermittelten Informationen dienen in der Methodik zur Identifizierung von Innovationspotenzialen zur Überprüfung, ob die Maschine so genutzt wird, wie in der Produktentwicklung angenommen wurde. Es gilt demnach, die Annahmen aus der

Produktentwicklung basierend auf den ermittelten Informationen strukturiert als Hypothese zu formulieren, welche im späteren Verlauf der Methodik durch aufgenommene Produktnutzungsinformationen überprüft wird. Hierzu wird in Unterkapitel 5.3 ein Vorgehen vorgestellt.

5.2.3 Vorgehensbeispiel zur Bestimmung des Informationsbedarfs

In Anlehnung an die bisherigen Ausführungen in Unterkapitel 5.2 wird für das in Abschnitt 5.1.4 eingeführte Vorgehensbeispiel der Informationsbedarf ermittelt. Der Fokus wird hierbei exemplarisch auf die erste Funktion „Schüttgut leiten“ sowie die angeschlossenen Transitionen gelegt.

Zunächst wurde festgestellt, dass die Funktion quantitativ variabel ist. Der Nutzer hat demnach während der Nutzung die Möglichkeit, die Merkmale der Funktion in ihren Ausprägungen zu beeinflussen. Gemäß den Ausführungen in 5.2.1 lässt sich die Funktion auf die Elementarfunktion „Stoff leiten“ abstrahieren. Für diese Elementarfunktion lassen sich relevante Merkmale wie das Durchflussvolumen $[m^3/s]$ sowie die Durchflussgeschwindigkeit $[m/s]$ ermitteln. Beide Merkmale sind metrisch skaliert und weisen einen Nullpunkt auf. Der relevante Lageparameter ist daher das arithmetische Mittel. Darüber hinaus ist jeweils der maximale Ausprägungswert der Merkmale eine relevante Information. Die Funktion ist zudem zeitlich variabel, weshalb die Nutzungsdauer der Funktion eine weitere relevante Information darstellt. Die angeschlossenen Transitionen „Hebel betätigen“ und „Schalter betätigen“ sind optional variabel, daher wird der Informationsbedarf in dem fokussierten Abschnitt des Nutzungszyklus durch die relative und absolute Nutzungshäufigkeit dieser Transitionen vervollständigt.

5.3 Formulierung und Überprüfung der Nutzungshypothese

Eine übergeordnete Definition der Nutzungshypothese wurde bereits in Abschnitt 2.2.4 als die Summe der Annahmen über die spätere Produktnutzung, welche im Rahmen der Produktentwicklung mit dem Ziel der Produkt- und Funktionsauslegung getroffen werden, festgelegt. Diese Definition wird, mit dem Ziel der Formulierung und Überprüfung der Nutzungshypothese, im Folgenden auf die bisherigen Ausarbeitungen des Kapitels 5 übertragen und spezifiziert.

5.3.1 Formulierung der Nutzungshypothese

Entsprechend der Unterkapitel 5.1 und 5.2 sind die Nutzungselemente, zu denen die oben genannten Annahmen getroffen werden, Produktfunktionen, Merkmale und Transitionen. Die Möglichkeiten zur Beeinflussung durch den Nutzer wurden in Abschnitt 5.1.3 durch die drei Variabilitätsarten spezifiziert. Aus diesen wurde in Abschnitt 5.2.2 der Informationsbedarf zur Beschreibung der Produktnutzung abgeleitet. Aufbauend auf der übergeordneten Definition in Abschnitt 2.2.4 kann der Begriff der Nutzungshypothese im Kontext der vorliegenden Arbeit wie folgt weiter detailliert werden:

Die **Nutzungshypothese** beinhaltet die im Nutzungszyklus auftretenden Funktionen, Merkmale und Transitionen sowie ihre modellierte Abfolge. Weiterhin formuliert die Nutzungshypothese die Annahmen über die Ausprägungen der jeweiligen Informationen, welche benötigt werden, um den Zustand der Informationsträger während der Produktnutzung hinsichtlich der Variabilitätsarten zu beschreiben.

Im Anschluss an die Definition der Nutzungshypothese im Kontext dieser Arbeit wird im Folgenden zunächst beleuchtet, welche inhaltlichen Anforderungen an die Formulierung der Nutzungshypothese gestellt werden.

5.3.1.1 Inhaltliche Anforderungen an die Formulierung der Nutzungshypothese

Zu Beginn des Unterkapitels 5.3 wurden als Inhalt der Nutzungshypothese die modellierte Abfolge der Elemente des Nutzungszyklus sowie die Annahmen über die Ausprägungen der beschreibenden Informationen hinsichtlich der Variabilitätsarten definiert. Die Anforderungen, welche an die Formulierung der Nutzungshypothese gestellt werden, leiten sich aus den Charakteristika der Nutzungshypothese sowie ihrer Überprüfung durch Nutzungsinformationen ab.

Wissenschaftliche Hypothesen sind Annahmen, welche noch nicht konkret genug sind, um statistisch überprüft zu werden. Da die Nutzungshypothese durch aufgenommene Produktnutzungsinformationen überprüft werden soll, gilt es zunächst, sie in eine statistische Hypothese zu überführen.[370] Erst durch die Formulierung einer statistischen Hypothese werden konkrete Annahmen getroffen und ein statistisches Testen und damit eine empirisch gestützte Aussage über die Hypothese ermöglicht.[371] Statistische Hypothesen sind Behauptungen über Eigenschaften einer oder mehrerer

[370] Vgl. Biemann (2009), Logik und Kritik des Hypothesentestens, S. 206.

[371] Vgl. Diehl und Arbinger (1992), Einführung in die Inferenzstatistik, 18 ff.

Zufallsvariablen. Sie sind in der Regel nur indirekt prüfbar. Sie werden durch Beispiele zwar empirisch sicherer, jedoch werden sie nicht bewiesen.[372]

Statistische Hypothesen werden daher immer als Kombination aus einer Null- und einer Alternativhypothese formuliert. Eine Nullhypothese (H_0) postuliert, dass kein Effekt auftritt, während die Alternativhypothese (H_A) annimmt, dass ein Effekt auftritt.[373] Übertragen auf den Kontext der vorliegenden Arbeit besteht die zu überprüfende Nutzungshypothese aus der Definition gemäß Unterkapitel 5.3 sowie der Kombination aus Nullhypothese H_0 und Alternativhypothese H_A. Aufbauend auf der Definition der Nutzungshypothese in Unterkapitel 5.3.1 sowie dem ermittelten Informationsbedarf in Abschnitt 5.2.2 lautet die Nullhypothese H_0 damit wie folgt:

Gemäß der **Nullhypothese H_0** existieren keine Unterschiede zwischen den angenommenen Ausprägungen der Informationen des ermittelten Informationsbedarfs und ihren Ausprägungen in der realen Produktnutzung.

Da die Alternativhypothese H_A postuliert, dass ein vermuteter Effekt auftritt, lautet sie im Kontext der Nutzungshypothese wie folgt:

Gemäß der **Alternativhypothese H_A** existiert ein Unterschied zwischen den angenommenen Ausprägungen der Informationen des ermittelten Informationsbedarfs und ihren Ausprägungen in der realen Produktnutzung.

Anforderungen an die Formulierung der Hypothesen ergeben sich aus den Charakteristika von H_A im Kontext dieser Arbeit, welche im Folgenden beschrieben werden. Zunächst ist zwischen unspezifischen und spezifischen Alternativhypothesen zu unterscheiden. Unspezifische Hypothesen geben im Gegensatz zu spezifischen Hypothesen keinen Aufschluss über die Größe des vermuteten Effekts, d.h. des Unterschieds zwischen angenommenen und tatsächlichen Ausprägungen der Informationen. Im vorliegenden Kontext bildet H_A eine unspezifische Hypothese. Zudem handelt es sich bei H_A um eine ungerichtete Hypothese. Dies bedeutet, dass keine Angabe über die Richtung des Unterschieds gemacht werden kann.[374] Es können Unterschiede in positiver und negativer Richtung zwischen den angenommenen und tatsächlichen Ausprägungen der Informationen auftreten.

---

[372] Vgl. Hedderich und Sachs (2018), Angewandte Statistik, S. 447.

[373] Vgl. Döring und Bortz (2002), Forschungsmethoden und Evaluation, 494 f.

[374] Vgl. Biemann (2009), Logik und Kritik des Hypothesentestens, S. 206.

Im Anschluss an die Charakterisierung des in H_A postulierten Unterschieds wird folgend festgelegt, wie die angenommenen Ausprägungen der Informationen zu formulieren sind, sodass der Unterschied zu den Ausprägungen in der realen Produktnutzung statistisch überprüft werden kann. Dies wird abgeleitet aus dem zu verwendenden statistischen Testverfahren. In der übergeordneten Methodik sollen nur diejenigen Abweichungen zwischen angenommener und realer Produktnutzung analysiert werden, welche signifikant sind. Es muss folglich getestet werden, ob der Unterschied zwischen angenommenen und realen Ausprägungen der Informationen statistisch signifikant ist. Der unter dem Pseudonym Student bekannte WILLIAM SEALY GOSSET entwickelte im Jahr 1908 ein statistisches Testverfahren, den sogenannten t-Test, mit welchem Mittelwertunterschiede einfach und schnell identifiziert werden können.[375] Der geeignete t-Test für den vorliegenden Anwendungsfall lässt sich gemäß Abbildung 5-14 auswählen.

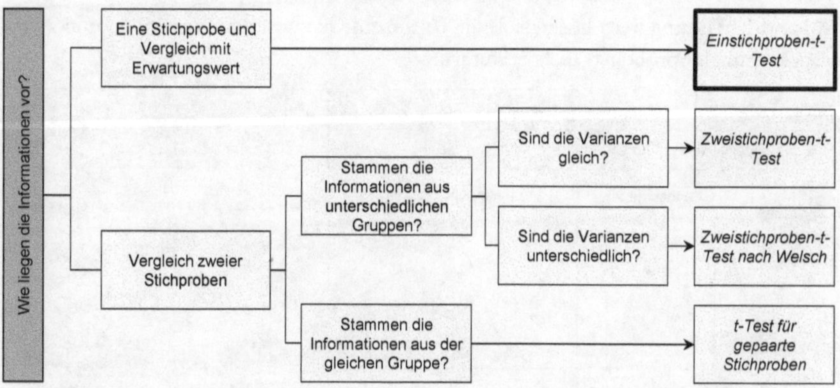

Abbildung 5-14: Auswahl des geeigneten t-Tests zur Überprüfung der Nutzungshypothese[376]

Da im Kontext dieser Arbeit jeweils eine Stichprobe jeder Information aus der realen Produktnutzung mit dem Erwartungswert zur Ausprägung dieser Information abgeglichen wird, wird der Einstichproben-t-Test verwendet. Dieser beantwortet die Frage, „ob der Mittelwert $\bar{x}$ einer konkreten Stichprobe nur zufällig oder statistisch signifikant von einem vorgegebenen Erwartungswert μ_0 verschieden ist".[377] Der Einstichproben-t-Test soll daher für die Prüfung der Nullhypothese H_0 angewendet werden.

---

[375] Vgl. Einbock (2018), Statistik der Betriebsfestigkeit, S. 114.
[376] Vgl. Einbock (2018), Statistik der Betriebsfestigkeit, S. 114.
[377] Hedderich und Sachs (2018), Angewandte Statistik, S. 501.

Voraussetzungen, welche für die Anwendung des Einstichproben-t-Tests gelten müssen, sind die folgenden:[378]

- Die Stichprobe ist zufällig und repräsentativ
- Die Standardabweichung und die Varianz der Grundgesamtheit sind unbekannt
- Die Grundgesamtheit der Informationen ist normalverteilt oder der Stichprobenumfang beträgt mindestens 30 Werte

Dies bedeutet, dass zu jeder Information, welche als Teil des zu analysierenden Informationsbedarfs im Nutzungszyklus ermittelt wurde, mindestens 30 Ausprägungswerte aufgenommen werden müssen. Damit diese Werte jeweils vergleichbar sind, müssen sie von der gleichen Maschine stammen, welche in identischen Anwendungsfällen betrieben wird.

Anhand Abbildung 5-15 lassen sich die Unterschiede zwischen einseitigen und zweiseitigen Einstichproben-t-Tests erläutern.

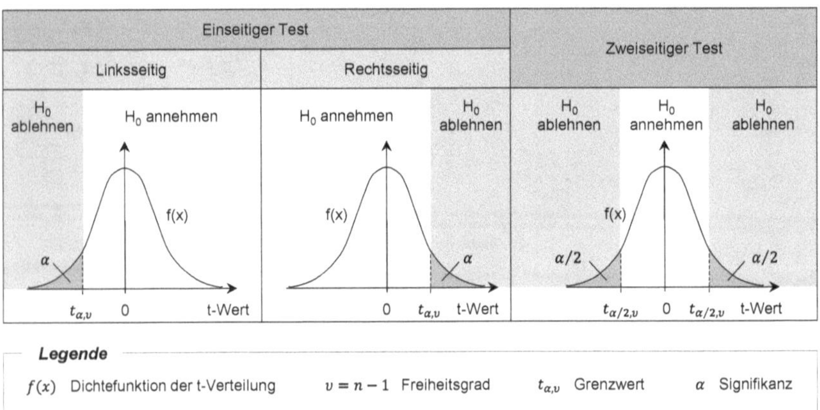

Abbildung 5-15: Unterschied zwischen dem einseitigen und zweiseitigen Einstichproben-t-Test[379]

Bei dem einseitigen, d.h. dem linksseitigen oder rechtsseitigen t-Test wird, sofern der t-Wert unterhalb oder oberhalb eines Grenzwertes $t_{\alpha,v}$ (mit $v = n - 1$) liegt,

[378] Vgl. Einbock (2018), Statistik der Betriebsfestigkeit, S. 118.
[379] Vgl. Einbock (2018), Statistik der Betriebsfestigkeit, S. 116.

angenommen, dass „die Unterschiede nicht mehr zufällig, sondern mit der Wahrscheinlichkeit α statistisch signifikant sind."[380] Entsprechend wird bei dem rechts- bzw. linksseitigen Test die Nullhypothese H_0 abgelehnt, wenn der ermittelte t-Wert oberhalb oder unterhalb des Grenzwertes liegt (dunkle Bereiche).[381] Da eingangs beschrieben wurde, dass es sich bei H_A um eine ungerichtete Hypothese handelt, wird im Kontext dieser Arbeit der zweiseitige Einstichproben-t-Test verwendet. Bei diesem wird die Nullhypothese H_0 abgelehnt, wenn der t-Wert unterhalb oder oberhalb eines Grenzwertes $t_{\alpha/2,v}$ (mit $v = n - 1$) liegt.[382]

Die Anwendung des Einstichproben-t-Tests erfolgt in drei Schritten. Zunächst wird die Nullhypothese H_0 formuliert. Aufbauend auf der eingangs festgelegten Definition von H_0 besagt diese im Rahmen des Einstichproben-t-Tests, dass sich der Stichprobenmittelwert $\bar{x}$ aus der realen Nutzung der Maschine nicht oder nur zufällig vom Erwartungswert μ_0 unterscheidet. Somit sagt die Alternativhypothese H_A aus, dass der Unterschied statistisch signifikant ist. Dabei entspricht die statistische Signifikanz der festzulegenden Irrtumswahrscheinlichkeit α.[383] Für die Durchführung eines zweiseitigen t-Tests können H_0 und H_A damit auf mathematische Weise wie folgt definiert werden:

H_0: $\bar{x} = \mu_0$ (der Stichprobenmittelwert ist gleich dem Erwartungswert)

H_A: $\bar{x} \neq \mu_0$ (der Stichprobenmittelwert unterscheidet sich signifikant vom Erwartungswert)

Nach der Formulierung von H_0 ist die Prüfgröße t zu berechnen. Diese berücksichtigt, dass sich für den Einstichproben-t-Test die auf den Standardfehler $s/\sqrt{n}$ bezogenen Unterschiede zwischen dem Stichprobenmittelwert und dem Erwartungswert nach der t-Verteilung und nicht mehr nach der Normalverteilung verteilen.[384]

[380] Einbock (2018), Statistik der Betriebsfestigkeit, S. 116.
[381] Vgl. Einbock (2018), Statistik der Betriebsfestigkeit, S. 116.
[382] Vgl. Einbock (2018), Statistik der Betriebsfestigkeit, S. 116.
[383] Vgl. Einbock (2018), Statistik der Betriebsfestigkeit, S. 119.
[384] Vgl. Einbock (2018), Statistik der Betriebsfestigkeit, S. 119.

Der t-Wert berechnet sich wie folgt:

$$t = \frac{\boldsymbol{Abweichung\ des\ Mittelwertes}}{\boldsymbol{Standardfehler\ des\ Mittelwertes}} \tag{5.1}$$

und kann bei einem zweiseitigen t-Test wie folgt berechnet werden:[385]

$$t = \frac{|\bar{x} - \mu_0|}{s} * \sqrt{n} \tag{5.2}$$

Die Nullhypothese H_0 wird damit abgelehnt für:[386]

$$t = \frac{|\bar{x} - \mu_0|}{s} * \sqrt{n} > t_{n-1,\alpha/2} \tag{5.3}$$

t: Prüfgröße
$\bar{x}$: Stichprobenmittelwert
μ_0: Erwartungswert
s: Standardabweichung der Stichprobe
n: Stichprobengröße
α: Signifikanzniveau

Der spezifische Grenzwert $t_{n-1,\alpha/2}$ kann aus gängigen Tabellen für den Einstichproben-t-Test entnommen werden (vgl. Anhang A.2).[387]

Die Standardabweichung s lässt sich wie folgt berechnen:[388]

$$s = \sqrt{\frac{1}{n-1} * \sum_{i=1}^{n} (x_i - \bar{x})^2} \tag{5.4}$$

s: Standardabweichung der Stichprobe
n: Stichprobengröße
x_i: Ausprägung i der Information x
$\bar{x}$: Stichprobenmittelwert

[385] Vgl. Einbock (2018), Statistik der Betriebsfestigkeit, S. 119.
[386] Vgl. Hedderich und Sachs (2018), Angewandte Statistik, S. 502.
[387] Vgl. Einbock (2018), Statistik der Betriebsfestigkeit, S. 120.
[388] Vgl. Hedderich und Sachs (2018), Angewandte Statistik, S. 92.

Aus der Beschreibung der Charakteristika von H_0 sowie des zu verwendenden Testverfahrens lassen sich zusammenfassend folgende inhaltliche Anforderungen an die Formulierung der Nutzungshypothese ableiten:

- Für jede Information und die Annahme ihrer Ausprägung in der Produktnutzung ist genau ein spezifischer Erwartungswert μ_0 zu definieren
- Für jeden Erwartungswert μ_0 ist jeweils eine Nullhypothese $H_0: \bar{x} = \mu_0$ sowie eine Alternativhypothese $H_A: \bar{x} \neq \mu_0$ zu definieren

5.3.2 Überprüfung der Nutzungshypothese

In Abschnitt 5.3.1 wurde der Einstichproben-t-Test eingeführt. Anschließend wurden aus den Charakteristika dieses Testverfahrens die Anforderungen und das Vorgehen zur Formulierung der Nutzungshypothese abgeleitet. Darauf aufbauend beschreiben die folgenden Ausführungen das Vorgehen zur Überprüfung dieser Nutzungshypothese. Zunächst wird dargelegt, welche Anforderungen der Einstichproben-t-Test an die Aufnahme und Aufbereitung der Informationen aus der realen Produktnutzung stellt.

5.3.2.1 Aufnahme der Produktnutzungsinformationen

Wie in Abschnitt 5.3.1.1 dargelegt wurde, resultiert aus der Anwendung des Einstichproben-t-Tests die Anforderung, dass der Stichprobenumfang mindestens 30 Werte umfasst.[389] Zu jeder Information, welche die Nutzung einer Maschine basierend auf den jeweiligen Informationsträgern und Variabilitäten beschreibt, sind daher mindestens 30 Werte aufzunehmen. Wie eingangs ausgeführt wird zu jeder Information eine Nullhypothese H_0 und eine Alternativhypothese H_A aufgestellt. Die beiden Hypothesen überprüfen, ob der Stichprobenmittelwert $\bar{x}$ nicht bzw. nur zufällig oder aber statistisch signifikant von einem vorgegebenen Erwartungswert μ_0 abweicht.[390] Dies bedeutet, dass sämtliche aus der realen Produktnutzung aufgenommenen Ausprägungswerte einer Information zu einem Mittelwert zusammenzufassen sind.

[389] Vgl. Einbock (2018), Statistik der Betriebsfestigkeit, S. 118.

[390] Vgl. Hedderich und Sachs (2018), Angewandte Statistik, S. 501.

Der Stichprobenmittelwert einer Information lässt sich wie folgt berechnen:

$$\bar{x} = \frac{\sum_{t=1}^{n} x_t}{n} \tag{5.5}$$

$\bar{x}$: Stichprobenmittelwert der Produktnutzungsinformation x
x_t: Ausprägung der Produktnutzungsinformation x in der Nutzung t
n: Stichprobengröße
t: Laufindex der betrachteten Nutzung

Eine mögliche Aufnahme von Produktnutzungsinformationen wird beispielhaft in Abbildung 5-16 dargestellt:

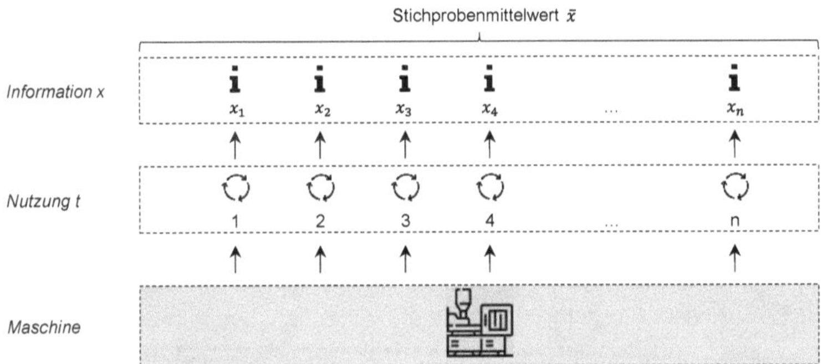

Abbildung 5-16: Aufnahme der Stichprobengröße n der Produktnutzungsinformation x

5.3.2.2 Identifizierung und Quantifizierung signifikanter Abweichungen

Wie eingangs erwähnt, kann die Alternativhypothese H_A nie direkt bestätigt werden. Es wird daher H_0 aufgestellt und versucht, diese zu widerlegen. Hierdurch lässt sich H_A indirekt bestätigen.[391]

[391] Vgl. Hedderich und Sachs (2018), Angewandte Statistik, S. 447.

Grundsätzlich können hierbei, bspw. aufgrund sehr ungünstiger Stichprobenergebnisse, zwei Arten von Fehlentscheidungen auftreten:[392]

- Fehler 1. Art/ α-Fehler: Die unberechtigte (fälschliche) Ablehnung der Nullhypothese H_0
- Fehler 2. Art/ β-Fehler: Das unberechtigte (fälschliche) Beibehalten der Nullhypothese H_0

Zur Adressierung des α-Fehlers ist zur Vorbereitung jedes Hypothesentests neben der Formulierung der zu prüfenden Hypothesen ein Signifikanzniveau α vorzugeben.[393] Meist wird lediglich ein festes α definiert und somit der Nullhypothese H_0 eine Sonderstellung zugewiesen, da die Alternativhypothese H_A im Allgemeinen nicht genau festliegt. Mit einem fest vorgegebenen α und einem unbestimmten β wird zugunsten der Nullhypothese entschieden. Diese Tests werden als konservative Tests bezeichnet.[394] Der Fokus wird daher im Folgenden auf die Festlegung von α gelegt.

Das Signifikanzniveau α kann definiert werden als „die Wahrscheinlichkeit dafür, bei einem Signifikanztest eine formulierte Nullhypothese H_0 abzulehnen, obgleich sie wahr ist, […].“[395] Gängige angenommene Signifikanzniveaus sind $\alpha = 0{,}05$ (5 %), $\alpha = 0{,}01$ (1 %) und $\alpha = 0{,}001$ (0,1 %), jeweils abhängig davon, wie schwerwiegend die Entscheidung ist, welche aufgrund der Stichprobe gefällt werden soll.[396]

Die Auswahl von α ist abhängig von:[397]

- den „Kosten“, welche mit den Fehlern 1. und 2. Art verbunden sind
- der „relativen Plausibilität“ der Nullhypothese aus Sicht des Untersuchers
- dem Grad („Effekt“), um den sich Null- und Alternativhypothese unterscheiden
- dem geplanten Stichprobenumfang

Die „Kosten“ eines Fehlers 1. Art sind im Kontext dieser Methodik die Aufwände, welche entstehen, wenn die Abweichung einer angenommenen Informationsausprägung von ihrer Ausprägung in der realen Produktnutzung fälschlicherweise als signifikant angenommen wird. Da die Methodik eine effiziente weitere Bearbeitung der identifizierten Abweichungen vorsieht, bewegen sich die Entwicklungsaufwände auch bei

[392] Vgl. Hedderich und Sachs (2018), Angewandte Statistik, S. 448.
[393] Vgl. Hedderich und Sachs (2018), Angewandte Statistik, S. 6.
[394] Vgl. Hedderich und Sachs (2018), Angewandte Statistik, S. 450.
[395] Eckstein (1998), Repetitorium Statistik, S. 286.
[396] Vgl. Hedderich und Sachs (2018), Angewandte Statistik, S. 377.
[397] Vgl. Hedderich und Sachs (2018), Angewandte Statistik, S. 449.

fälschlicherweise als signifikant angenommenen identifizierten Abweichungen in einem vertretbaren Maße. Um gleichzeitig möglichst viele mögliche Abweichungen und damit Innovationspotenziale zu identifizieren, wird die Auswahl des größten der möglichen Signifikanzniveaus, d.h. α = 0,05 (5 %), für die Überprüfung der Nutzungshypothese empfohlen.

Konnte H_0 verworfen und somit eine statistisch relevante Abweichung zwischen der Annahme aus der Nutzungshypothese und der realen Produktnutzung festgestellt werden, eignet sich zur Quantifizierung der Abweichung die Berechnung der prozentualen Differenz zwischen Erwartungswert μ_0 und dem Stichprobenmittelwert $\bar{x}$ nach der folgenden Formel:

$$\boldsymbol{D_x = \frac{\bar{x} - \mu_0}{\mu_0} * 100} \tag{5.6}$$

D_x: Differenz zwischen angenommener und realer Ausprägung der Information x

$\bar{x}$: Stichprobenmittelwert der Information x

μ_0: Erwartungswert zur Ausprägung der Information

Im Anschluss an die Erarbeitung des Vorgehens zur Aufnahme der Produktnutzungsinformationen sowie zur Identifizierung und Quantifizierung signifikanter Abweichungen wird das Vorgehen zur Formulierung und Überprüfung der Nutzungshypothese anhand des durchgehenden Beispiels erläutert.

5.3.3 Vorgehensbeispiel zur Formulierung und Überprüfung der Nutzungshypothese

Die Ausarbeitungen in den Abschnitten 5.3.1 und 5.3.2 zur Formulierung und Überprüfung der Nutzungshypothese werden im Folgenden an dem Vorgehensbeispiel der Big Bag-Entleeranlage demonstriert.

Definition des Erwartungswerts μ_0 je Information

Zur Vereinfachung wird der Fokus im Vorgehensbeispiel zur Formulierung und Überprüfung der Nutzungshypothese auf eine der in Abschnitt 5.2.3 ermittelten Informationen, die Nutzungsdauer der Funktion „Schüttgut leiten", gelegt. Zur Definition des Erwartungswerts μ_0 dient eine der an die Anlage gestellten funktionalen Anforderungen für den spezifischen Anwendungsfall des Beispiels. Eine Anforderung bestand in der Entwicklung darin, dass die Anlage derart konstruiert werden soll, dass das gesamte

Schüttgut theoretisch in 120 Sekunden kontrolliert ausgeleitet und abtransportiert werden kann. Der Erwartungswert $\mu_{0,Nutzungsdauer}$ für die Nutzungsdauer der Funktion „Schüttgut leiten“ wird daher auf 120 Sekunden definiert, sodass gilt:

$$\mu_{0,Nutzungsdauer} = 120\ sek. \tag{5.7}$$

Definition der Null- und Alternativhypothese je Information

Aufbauend auf der Definition des Erwartungswerts der Nutzungsdauer werden Null- und Alternativhypothese zu dieser Information definiert. Die Nullhypothese H_0 setzt voraus, dass der Mittelwert der Stichprobe aus der realen Nutzung der Big Bag-Entleeranlage dem Erwartungswert entspricht und lautet somit:

$$H_0: \overline{x} = \mu_{0,Nutzungsdauer} = 120\ sek. \tag{5.8}$$

Die Alternativhypothese H_A setzt voraus, dass sich der Mittelwert der Stichprobe aus der realen Nutzung der Anlage signifikant von $\mu_{0,Nutzungsdauer}$ unterscheidet und lautet somit:

$$H_A: \overline{x} \neq \mu_{0,Nutzungsdauer} = 120\ sek. \tag{5.9}$$

Berechnung des Stichprobenmittelwerts der aufgenommenen Informationen

In dem Beispiel werden an einer Anlage in 32 Nutzungen die Ausprägungen der Information zur Nutzungsdauer der Funktion „Schüttgut leiten“ aufgenommen. Die 32 Nutzungen wiesen jeweils den gleichen Anwendungsfall auf. Die Größe der Stichprobe n ist somit 32. Die aufgenommenen Informationen sind im Anhang dieser Arbeit einzusehen (vgl. Anhang A.1). Zur Analyse, ob die Nullhypothese H_0 verworfen werden kann, ist zunächst der Stichprobenmittelwert $\overline{x_{ND}}$ zu bilden.

Durch Anwendung von Formel 5.5 ergibt sich mit einer Rundung des Ergebnisses auf eine Nachkommastelle:

$$\overline{x_{ND}} = \frac{\sum_{t=1}^{32} x_{ND,t}}{32} = 140,9 \tag{5.10}$$

Berechnung der Standardabweichung und des t-Werts

Mit dem errechneten Stichprobenmittelwert ist nachfolgend die Standardabweichung s zu ermitteln. Diese ergibt sich gemäß Formel 5.4 und einer Rundung des Ergebnisses auf eine Nachkommastelle zu:

$$s = \sqrt{\frac{1}{31} * 7423,92} = 15,5 \tag{5.11}$$

Der t-Wert errechnet sich nach Formel 5.2 und einer Rundung auf eine Nachkommastelle zu:

$$t = \frac{|140,9 - 120|}{15,5} * \sqrt{32} = 7,6 \tag{5.12}$$

Definition des Ablehnungsbereichs und Untersuchung der Nullhypothese

Gemäß der t-Tabelle (vgl. Anhang A.2) können bei einem Signifikanzniveau α von 0,05 (5 %) die Grenzen für den Ablehnungsbereich bei einer Stichprobengröße $n = 32$ nicht direkt abgelesen werden, da sich ein Freiheitsgrad $\upsilon = 31$ ergibt, welcher nicht in der Tabelle aufgetragen ist. Die Grenzen des Ablehnungsbereichs für $\upsilon = 31$ müssen zwischen denjenigen Werten liegen, welche sich aus den Freiheitsgraden $\upsilon = 30$ und $\upsilon = 32$ ergeben, d.h. zwischen den Werten ±2,042 und ±2,037. Vereinfachend wird daher der Grenzwert für den Freiheitgrad $\upsilon = 31$ als ±2,04 angenommen. Gemäß Abbildung 5-17 befindet sich der errechnete t-Wert in diesem Ablehnungsbereich.

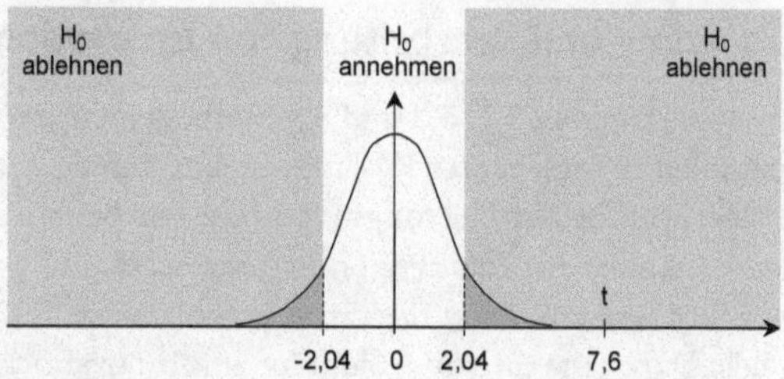

Abbildung 5-17: Ablehnung der Nullhypothese im Vorgehensbeispiel

Als Ergebnis der Untersuchung der Nullhypothese H_0 kann damit festgehalten werden, dass H_0 verworfen wird und die Alternativhypothese H_A zur Geltung kommt. Ihre Aussage, dass eine signifikante Abweichung zwischen dem Erwartungswert μ_0 der Nutzungsdauer der Funktion „Schüttgut leiten" und den Werten der Nutzungsdauer in der realen Nutzung der Anlage besteht, kann als wahr angenommen werden.

Quantifizierung der signifikanten Abweichung

Nach der Feststellung der signifikanten Abweichung zwischen dem Erwartungswert μ_0 und dem Stichprobenmittelwert $\overline{x_{ND}}$ der aufgenommenen Nutzungsdauern kann gemäß Formel 5.6 die Abweichung wie folgt quantifiziert werden:

$$\boldsymbol{D_{ND} = \frac{140,9 - 120}{120} * 100 = 17,42\ \%} \qquad \text{(5.13)}$$

Die reale, im Schnitt über die 32 Nutzungen aufgenommene Nutzungsdauer der Funktion „Schüttgut leiten" weicht damit um 17,42 % von der angenommenen Nutzungsdauer von 120 Sekunden ab.

Die ermittelte signifikante Abweichung in der Nutzungsdauer der Funktion eignet sich somit zur Identifizierung möglicher Innovationspotenziale und zur Bearbeitung in der Weiterentwicklung der Anlage. Die Methode zur Identifizierung und Bearbeitung von Innovationspotenzialen wird im folgenden Unterkapitel erarbeitet und am Vorgehensbeispiel demonstriert.

5.4 Identifizierung und Bearbeitung von Innovationspotenzialen

Nachdem in den Unterkapiteln 5.1, 5.2 und 5.3 Methoden zur Modellierung des Nutzungszyklus, zur Ableitung relevanter Produktnutzungsinformationen sowie zur Formulierung und Überprüfung der Nutzungshypothese erarbeitet wurden, wird in Unterkapitel 5.4 eine Methode zur Identifizierung und Bearbeitung von Innovationspotenzialen entwickelt. Diese adressiert das dritte Potenzial des in Unterkapitel 4.1 vorgestellten Zielbilds. Durch die direkte Ableitung von Innovationspotenzialen aus der Überprüfung der Nutzungshypothese wird die Effektivität in der Weiterentwicklung der Maschine gesteigert. Um die identifizierten Innovationspotenziale entwicklungsseitig effizient zu bearbeiten und damit das vierte Potenzial des Zielbilds zu adressieren, werden in Abschnitt 5.4.5 Bearbeitungsempfehlungen formuliert.

5.4.1 Finalität und Kausalität in der Nutzung von Maschinen und Anlagen

In Abschnitt 5.1.3 wurden verschiedene Arten der Variabilität definiert, welche die Möglichkeiten des Nutzers beschreiben, die Nutzung der Maschine aktiv zu beeinflussen. Für die weiteren Ausführungen und zur gezielten Analyse der durch die Variabilität auftretenden Abweichungen zwischen Nutzungshypothese und realer Produktnutzung soll angenommen werden, dass der Nutzer die Variabilitäten bewusst ausschöpft, um damit ein bestimmtes Ziel in der Zukunft zu erreichen (Finalität), indem eine gewisse Auswirkung ausgelöst wird (Kausalität). Die Prinzipien der Finalität und der Kausalität werden im Folgenden erläutert sowie auf die Nutzung von Maschinen und Anlagen übertragen.

Die Finalität im Kontext des menschlichen Handelns drückt aus, dass hinter menschlichen Handlungen eine Absicht, ein Ziel oder ein Motiv steht, während natürliche Vorgänge in der Regel ohne eine solche Zukunftsorientierung ablaufen.[398] HARTMANN benennt diese Art menschlichen Handelns als Finalprozesse und charakterisiert sie als begrenzte Prozesse, welche Anfang und Ende haben.[399] Demnach können Finalprozesse in drei Phasen unterteilt werden. Zunächst wird der Zweck der Handlung festgelegt, anschließend geeignete Mittel zur Realisation des Zwecks selektiert und abschließend der Zweck durch den Einsatz der Mittel realisiert.[400] Die dritte Phase kann

[398] Vgl. Weik (2001), Ansätze des Verstehens, Hermeneutik und Phänomenologie, S. 93.
[399] Vgl. Hartmann (1951), Teleologisches Denken, S. 71.
[400] Vgl. Hartmann (1951), Teleologisches Denken, S. 69.

dabei als Kausalprozess angesehen werden, denn in ihr „bewirken die Mittel der Reihe nach einander und zuletzt den Zweck".[401]

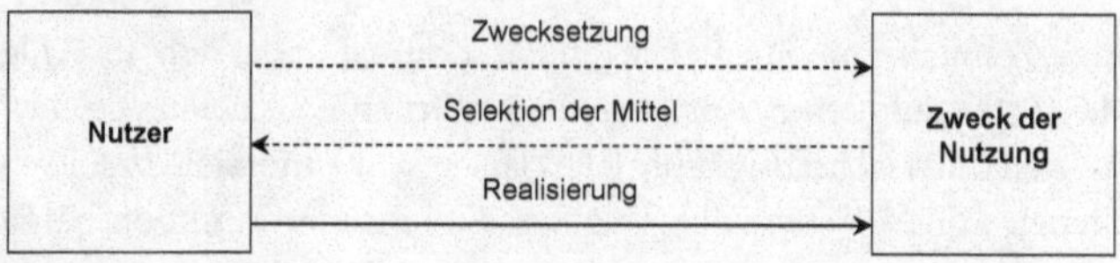

Abbildung 5-18: Drei Phasen der Finalbeziehung[402]

Übertragen auf den Kontext der vorliegenden Arbeit bedeutet dies, dass die Nutzung der Maschine einem Finalprozess entspricht, bei welchem die menschliche Handlung ein Ziel verfolgt und der Nutzer geeignete Maßnahmen zur Realisierung des Ziels festlegt. Eben diese Realisierung entspricht somit einem technischen Kausalprozess innerhalb der Maschine, bei dem der Einfluss des Nutzers eine Auswirkung in der Nutzung der Maschine auslöst. Es wird davon ausgegangen, dass die dem Nutzer zur Verfügung stehende Variabilität in der Produktnutzung bewusst ausgenutzt wird und dass die identifizierten Abweichungen zwischen Nutzungshypothese und realer Produktnutzung zu einem bestimmten Ziel sowie durch eine technische Kausalität auftreten. Gleichzeitig werden durch diese Annahme jene möglichen Abweichungen aus der weiteren Betrachtung ausgeschlossen, welche unbewusst oder versehentlich durch den Nutzer ausgelöst werden.

5.4.2 Ziele in der Nutzung von Maschinen und Anlagen

Aufbauend auf den Ausführungen in Abschnitt 5.4.1 wird angenommen, dass die ermittelten Abweichungen in der Nutzung der Maschine zur Erfüllung eines bestimmten Ziels auftreten. Um im Rahmen der zu erarbeitenden Methodik relevante Innovationspotenziale zu identifizieren, gilt es zu antizipieren, mit welchem Ziel die Abweichungen ausgelöst wurden, um diese Ziele durch eine inkrementelle Innovation in der nächsten Maschinengeneration unmittelbar adressieren zu können.

Ziele können, in Anlehnung an die betriebswirtschaftliche Führungslehre, als erwünschte Zustände bzw. erwünschte Merkmale von Zuständen bezeichnet werden.[403] Ziele können auf hierarchische Weise beschrieben werden. Hierbei stehen an der

---

401 Hartmann (1951), Teleologisches Denken, S. 70.

402 In Anlehnung an Hartmann (1951), Teleologisches Denken, S. 69.

403 Vgl. Heinen (1984), Betriebswirtschaftliche Führungslehre, S. 32.

Spitze der Zielhierarchie ein oder mehrere Oberziele, welche in ein oder mehrere Unterziele konkretisiert werden können. Dies bedeutet, dass die Erreichung eines bestimmten Unterziels zu einer partiellen Erreichung eines oder mehrerer Oberziele führt.[404] Eine Zielhierarchie im vorliegenden Kontext lässt sich in Anlehnung an BERNDT und CANSIER definieren. Aus obersten Unternehmenszielen wie Gewinnzielen, Wachstumszielen und Nachhaltigkeitszielen lassen sich Unterziele in Form von Zielen der betrieblichen Funktionsbereiche ableiten. Einer dieser Funktionsbereiche ist die Produktion. Im Kontext dieser Arbeit soll unter der Produktion nicht nur die Schaffung physischer Güter verstanden werden, sondern jegliche, durch die Maschinen zu lösenden, technischen Aufgaben (vgl. Absatz 2.2.1). Aus den Zielen der Produktion lassen sich verschiedene Unterziele, bspw. Ziele der Beschaffungsplanung, der Lagerbewirtschaftung und der operativen Nutzung von Maschinen anleiten.[405] Als Unterziele in der operativen Nutzung von Maschinen lassen sich bspw. eine hohe Produktivität, eine hohe Maschinensicherheit, ein hoher Benutzerkomfort sowie die Fähigkeit der Maschine, ihre Funktion auszuführen, definieren.[406]

Abbildung 5-19: Zielhierarchie zur Einordnung von Zielen in der Nutzung von Maschinen und Anlagen[407]

Die Unterziele in der operativen Nutzung von Maschinen sollen und können in dem Kontext der vorliegenden Arbeit nicht abschließend beschrieben werden. Vielmehr

[404] Vgl. Heinen (1984), Betriebswirtschaftliche Führungslehre, S. 33.

[405] Vgl. Berndt und Cansier (2007), Produktion und Absatz, S. 7.

[406] Vgl. Bloech et al. (2014), Einführung in die Produktion, S. 8.; Hering et al. (1999), Handbuch der elektrischen Anlagen und Maschinen, S. 11; Gehlen (2010), Funktionale Sicherheit von Maschinen und Anlagen, S. 96f.

[407] In Anlehnung an Berndt und Cansier (2007), Produktion und Absatz, S. 7.

soll durch die aufgestellte Hierarchie die Ebene definiert werden, auf welcher im Folgenden die antizipierten Ziele der ermittelten Abweichungen zwischen Nutzungshypothese und realer Produktnutzung eingeordnet werden. Es lässt sich im Kontext der Definition von Zielen zwischen der Maximierung (bzw. Minimierung) einer Zielgröße, der Vorgabe eines Mindestwertes (bzw. Maximalwertes) sowie dem Streben nach einem festen Wert unterscheiden.[408] Die im Rahmen der Nutzungsfälle antizipierten Ziele sollen in diesem Sinne nicht mit einem festen Zielwert belegt werden, sondern vielmehr eine Richtung der Maximierung bzw. Minimierung einer Zielgröße aufzeigen.

5.4.3 Definition von Nutzungsfällen

Mögliche Abweichungen zwischen Nutzungshypothese und realer Produktnutzung müssen strukturiert beschrieben werden, um sie mit der oben eingeführten Zielebene zu verbinden und Innovationspotenziale aus ihnen ableiten zu können. Zu diesem Zweck werden im Folgenden generische Nutzungsfälle definiert. Diese fokussieren, im Sinne einer bestmöglichen Auswertbarkeit und Übersichtlichkeit, jeweils einen Prozessabschnitt des Nutzungszyklus, bestehend aus Funktion, Funktionsmerkmalen und Transition. Ein generischer Nutzungsfall soll im Kontext dieser Arbeit wie folgt definiert werden:

Ein **generischer Nutzungsfall** fasst die Abweichungen zwischen Nutzungshypothese und realer Produktnutzung in den Informationen einer oder mehrerer Informationsträger innerhalb eines Prozessabschnitts zusammen. Ein **Prozessabschnitt** ist ein Abschnitt innerhalb des Nutzungszyklus, welcher aus einer Funktion sowie ein oder mehreren Merkmalen und Transitionen besteht.

Innerhalb eines Prozessabschnitts können, im Kontext der beschriebenen technischen Kausalität, fünf generische Nutzungsfälle unterschieden werden (vgl. Abbildung 5-20). Es wird je Zeile ein übergeordneter Nutzungsfall und je Spalte eine mögliche Abweichung einer Information des Informationsträgers beschrieben. Obwohl die betrachtete Transition in der Modellierung des Nutzungszyklus der Funktion zeitlich folgt, wird sie in der Reihenfolge der Informationsträger als erster aufgeführt, da sie in zwei der beschriebenen Nutzungsfälle am Anfang der technischen Kausalkette steht, d.h. eine Abweichung in der Nutzung der Transition löst eine Abweichung in der Funktion oder ihren Merkmalen aus. Zur Strukturierung der generischen Nutzungsfälle können die folgenden zwei Arten von Nutzungsfällen unterschieden werden.

[408] Vgl. Berndt und Cansier (2007), Produktion und Absatz, S. 7.

Unabhängige Nutzungsfälle beschreiben diejenigen Fälle, in denen nur eine Abweichung in einer Information eines Informationsträgers festgestellt wird und die anderen beiden Informationsträger in ihren beschreibenden Informationen keine Abweichungen aufweisen.

Daran anknüpfend beschreiben **abhängige Nutzungsfälle** diejenigen Fälle, in denen zwei oder drei der Informationsträger in einem Prozessabschnitt je eine Abweichung in ihren beschreibenden Informationen aufweisen, welche in Kombination auftreten und einander im Sinne der technischen Kausalität bedingen.

Ein generischer Nutzungsfall, welcher im Sinne eines unabhängigen Nutzungsfalls lediglich Abweichungen in einer Information einer Transition aufweist, wurde geprüft. Die Abweichung in einer Information der Transition löst hier keine Abweichung in Funktion oder Merkmalen im Sinne der technischen Kausalität, wie in den Nutzungsfällen 1 und 2, aus. Dieser generische Nutzungsfall wurde daher im weiteren Verlauf der Ausarbeitungen, in welchem die Nutzungsfälle konkretisiert und mit Zielen verknüpft werden, als irrelevant für die weitere Identifizierung von Innovationspotenzialen erachtet und daher nicht in die weitere Methodik aufgenommen. Darüber hinaus wurde kein technischer Kausalzusammenhang zwischen Abweichungen in den Informationen von Transition und Merkmalen festgestellt. Ein abhängiger Nutzungsfall bestehend aus Abweichungen auf Transitions- und Merkmalsebene wurde daher ebenso aus der weiteren Betrachtung ausgeschlossen. Die verbleibenden fünf generischen Nutzungsfälle werden in Abbildung 5-20 dargestellt.

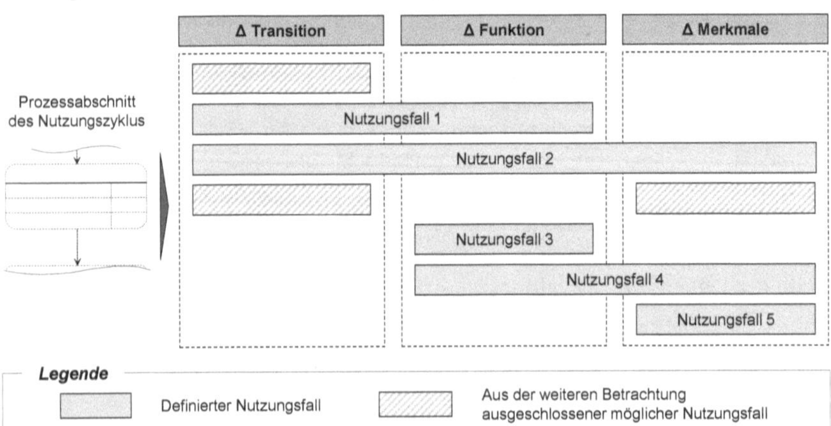

Abbildung 5-20: Klassifizierung generischer Nutzungsfälle

Die fünf generischen Nutzungsfälle lassen sich wie folgt beschreiben:

Generischer Nutzungsfall 1

Es liegt eine Abweichung in den Transitionen vor, wodurch eine Abweichung in den Funktionen bedingt wird (abhängiger Nutzungsfall).

Generischer Nutzungsfall 2

Es liegt eine Abweichung in den Transitionen vor, wodurch eine Abweichung in den Funktionen und ihren Merkmalen bedingt wird (abhängiger Nutzungsfall).

Generischer Nutzungsfall 3

Es liegt eine Abweichung in den Funktionen und keine Abweichung in den Transitionen und Merkmalen vor (unabhängiger Nutzungsfall).

Generischer Nutzungsfall 4

Es liegt eine Abweichung in den Funktionen vor, wodurch eine Abweichung in den Merkmalen bedingt wird (abhängiger Nutzungsfall).

Generischer Nutzungsfall 5

Es liegt eine Abweichung in den Merkmalen und keine Abweichung in den Transitionen und Funktionen vor (unabhängiger Nutzungsfall).

Eingangs wurde definiert, dass in Abbildung 5-20 je Spalte eine mögliche Abweichung einer Information dargestellt wird. Entsprechend der verschiedenen beschreibenden Informationen der Informationsträger (vgl. Abschnitt 5.2.2) werden die generischen Nutzungsfälle weiter konkretisiert. Dies dient dazu, im weiteren Verlauf der Methodik möglichst spezifische Innovationspotenziale ableiten und geeignete Bearbeitungsempfehlungen aussprechen zu können. Die Konkretisierung der generischen Nutzungsfälle wurde basierend auf Entscheidungsbäumen getroffen. Entscheidungsbäume stellen mehrstufige Entscheidungsprozesse mit allen möglichen Entscheidungsoptionen transparent dar.[409] Hieran angelehnt zeigen die erarbeiteten Entscheidungsbäume alle möglichen Fälle basierend auf dem ermittelten Informationsbedarf innerhalb der fünf generischen Nutzungsfälle auf (vgl. Anhang A.3). Nicht weiter berücksichtigt wurden jene zu Nutzungsfällen kombinierten Abweichungen, welche entweder nicht mit technischer Kausalität logisch erklärbar oder nicht sinnvoll mit den Zielen der Nutzung von Maschinen und Anlagen verknüpfbar sind. Des Weiteren wurden Nutzungsfälle ausgeschlossen, welche zu anderen Nutzungsfällen redundante antizipierte Ziele

[409] Vgl. Schawel und Billing (2014), Entscheidungsbaum, S. 91.

aufweisen. Zur Unterstützung des Verständnisses wird bei der weiteren Konkretisierung jeweils ein Beispiel aus dem modellierten Nutzungszyklus des Vorgehensbeispiels aufgeführt.

Der generische (abhängige) Nutzungsfall 1 beschreibt diejenigen Fälle, in welchen eine Abweichung in der Transition vorliegt, wodurch eine Abweichung in der Funktion desselben Prozessabschnitts ausgelöst wird. Unter Berücksichtigung der Sachlogik der technischen Kausalität lässt sich der generische Nutzungsfall 1 in die folgenden Fälle konkretisieren.

Nutzungsfall 1.1

- Eine Transition wird absolut oder relativ häufiger als angenommen genutzt, wodurch die Funktion absolut oder relativ häufiger als angenommen genutzt wird
- **Beispiel**: Schalter an der Anlage wird häufiger als angenommen noch einmal betätigt, um wiederholt den Staub aus dem Big Bag abzusaugen
- **Antizipiertes Ziel**: Wiederholen der Funktion, um die Qualität des Arbeitsergebnisses zu steigern

Nutzungsfall 1.2

- Eine Transition wird absolut oder relativ seltener als angenommen genutzt, wodurch die Funktion absolut oder relativ seltener als angenommen genutzt wird
- **Beispiel**: Hebel zum Staub absaugen wird seltener genutzt, wodurch seltener Staub abgesaugt wird und direkt zum Abtransport des Schüttguts übergegangen wird
- **Antizipiertes Ziel**: Auslassen der Funktion bei offenbar äquivalentem Arbeitsergebnis, um damit die Bearbeitungszeit zu verkürzen sowie Ressourcen zu reduzieren

Nutzungsfall 1.3

- Eine Transition wird absolut oder relativ häufiger als angenommen genutzt, wodurch die Funktion früher als angenommen abgebrochen wird
- **Beispiel**: Schalter zum Austragen des Restmaterials wird häufiger frühzeitig genutzt, wodurch das Absaugen des Staubs frühzeitig abgebrochen wird
- **Antizipiertes Ziel**: „Erzwungenes" Verkürzen der Funktion bei offenbar äquivalentem Arbeitsergebnis, um damit die Bearbeitungszeit zu verkürzen sowie Ressourcen zu reduzieren

Nutzungsfall 1.4

- Eine Transition wird absolut oder relativ seltener als angenommen genutzt, wodurch die Funktion länger als angenommen genutzt wird
- **Beispiel**: Schalter zur Aktivierung des Austragens des Restmaterials wird seltener betätigt, wodurch länger Staub abgesaugt wird
- **Antizipiertes Ziel**: „Erzwungenes" Verlängern der Funktion, um die Qualität des Arbeitsergebnisses zu steigern sowie um größere Inputmengen verarbeiten zu können

Der generische Nutzungsfall 2 beschreibt diejenigen Fälle, in welchen eine Abweichung in der Transition eine Abweichung in der Funktion desselben Prozessabschnitts sowie ihren Merkmalen bedingt. Unter Berücksichtigung der Sachlogik der technischen Kausalität lässt sich der Nutzungsfall 2 in die folgenden Fälle konkretisieren.

Nutzungsfall 2.1

- Eine Transition wird absolut oder relativ häufiger als angenommen genutzt, wodurch die Funktion früher als angenommen abgebrochen wird und ein oder mehrere Merkmale geringer als angenommen ausgeprägt werden
- **Beispiel**: Schalter zum Austragen des Restmaterials wird häufiger betätigt, wodurch das Absaugen des Staubs frühzeitig abgebrochen und das abgesaugte Staubvolumen verringert wird
- **Antizipiertes Ziel**: „Erzwungenes" Verkürzen der Funktion und Verringern der Merkmalsausprägung bei offenbar äquivalentem Arbeitsergebnis, um die Bearbeitungszeit zu verkürzen sowie um Ressourcen zu reduzieren

Nutzungsfall 2.2

- Eine Transition wird absolut oder relativ seltener als angenommen genutzt, wodurch die Funktion länger als angenommen genutzt wird und ein oder mehrere Merkmale höher als angenommen ausgeprägt werden
- **Beispiel**: Schalter zur Aktivierung des Austragens des Restmaterials wird seltener betätigt, wodurch länger Staub abgesaugt und das abgesaugte Staubvolumen vergrößert wird
- **Antizipiertes Ziel**: „Erzwungenes" Verlängern der Funktion und Erhöhung der Merkmalsausprägung, um die Qualität des Arbeitsergebnisses zu steigern

Der generische Nutzungsfall 3 beschreibt diejenigen Fälle, in welchen lediglich eine Abweichung in den Informationen einer Funktion im Prozessabschnitt vorliegt. Unter Berücksichtigung des Informationsbedarfs aus Abschnitt 5.2.2 lässt sich Nutzungsfall 3 in die folgenden Fälle konkretisieren.

Nutzungsfall 3.1

- Eine Funktion wird länger als angenommen genutzt
- **Beispiel**: Es wird länger Schüttgut geleitet als angenommen oder es wird länger Staub aus dem Big Bag abgesaugt als angenommen
- **Antizipiertes Ziel**: Verlängern der Funktion, um eine größere Inputmenge zu verarbeiten oder die Qualität des Arbeitsergebnisses zu steigern

Nutzungsfall 3.2

- Eine Funktion wird kürzer als angenommen genutzt
- **Beispiel**: Es wird kürzer Staub aus dem Big Bag abgesaugt als angenommen
- **Antizipiertes Ziel**: Verkürzen der Funktion, um die Bearbeitungszeit zu verkürzen sowie Ressourcen zu reduzieren

Der generische Nutzungsfall 4 beschreibt diejenigen Fälle, in welchen eine Abweichung in einer Funktion zusätzlich eine Abweichung in ihren Merkmalen bedingt. Unter Berücksichtigung der Sachlogik der technischen Kausalität lässt sich der Nutzungsfall 4 in die folgenden Fälle konkretisieren.

Nutzungsfall 4.1

- Eine Funktion wird länger als angenommen genutzt, wodurch ein oder mehrere Merkmale höher als angenommen ausgeprägt werden
- **Beispiel**: Die Funktion „Staub absaugen“ wird länger genutzt, wodurch das abgesaugte Staubvolumen vergrößert wird
- **Antizipiertes Ziel**: Verlängern der Funktion und Erhöhung der Merkmalsausprägung, um die Qualität des Arbeitsergebnisses zu steigern

Nutzungsfall 4.2

- Eine Funktion wird kürzer als angenommen genutzt, wodurch ein oder mehrere Merkmale geringer als angenommen ausgeprägt werden
- **Beispiel**: Die Funktion „Staub absaugen“ wird kürzer genutzt, wodurch das abgesaugte Staubvolumen verringert wird
- **Antizipiertes Ziel**: Verkürzen der Funktion und Verringern der Merkmalsausprägung bei offenbar äquivalentem Arbeitsergebnis, um damit die Bearbeitungszeit zu verkürzen sowie um Ressourcen zu reduzieren

Abschließend beschreibt der generische Nutzungsfall 5 diejenigen Fälle, in welchen lediglich eine Abweichung in den Informationen eines Merkmals im Prozessabschnitt vorliegt. Unter Berücksichtigung des Informationsbedarfs aus Abschnitt 5.2.2 lässt sich Nutzungsfall 5 in die folgenden Fälle konkretisieren.

Nutzungsfall 5.1

- Das Merkmal wird durchschnittlich immer maximal ausgeprägt genutzt, d.h. die reale durchschnittliche Ausprägung entspricht der angenommenen maximalen Ausprägung
- **Beispiel**: Es wird immer das maximale Staubvolumen abgesaugt
- **Antizipiertes Ziel**: Erhöhung der Merkmalsausprägung auf das Maximum, um die Qualität des Arbeitsergebnisses zu steigern

Nutzungsfall 5.2

- Das Merkmal wird nie auf dem angenommenen Maximum genutzt, sondern bspw. maximal auf der durchschnittlichen angenommenen Ausprägung verwendet
- **Beispiel**: Es wird immer das angenommene durchschnittliche Staubvolumen abgesaugt, das maximal mögliche abzusaugende Staubvolumen wird nie ausgeschöpft
- **Antizipiertes Ziel**: Verringerung der Merkmalsausprägung, um die Qualität des Arbeitsergebnisses zu steigern sowie Ressourcen zu reduzieren

Die Nutzungsfälle 5.1 und 5.2 sowie ihre Differenzierungen werden zum besseren Verständnis in Abbildung 5-12 am Beispiel des Merkmals „Absaugvolumen" der Funktion „Staub absaugen" dargestellt.

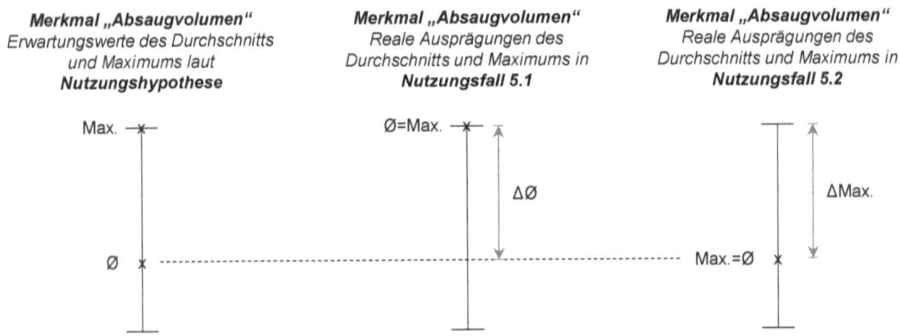

Abbildung 5-21: Erläuterung der Nutzungsfälle 5.1 und 5.2

Die aus den generischen Nutzungsfällen abgeleiteten zwölf spezifischen Nutzungsfälle werden in Abbildung 5-22 zusammengefasst.

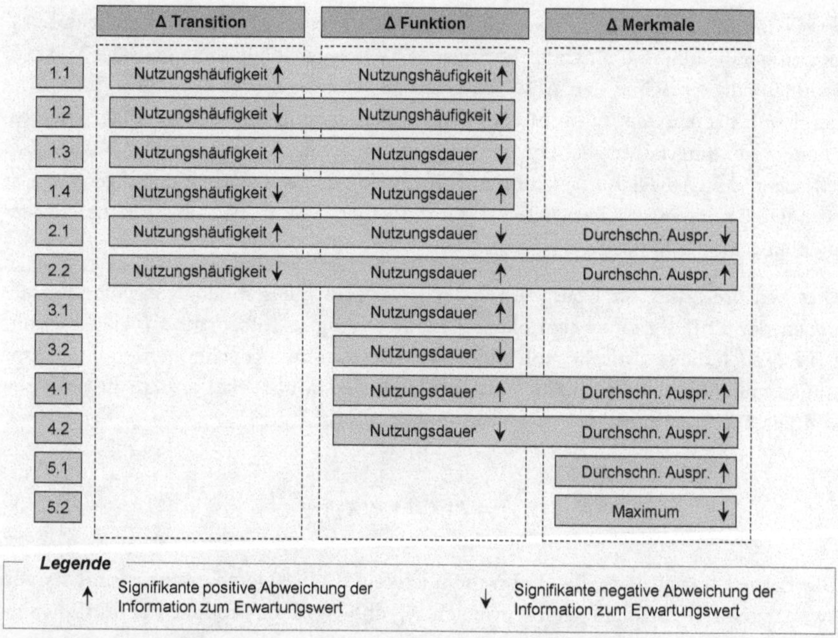

Abbildung 5-22: Zusammenfassung der zwölf spezifischen Nutzungsfälle

Im Anschluss an die Definition der fünf generischen und die Ableitung der zwölf spezifischen Nutzungsfälle werden im Folgenden die abhängigen Nutzungsfälle fokussiert. Es wird erläutert, wie innerhalb dieser Nutzungsfälle das Vorliegen von Korrelation und Kausalität geprüft werden kann.

5.4.3.1 Prüfung der Korrelation und Kausalität abhängiger Nutzungsfälle

Bei der Identifizierung der Nutzungsfälle gemäß Abbildung 5-22 durch die Überprüfung der Nutzungshypothese anhand aufgenommener Produktnutzungsinformationen wird zwischen abhängigen und unabhängigen Nutzungsfällen unterschieden. Unabhängige Nutzungsfälle beschreiben diejenigen Fälle, in welchen innerhalb eines Prozessabschnitts nur eine Abweichung in einer Information eines Informationsträgers auftritt. Sie liegen daher vor, wenn eine statistisch signifikante Abweichung zwischen Nutzungshypothese und realer Produktnutzung in nur einer Information eines Informationsträgers festgestellt werden kann (vgl. Abschnitt 5.3.2.2). Abhängige Nutzungsfälle bezeichnen, wie eingangs beschrieben, Abweichungen in den Informationen von zwei oder drei Informationsträgern innerhalb eines Prozessabschnitts, welche in Kombination auftreten und einander bedingen. Es wird hier folglich ein kausaler Wirkzusammenhang zwischen den Abweichungen angenommen (vgl. Abschnitt 5.4.1). Um empirisch nachzuweisen, ob dieser Wirkzusammenhang und demnach der entsprechende Nutzungsfall tatsächlich vorliegt, ist zunächst die statistische Abhängigkeit zwischen den Abweichungen in den Informationen der Informationsträger als notwendige Bedingung nachzuweisen. Liegt diese nicht vor, ist ebenso ein Kausalzusammenhang ausgeschlossen.[410]

Dies bedeutet, dass zur Überprüfung des Vorliegens eines abhängigen Nutzungsfalls neben der Prüfung einer signifikanten Abweichung je Information (vgl. Abschnitt 5.3.2.2) auch die statistische Abhängigkeit zwischen ihnen geprüft werden muss. Eine statistische Abhängigkeit kann zunächst über den Multiplikationssatz beschrieben werden. Dieser lautet:[411]

$$\boldsymbol{P(X_1 \cap X_2) = P(X_1) * P(X_2)} \tag{5.14}$$

Die Formel besagt, dass die Wahrscheinlichkeit P eines gemeinsamen Eintritts von zwei statistisch unabhängigen Variablen X_1 und X_2 dem Produkt der Einzelwahrscheinlichkeiten entspricht. Äquivalent kann der Multiplikationssatz auch formuliert werden durch:[412]

$$\boldsymbol{P(X_1 | X_2) = P(X_1)} \tag{5.15}$$

P: Eintrittswahrscheinlichkeit
X_1: statistisch unabhängige Variable
X_2: statistisch unabhängige Variable

Die Formel besagt, dass bei statistischer Unabhängigkeit der beiden Variablen die Eintrittswahrscheinlichkeit P von X_1 unter der Bedingung, dass X_2 ebenfalls vorliegt, gleich der Eintrittswahrscheinlichkeit von X_1 ist. Kann nach diesen beiden Kriterien

[410] Vgl. Weiber und Mühlhaus (2014), Strukturgleichungsmodellierung, S. 11.
[411] Vgl. Weiber und Mühlhaus (2014), Strukturgleichungsmodellierung, S. 13.
[412] Vgl. Weiber und Mühlhaus (2014), Strukturgleichungsmodellierung, S. 13.

keine Unabhängigkeit zwischen zwei Variablen festgestellt werden, so wird auf eine Abhängigkeit zwischen ihnen geschlossen.[413]

Übertragen auf den Kontext der abhängigen Nutzungsfälle bedeutet dies, dass eine statistische Abhängigkeit zwischen der Abweichung einer Information eines Informationsträgers und der Abweichung einer oder mehrerer Informationen eines oder mehrerer anderer Informationsträger innerhalb des Prozessabschnitts geprüft wird. Zur Prüfung des Auftretens und der Stärke einer statistischen Abhängigkeit kann der Korrelationskoeffizient r nach BRAVAIS PEARSON herangezogen werden, der sich, übertragen auf den vorliegenden Kontext, wie folgt berechnet:[414]

$$\boldsymbol{r_{x_1,x_2} = \frac{s(x_1, x_2)}{s_{x_1} * s_{x_2}}} \tag{5.16}$$

r_{x_1,x_2}: Korrelationskoeffizient zwischen den Produktnutzungsinformationen x_1 und x_2
s: Kovarianz zwischen den Produktnutzungsinformationen x_1 und x_2
s_{x_1}: Standardabweichung der Produktnutzungsinformation x_1
s_{x_2}: Standardabweichung der Produktnutzungsinformation x_2

bzw.

$$\boldsymbol{r_{x_1,x_2} = \frac{\sum_{t=1}^{n}\left(x_{1,t} - \overline{x_1}\right) * \left(x_{2,t} - \overline{x_2}\right)}{\sqrt{\sum_{t=1}^{n}\left(x_{1,t} - \overline{x_1}\right)^2 * \sum_{t=1}^{n}\left(x_{2,t} - \overline{x_2}\right)^2}}} \tag{5.17}$$

r_{x_1,x_2}: Korrelationskoeffizient zwischen den Produktnutzungsinformationen x_1 und x_2
n: Stichprobenumfang
$x_{1,t}$: Ausprägung der Produktnutzungsinformation x_1 in der Nutzung t
$\overline{x_1}$: Mittelwert der Ausprägungen von Produktnutzungsinformation x_1 über alle Nutzungen
$x_{2,t}$: Ausprägung der Produktnutzungsinformation x_2 in der Nutzung t
$\overline{x_2}$: Mittelwert der Ausprägungen von Produktnutzungsinformation x_2 über alle Nutzungen

[413] Vgl. Weiber und Mühlhaus (2014), Strukturgleichungsmodellierung, S. 13.
[414] Vgl. Weiber und Mühlhaus (2014), Strukturgleichungsmodellierung, S. 14.

Der Korrelationskoeffizient kann Werte zwischen -1 und 1 annehmen. Je mehr sich der absolute Wert von r der Größe 1 annähert, desto größer ist die Abhängigkeit zwischen den Variablen (vgl. Abbildung 5-23).[415]

Korrelations-koeffizient r	Interpretation des Korrelationskoeffizienten r
$r = 0$	statistisch unabhängig
$0{,}0 \leq r \leq 0{,}2$	sehr geringe Korrelation
$0{,}2 < r \leq 0{,}5$	geringe Korrelation
$0{,}5 < r \leq 0{,}7$	mittlere Korrelation
$0{,}7 < r \leq 0{,}9$	hohe Korrelation
$0{,}9 < r \leq 1{,}0$	sehr hohe Korrelation

Abbildung 5-23: Interpretation der Höhe des Korrelationskoeffizienten[416]

Der Nachweis einer statistischen Korrelation zwischen zwei Variablen ist jedoch noch kein Beweis für Kausalität. Nach BLALOCK kann Kausalität zunächst wie folgt definiert werden: „Eine Variable *X* ist dann eine kausale Ursache der Variable *Y*, wenn eine Veränderung von *Y* durch eine Veränderung von *X* hervorgerufen wird.“[417] Darauf basierend formulieren Kausalhypothesen „Abhängigkeiten zwischen Variablen und deuten diese als Ursache von Wirkungszusammenhängen.“[418]

Der kausale Zusammenhang zwischen den Abweichungen der Informationen in abhängigen Nutzungsfällen stellt damit Kausalhypothesen dar. Ihre Annahme ist nur nach „sorgfältiger und/oder eingehend sachlogischer Fundierung zulässig.“[419] Bei Vorliegen einer signifikanten Korrelation kann eine Kausalhypothese u.a. als wahr angesehen werden, wenn sich „ein Wirkzusammenhang zwischen zwei Variablen theoretisch und/oder sachlogisch belegen lässt oder zumindest als hoch wahrscheinlich anzusehen ist.“[420]

[415] Vgl. Weiber und Mühlhaus (2014), Strukturgleichungsmodellierung, S. 14.
[416] In Anlehnung an Weiber und Mühlhaus (2014), Strukturgleichungsmodellierung, S. 15.
[417] Blalock (1985), Causal models in the social sciences, 24 f.
[418] Weiber und Mühlhaus (2014), Strukturgleichungsmodellierung, S. 10.
[419] Weiber und Mühlhaus (2014), Strukturgleichungsmodellierung, S. 10.
[420] Weiber und Mühlhaus (2014), Strukturgleichungsmodellierung, S. 18.

Dabei sind folgende Interpretationsmöglichkeiten denkbar[421]:

1. Variationen der Variablen X_1 verursachen Variationen der Variablen X_2
2. Variationen der Variablen X_2 verursachen Variationen der Variablen X_1
3. Die Variablen X_1 und X_2 beeinflussen sich wechselseitig
4. Die Abhängigkeit der Variablen ist teilweise bedingt durch den Einfluss einer dritten Variable z
5. Eine Variable X_1 wirkt sich nicht direkt auf X_2 aus, sondern ihr Einfluss wird über eine zwischengeschaltete Variable z gesteuert
6. Der Zusammenhang zwischen den Variablen X_1 und X_2 resultiert allein aus dem Einfluss einer dritten Variablen z

In den definierten abhängigen Nutzungsfällen kann das Vorliegen der ersten oder zweiten Interpretationsmöglichkeit festgestellt werden, da eine Veränderung in den Informationen der Transitionen einen direkten Einfluss auf die Informationen der Funktion bzw. Veränderungen in den Informationen der Funktionen einen direkten Einfluss auf die Informationen ihrer Merkmale bewirken können. Es kann jeweils ein Wirkzusammenhang zwischen den Abweichungen und damit eine Bestätigung der Kausalhypothese angenommen werden. Die in den abhängigen Nutzungsfällen postulierten Wirkzusammenhänge zwischen den Abweichungen in den Informationen können somit beibehalten werden.

5.4.4 Ableitung von Innovationspotenzialen

Zur Ableitung von Innovationspotenzialen aus den in 5.4.3 definierten Nutzungsfällen werden die in den Nutzungsfällen antizipierten Ziele zunächst in Zielcluster zusammengefasst. Diese ergeben sich aus einer Zusammenfassung der in Abschnitt 5.4.3 antizipierten Ziele der zwölf spezifischen Nutzungsfälle. Abbildung 5-24 stellt für die vier zusammengefassten Zielcluster „Verarbeitung größerer Inputmengen", „Verkürzen der Bearbeitungszeit", „Reduktion von Ressourcen" und „Steigerung der Qualität" je Nutzungsfall die festgestellte Abweichung zur Nutzungshypothese bzw. die Aktivität des Nutzers dar.

[421] Vgl. Weiber und Mühlhaus (2014), Strukturgleichungsmodellierung, S. 17f.

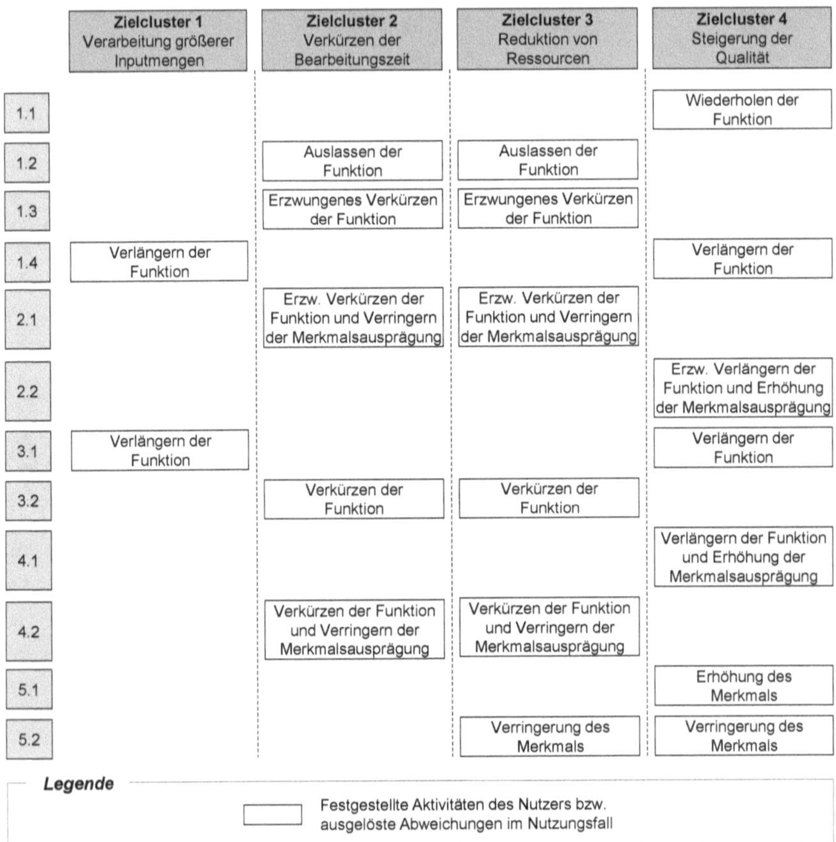

Abbildung 5-24: Clusterung der in den Nutzungsfällen antizipierten Ziele

Die Abbildung unterstützt dabei, durch Gegenüberstellung der Nutzungsfälle innerhalb eines Zielclusters sinnvolle Innovationspotenziale zu identifizieren. Aus der jeweiligen Verbindung der durch den Nutzer bedingten Abweichung mit dem Zielcluster soll abgeleitet werden, wie die antizipierten Ziele in der nächsten Produktgeneration durch inkrementale Innovationen unmittelbar adressiert werden können (vgl. Abbildung 5-25).

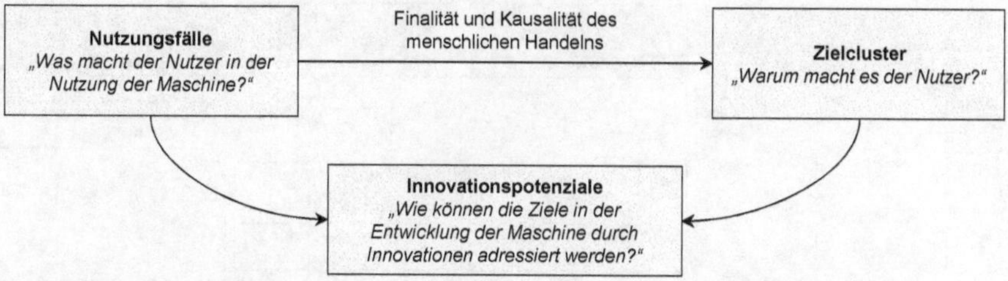

Abbildung 5-25: Zusammenhang zwischen Nutzungsfällen und Zielclustern zur Ableitung von Innovationspotenzialen

Aufbauend auf den Ausführungen in Abschnitt 2.1.3 lässt sich der Begriff des Innovationspotenzials im Kontext dieses Kapitels damit wie folgt definieren:

Innovationspotenziale sind aus der Analyse von Nutzungsfällen resultierende Potenziale zur inkrementalen Innovation der Maschine, um die vom Nutzer in der Nutzung verfolgten Ziele in der Entwicklung der Maschine gezielt zu adressieren.

Im Sinne dieser Definition werden aus den Verbindungen zwischen Nutzungsfällen und Zielen, also aus den durch die Aktivitäten des Nutzers ausgelösten Abweichungen, mögliche Innovationspotenziale abgeleitet. Dazu wird in Abbildung 5-26 dargestellt, welches Innovationspotenzial sich jeweils aus der Verbindung von Nutzungsfall und Zielen ergibt.

	Zielcluster 1 Verarbeitung größerer Inputmengen	**Zielcluster 2** Verkürzen der Bearbeitungszeit	**Zielcluster 3** Reduktion von Ressourcen	**Zielcluster 4** Steigerung der Qualität
1.1				Erweiterung der Funktion
1.2		Eliminierung der Funktion	Eliminierung der Funktion	
1.3		Verringerung der Funktion	Verringerung der Funktion	
1.4	Erhöhung der möglichen Inputmenge			Erweiterung der Funktion
2.1		Implementierung zusätzlicher Einstellungs-möglichkeiten	Implementierung zusätzlicher Einstellungs-möglichkeiten	
2.2				Erweiterung der Funktion
3.1	Erhöhung der möglichen Inputmenge			Erweiterung der Funktion
3.2		Verringerung der Funktion	Verringerung der Funktion	
4.1				Erweiterung der Funktion
4.2		Verringerung der Funktion	Verringerung der Funktion	
5.1				Erweiterung der Merkmalsausprägung
5.2			Verringerung der Merkmalsausprägung	Änderung des Lösungskonzepts

Legende

☐ Aus der Verbindung des Nutzungsfalls mit dem Zielcluster abgeleitetes Innovationspotenzial

Abbildung 5-26: Ableitung von Innovationspotenzialen aus der Verbindung von Nutzungsfällen und Zielclustern

Die in Abbildung 5-26 abgeleiteten Innovationspotenziale können aggregiert und entsprechend ihres Fokus in drei Gruppen aufgeteilt werden:

Funktionsorientiert

- Erweiterung der Funktion
- Verringerung der Funktion
- Eliminierung der Funktion
- Änderung des Lösungskonzepts

Merkmalorientiert

- Erweiterung der möglichen Merkmalsausprägung
- Verringerung der möglichen Merkmalsausprägung

Prozessorientiert

- Erhöhung der möglichen Inputmenge
- Implementierung zusätzlicher Einstellungsmöglichkeiten

Die acht Innovationspotenziale werden im Folgenden beschrieben. Das Innovationspotenzial „Erweiterung der Funktion" ergibt sich aus den Nutzungsfällen 1.1, 1.4, 2.2, 3.1 und 4.1, in welchen der Nutzer das Ziel verfolgt, die Qualität des Arbeitsergebnisses zu steigern. Dazu führt er die Funktion mehrmals bzw. länger aus und steigert dadurch ggfs. auch die Ausprägung des Merkmals der Funktion. Unter dem Innovationspotenzial wird daher verstanden, die Nutzungsdauer der Funktion und ggfs. die standardmäßige Merkmalsausprägung in der nächsten Maschinengeneration gezielt zu steigern, um so direkt zur Realisierung besserer Qualitäten beizutragen. In Anlehnung hieran ergibt sich das Innovationspotenzial „Verringerung der Funktion" aus den Nutzungsfällen 1.3, 3.2 und 4.2, in welchen der Nutzer die Bearbeitungszeit verkürzen sowie notwendige Ressourcen reduzieren möchte. Dazu verringert er die Nutzungsdauer der Funktion und ggfs. die Ausprägung des Merkmals der Funktion, wobei offenbar die Qualität des Arbeitsergebnisses weiterhin für den Nutzer akzeptabel bleibt. Das Innovationspotenzial soll daher die Nutzungsdauer und ggfs. die standardmäßige Merkmalsausprägung in der nächsten Maschinengeneration verringern, um so zur Realisierung der beiden verfolgten Ziele beizutragen. Das Innovationspotenzial „Eliminierung der Funktion" wird aus dem Nutzungsfall 1.2 abgeleitet, in welchem der Nutzer eine Funktion signifikant seltener nutzt als angenommen, um damit die Bearbeitungszeit zu verkürzen sowie Ressourcen zu sparen. Da offenbar dennoch die übergeordnete Aufgabe der Maschine für den Nutzer erfüllt wird, soll das Innovationspotenzial prüfen, ob die Funktion aus der Funktionsstruktur bzw. dem Nutzungszyklus der nachfolgenden Maschinengeneration eliminiert werden kann. Das letzte Innovationspotenzial, welches sich auf die Ausgestaltung von Funktionen bezieht, ist die „Änderung des Lösungskonzepts" der Funktion. Dieses Innovationspotenzial ergibt sich aus dem Nutzungsfall 5.2, bei welchem das Merkmal vom Nutzer nie auf der angenommenen maximalen Ausprägung verwendet wird, um damit Ressourcen zu reduzieren sowie die Qualität des Arbeitsergebnisses zu steigern. Das Innovationspotenzial ergibt sich aus dem Ziel der Qualitätssteigerung. Da offenbar die maximale Merkmalausprägung der Qualität des Arbeitsergebnisses nicht zuträglich ist, besteht das Innovationspotenzial darin zu prüfen, ob ein alternatives Lösungskonzept für die Realisierung der Funktion existiert, welches in der nächsten Maschinengeneration das aktuelle Lösungskonzept ersetzen und zu einer besseren Erfüllung der Qualitätsanforderungen beitragen kann.

Das Innovationspotenzial „Erweiterung der Merkmalsausprägung" resultiert aus dem Nutzungsfall 5.1, in welchem der Nutzer das Merkmal der Funktion immer auf der möglichen maximalen Ausprägung nutzt, um damit die Qualität des Arbeitsergebnisses zu steigern. Da in diesem Fall die möglichst hohe Merkmalsausprägung offenbar die Qualität des Arbeitsergebnisses fördert, zielt das Innovationspotenzial darauf ab, die Ausprägung des Merkmals noch über das aktuelle angebotene Maximum zu erweitern. Das zweite merkmalsorientierte Innovationspotenzial ist die „Verringerung der Merkmalsausprägung", welches sich aus dem Nutzungsfall 5.2 ergibt. Der Nutzer verwendet hierbei das Merkmal nie in der maximal möglichen Ausprägung, um damit Ressourcen zu reduzieren. Da offenbar dennoch die übergeordnete Aufgabe der Maschine ausreichend erfüllt wird, soll das Innovationspotenzial prüfen, ob die mögliche Merkmalsausprägung in der nächsten Maschinengeneration gezielt verringert werden kann, um die Reduktion der Ressourcen aktiv zu unterstützen.

Als prozessorientiertes Innovationspotenzial kann zunächst die „Erhöhung der möglichen Inputmenge" aus den Nutzungsfällen 1.4 und 3.1 abgeleitet werden. In diesen Fällen wird antizipiert, dass die Funktion länger genutzt wird als angenommen, um unter anderem eine größere Inputmenge zu verarbeiten. Das Innovationspotenzial zielt daher darauf ab, in der nächsten Maschinengeneration durch eine Erhöhung der möglichen Inputmenge für die Funktion einen Mehrwert zu generieren. Das Innovationspotenzial „Implementierung zusätzlicher Einstellungsmöglichkeiten" resultiert aus dem Nutzungsfall 2.1, in welchem durch einen vorzeitigen Abbruch der Funktion die Nutzungsdauer „erzwungen" verkürzt sowie die Merkmalsausprägung verringert wird. Das Innovationspotenzial besteht demnach in der Implementierung zusätzlicher

Einstellungsmöglichkeiten für die Nutzungsdauer der Funktion bzw. die Ausprägung des Merkmals, um dem Nutzer die Möglichkeit zu geben, gezielt diejenigen Werte in der Nutzung einzustellen, mit denen sowohl die übergeordnete Aufgabe erfüllt wird, jedoch ebenso die Bearbeitungszeit verkürzt als auch Ressourcen eingespart werden.

Im Anschluss an die Definition der acht möglichen Innovationspotenziale wird im Folgenden der Fokus auf ihre effiziente Bearbeitung in der Entwicklung der Maschinen und Anlagen gelegt.

5.4.5 Bearbeitung der Innovationspotenziale in der Produktentwicklung

Für jedes Potenzial wird eine Vorgehensempfehlung erarbeitet, mit welcher das jeweilige Innovationspotenzial in der Entwicklung der nachfolgenden Produktgeneration bearbeitet werden kann. Zur strukturierten Ableitung dieser Vorgehensempfehlungen werden Fragestellungen formuliert, welche es im Rahmen der Produktentwicklung frühzeitig zu beantworten gilt. Dieses Vorgehen orientiert sich an der agilen Produktentwicklung. In dieser werden auf Makroebene Fragestellungen definiert, welche die „Unsicherheiten bezüglich der Eigenschaften und des Verhaltens des zu entwickelnden Produkts“ adressieren.[422] Die Inhalte dieser Fragestellungen können sich gemäß des Design Thinking-Ansatzes an drei Kriterien, der „Desirability“, der „Feasibility“ und der „Viability“ orientieren.[423] Nach BROWN und KÄTZ sind diese Kriterien die Voraussetzungen für den Markterfolg einer Invention und somit für eine erfolgreiche Überführung in eine Innovation. Demnach muss eine Invention für den Kunden begehrenswert sowie für das Unternehmen profitabel und technisch machbar sein. Unter Begehrtheit wird die Sinnhaftigkeit der Invention für den Kunden verstanden, unter Rentabilität die Umwandelbarkeit der Invention in ein nachhaltiges Geschäftsmodell. Als technisch machbar wird eine Invention definiert, wenn sie in der absehbaren Zukunft realisierbar ist.[424] Die Fragestellungen, welche aus den drei Kriterien resultieren, können entsprechend der Stärke der Unsicherheit sowie der aus dieser Unsicherheit resultierenden Kritikalität priorisiert werden.[425] Das Kriterium der Profitabilität soll in den folgenden Ausführungen nicht einbezogen werden, da die Überführung der Innovation in ein rentables Geschäftsmodell nicht im Bearbeitungsfokus dieser Arbeit liegt.

[422] Schuh et al. (2020), Industrie 4.0, S. 475.
[423] Vgl. Schuh et al. (2020), Industrie 4.0, S. 475.
[424] Vgl. Brown und Kätz (2009), Change by design, S. 21.
[425] Vgl. Schuh et al. (2020), Industrie 4.0, S. 475.

Auf Mikroebene des Entwicklungsprozesses werden die formulierten Fragestellungen in Entwicklungsaufgaben überführt.[426] Dementsprechend sollen im Folgenden je Innovationspotenzial aus den Fragestellungen Empfehlungen zur Bearbeitung der Potenziale in der Produktentwicklung abgeleitet werden. Diese Empfehlungen werden in Form von Entwicklungsmethoden bzw. -werkzeugen erarbeitet. Eine Beschreibung jeder genannten Entwicklungsmethode findet sich als Methodensteckbrief im Anhang dieser Arbeit (vgl. Anhang A.4).

Bearbeitung des Innovationspotenzials „Erweiterung der Funktion"

Das Innovationspotenzial der Erweiterung der Funktion resultiert aus den Nutzungsfällen 1.1, 1.4, 2.2, 3.1 sowie 4.1 und soll zur Steigerung der Qualität des Arbeitsergebnisses im Gesamtprozess dienen. Hinsichtlich der Desirability lässt sich die Frage formulieren: „Fördert eine Erweiterung der Funktion die Realisierung der vom Kunden gewünschten Qualitätsanforderungen?". Hinsichtlich der Feasibility gilt es folgende Fragestellung zu klären: „Sind im Rahmen der Erweiterung der Funktion ggfs. noch andere Funktionen im Nutzungszyklus anzupassen?"

Der Begriff Qualität kann als der „Grad, in dem ein Satz inhärenter Merkmale eines Objekts Anforderungen erfüllt"[427] definiert werden. Anforderungen umfassen hierbei Erfordernisse oder Erwartungen, welche festgelegt und üblicherweise vorausgesetzt oder verpflichtend sind.[428] Zunächst gilt es zu prüfen, welche Anforderungen bzw. Kundenbedürfnisse von der betrachteten Funktion adressiert werden. Dazu wird die Verwendung der ersten beiden Schritte der Quality Function Deployment-Methode (QFD) im Kontext des Prozessmanagements nach MOLLENHAUER ET AL. empfohlen. Hierbei werden in einem ersten Schritt Kundenbedürfnisse, welche untereinander priorisiert werden können, mit messbaren Kundenanforderungen, also bspw. Qualitätsanforderungen, in einer Matrix verbunden. In einer Korrelationsmatrix, welche als Wirkmatrix zwischen Bedürfnissen und Anforderungen dargestellt wird, können die Anforderungen untereinander hinsichtlich möglicher Wechselwirkungen analysiert werden.[429] Im folgenden Schritt werden die priorisierten Anforderungen und ihre Zielwerte über eine Wirkmatrix mit den Produktfunktionen in Verbindung gesetzt.[430] Mittels der Durchführung dieser beiden Schritte lässt sich bewerten, zur Erfüllung wel-

[426] Vgl. Schuh et al. (2020), Industrie 4.0, S. 475f.
[427] Deutsches Institut für Normung e.V. (2015), ISO 9000:2015, S. 39.
[428] Vgl. Deutsches Institut für Normung e.V. (2015), ISO 9000:2015, S. 39.
[429] Vgl. Mollenhauer et al. (2007), Design for Six Sigma+Lean Toolset, S. 104ff.
[430] Vgl. Mollenhauer et al. (2007), Design for Six Sigma+Lean Toolset, S. 104.

cher Qualitätsanforderungen bzw. Kundenbedürfnisse die betrachtete Funktion beiträgt. Zusätzlich kann bewertet werden, mit welchen anderen Anforderungen die fokussierten Qualitätsanforderungen zusammenhängen, sodass abgeleitet werden kann, ob im Falle der Ausweitung der betrachteten Produktfunktion weitere Funktionen anzupassen sind.

Zur Analyse des spezifischen Zusammenhangs zwischen Ausprägung der Funktion bzw. seiner Merkmale und der Erfüllung der identifizierten Qualitätsanforderungen bietet sich die Durchführung strukturierter Experimente an (siehe hierzu Innovationspotenzial „Verringerung der Funktion"). Hierbei sollten die Qualitätsanforderungen als Zielgrößen sowie die Nutzungsdauer und Merkmalsausprägung der auszuweitenden Funktion als Einflussvariablen gesetzt werden.

Lassen sich die Experimente an der analysierten Maschinengeneration nicht realisieren, empfiehlt sich zur Durchführung der Experimente nach SCHUH ET AL. die Entwicklung und Nutzung eines sogenannten Minimum Viable Products (MVP). MVP bilden modulare Teilsysteme des Gesamtsystems ab und dienen im Entwicklungsprozess dazu, Entwicklungshürden durch schnelles Testen innovativer Teillösungen zu überwinden.[431]

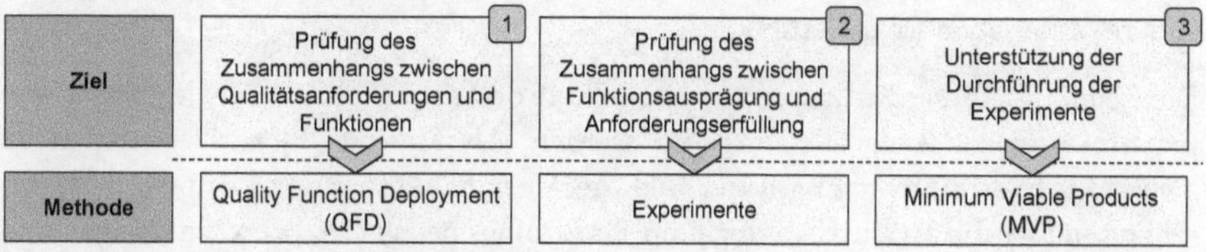

Abbildung 5-27: Vorgehensempfehlung zur Bearbeitung des Innovationspotenzials "Funktion erweitern"

Bearbeitung des Innovationspotenzials „Verringerung der Funktion"

Das Innovationspotenzial der Verringerung der Funktion resultiert aus den Nutzungsfällen 1.3, 3.2 sowie 4.2 und soll zur Verkürzung der Bearbeitungszeit sowie zur Reduktion benötigter Ressourcen während der Maschinennutzung beitragen. Hinsichtlich der Feasibility kann demnach die Fragestellung formuliert werden: „Lässt sich durch eine Verringerung der Funktion, d.h. durch Verkürzung der vorgesehenen Nutzungsdauer und Senkung der Funktionsmerkmale, die Bearbeitungszeit verkürzen sowie der Ressourcenverbrauch senken?". Hinsichtlich der Desirability ergibt sich die

[431] Vgl. Schuh et al. (2021), Sustainable Innovation, S. 19.

folgende Fragestellung: „Welcher Mehrwert ergibt sich für den Kunden aus einer verkürzten Bearbeitungszeit und einem gesenkten Ressourcenverbrauch?“.

Die Bearbeitungszeit definiert denjenigen Zeitabschnitt eines Produktionsprozesses, in welchem „an der Lösung des Problems oder der Fertigung des Produkts tatsächlich gearbeitet wird. Das Produkt wird sozusagen seiner Verkaufsreife näher gebracht.“[432] Es kann somit angenommen werden, dass eine verkürzte Nutzungsdauer der Funktion einen unmittelbaren Einfluss auf die Bearbeitungszeit hat. Zur Ermittlung des Zusammenhangs zwischen der Verringerung der Funktion und dem Verbrauch benötigter Ressourcen bei der Funktionsdurchführung empfiehlt sich die Durchführung von strukturierten Experimenten. Die Ziele solcher Experimente sind u.a. der datenbasierte Vergleich verschiedener Konzepte sowie die Bestimmung optimaler Ausprägungen von Designparametern und Prozessvariablen.[433] Zunächst lässt sich eine Funktion als der „gewollte Zusammenhang zwischen Eingang und Ausgang eines Systems mit dem Ziel, eine Aufgabe zu erfüllen“ [434] verstehen. Eingangs- und Ausgangsgrößen können in die drei Arten Energie, Stoff und Signal unterteilt werden (vgl. Abschnitt 2.2.1) und bilden somit die in diesem Innovationspotenzial betrachteten Ressourcen zur Realisierung der Funktion. Insbesondere werden die energetischen Ressourcen wie Kraft, Strom und Wärme sowie die stofflichen Ressourcen wie benötigte Flüssigkeiten oder andere Materialien fokussiert.[435]

Die Reduktion dieser Ressourcen kann im Sinne des ersten Schritts der Gestaltung von Experimenten als Zielgröße festgelegt werden. Als Einflussfaktoren lassen sich im zweiten Schritt die Nutzungsdauer und die Merkmalsausprägung definieren.[436] Anschließend ist die Versuchsstrategie im Sinne eines geeigneten Versuchsdesigns und einer optimalen Stichprobengröße zu ermitteln und die Messsystemfähigkeit sicherzustellen. Aus den durchgeführten Experimenten und den erhobenen Daten lässt sich abschließend ableiten, welchen Einfluss die Verringerung von Nutzungsdauer und Merkmalsausprägung auf den Verbrauch der von der Funktion benötigten Ressourcen hat.[437]

---

[432] Best und Weth (2009), Geschäftsprozesse optimieren, S. 80.
[433] Vgl. Mollenhauer et al. (2007), Design for Six Sigma+Lean Toolset, S. 269.
[434] Feldhusen und Grote (2013), Pahl/Beitz Konstruktionslehre, S. 242.
[435] Vgl. Feldhusen und Grote (2013), Pahl/Beitz Konstruktionslehre, S. 241.
[436] Vgl. Mollenhauer et al. (2007), Design for Six Sigma+Lean Toolset, S. 269.
[437] Vgl. Mollenhauer et al. (2007), Design for Six Sigma+Lean Toolset, S. 269.

Wurde die Senkung des Ressourcenverbrauchs experimentell bestätigt, lässt sich ihr Mehrwert für den Kunden bspw. über die ressourcenorientierte Prozesskostenrechnung zunächst monetär bewerten. Hierbei fließt der Ressourcenverbrauch über die Verbrauchsfunktion durch technische Maßgrößen und ihre Kostengrößen in die Prozesskosten ein.[438] Der Ressourcenverbrauch multipliziert mit dem Kostensatz der Ressource ergibt die Teilprozesskosten.[439] Eine Senkung des Ressourcenverbrauchs in der betrachteten Funktion wirkt sich demnach unmittelbar auf die Prozesskosten aus. Hierüber hinaus gewinnt die Gestaltung nachhaltiger Produkte und Prozesse für produzierende Unternehmen immer mehr an Bedeutung. Im Sinne der „Sustainable Innovation" nach SCHUH muss das Ziel dieser Unternehmen sein, „bereits während der frühen Phase der Produktentwicklung die Voraussetzungen dafür zu schaffen, den Ressourceneinsatz entlang der gesamten nachfolgenden Wertschöpfungskette zu minimieren."[440] Auch hierauf nimmt die Senkung des Ressourcenverbrauchs in der einzelnen Maschinenfunktion einen positiven Einfluss.

Der Mehrwert einer verkürzten Bearbeitungszeit durch eine verringerte Nutzungsdauer lässt sich im Kontext der Durchlaufzeit bewerten. Die Durchlaufzeit umfasst den gesamten Zeitbedarf vom Start- bis zum Endpunkt des Prozesses.[441] Die Durchlaufzeit ergibt sich aus der Summe von Bearbeitungs- und Wartezeit im Prozess.[442] Eine verringerte Bearbeitungszeit wirkt sich demnach unmittelbar positiv auf die gesamte Durchlaufzeit des Prozesses an der Maschine aus.

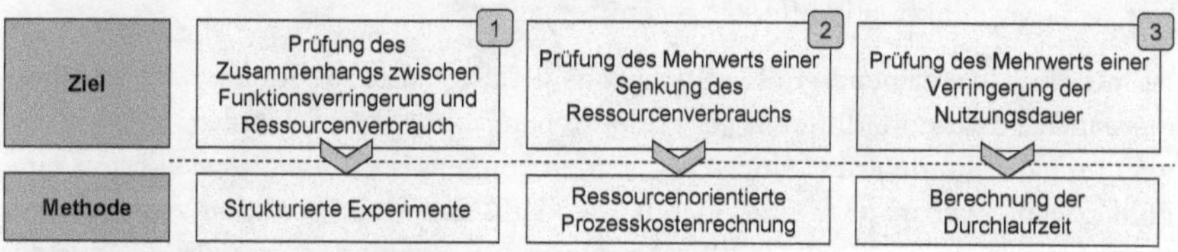

Abbildung 5-28: Vorgehensempfehlung zur Bearbeitung des Innovationspotenzials "Verringerung der Funktion"

Bearbeitung des Innovationspotenzials „Eliminierung der Funktion"

Das Innovationspotenzial „Eliminierung der Funktion" ergibt sich aus dem Nutzungsfall 1.2 und soll hier die Verkürzung der Bearbeitungszeit sowie die Reduktion von

---

[438] Vgl. Feldhusen und Grote (2013), Pahl/Beitz Konstruktionslehre, S. 129.

[439] Vgl. Schuh und Riesener (2018), Produktkomplexität managen, S. 155.

[440] Schuh et al. (2021), Sustainable Innovation, S. 11f.

[441] Vgl. Best und Weth (2009), Geschäftsprozesse optimieren, S. 79.

[442] Vgl. Best und Weth (2009), Geschäftsprozesse optimieren, S. 80.

Ressourcen adressieren. Hinsichtlich der Desirability stellen sich die folgenden Fragen: „Können die Kunden tatsächlich auf die zu eliminierende Funktion verzichten? Stiftet die Eliminierung der Funktion einen zusätzlichen Mehrwert, indem die Maschine bspw. günstiger angeboten werden kann?“. Hinsichtlich der Feasibility stellt sich die Frage: „Ist die Funktion im Kontext der Gesamtfunktionalität der Maschine verzichtbar?“.

Zwischen den Funktionen der Maschine und den (funktionalen) Anforderungen, welche an die Maschine gestellt werden, existiert ein unmittelbarer Zusammenhang.[443] Vor der Eliminierung der Funktion gilt es daher auszuschließen, dass die Funktion eine Anforderung erfüllt, die von den Kunden als relevant erachtet wird. Hierfür empfiehlt sich bspw. die Anwendung der Kano-Methode. Die Kano-Methode unterscheidet zwischen „Grundforderungen“, welche vom Kunden als selbstverständlich vorausgesetzt werden, „Leistungsforderungen“, welche mit höherem Erfüllungsgrad zu einem höheren Zufriedenheitsgrad führen, und „Begeisterungsforderungen“, welche vom Kunden nicht explizit formuliert werden, aber zu überproportionaler Kundenzufriedenheit führen.[444] Zur Ermittlung der Einordnung der Funktion bzw. der erfüllten Anforderung wird eine funktionale Frage („Wie bewerten Sie das Vorhandensein der Funktion?“) und eine entsprechende dysfunktionale Frage gestellt („Wie bewerten Sie das Fehlen der Funktion?“). Durch Einordnung der Antworten auf diese beiden Fragen kann festgestellt werden, ob es sich um eine relevante Funktion handelt oder ob der Kunde dieser Funktion indifferent gegenübersteht.[445]

Ist mit einer ausreichend großen Stichprobe bestätigt, dass die Kunden der zu eliminierenden Funktion indifferent gegenüberstehen, sollte geprüft werden, welche Kosten durch die Eliminierung eingespart werden können. Hierfür eignet sich bspw. eine Funktionenkostenanalyse. Funktionenkosten sind „die einer Funktion zugeordneten Kosten eines Funktionenträgers“.[446] Die Kosten einer Funktion ergeben sich aus der Summe der einzelnen Aufwände, welche zur Realisierung der Funktion benötigt werden.[447] Hierzu wird die zu eliminierende Funktion entsprechend der Produktarchitektur denjenigen Bauteilen zugewiesen, welche für ihre Ausführung relevant sind (vgl. Abschnitt 2.2.1). Im Vergleich zu anderen Funktionen wird ein prozentualer Anteil definiert, mit welchem die Bauteile zur Erfüllung der spezifischen Funktion beitragen. Entsprechend der Kosten der physischen Bauteile können über diese prozentualen

[443] Vgl. Ponn und Lindemann (2011), Konzeptentwicklung und Gestaltung technischer Produkte, S. 74.
[444] Vgl. Kano (1984), Attractive quality and must-be quality, S. 39ff.
[445] Vgl. Feldhusen und Grote (2013), Pahl/Beitz Konstruktionslehre, S. 337.
[446] Marchthaler et al. (2011), Funktionen-Potenzial-Analyse und Funktionenkostenanalyse, S. 69.
[447] Vgl. Marchthaler et al. (2011), Funktionen-Potenzial-Analyse und Funktionenkostenanalyse, S. 69.

Verteilungen die Funktionenkosten bestimmt werden.[448] Die potenziell einzusparenden Kosten der Funktion könnten vom Verkaufspreis der Maschine abgezogen werden, um somit ggfs. eine Differenzierung gegenüber dem Wettbewerb erreichen zu können.

Zur Beantwortung der Fragestellung, ob die Funktion im Rahmen der Gesamtfunktionalität verzichtbar ist, eignet sich die relationsorientierte Funktionsmodellierung. Bei dieser stehen die Wechselbeziehungen von Funktionen untereinander im Fokus. Die Funktionen werden durch gezielte Fragestellungen danach unterschieden, ob sie eine andere Funktion oder den Systemzweck selbst positiv oder negativ beeinflussen und werden entsprechend als nützliche oder schädliche Funktionen definiert.[449] Wird hierbei identifiziert, dass die zu eliminierende Funktion eine nützliche Funktion darstellt, welche zudem zur Erfüllung einer weiteren nützlichen Funktion benötigt wird, erscheint in diesem Fall die technische Umsetzbarkeit dieses Innovationspotenzials als nicht realisierbar.

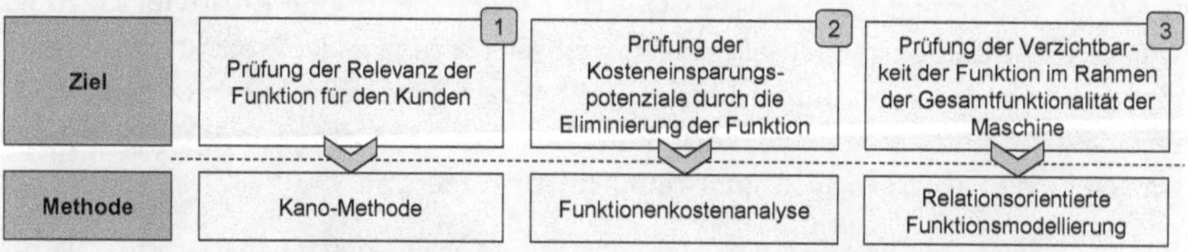

Abbildung 5-29: Vorgehensempfehlung zur Bearbeitung des Innovationspotenzials "Eliminierung der Funktion"

Bearbeitung des Innovationspotenzials „Änderung des Lösungskonzepts“

Das Innovationspotenzial der Änderung des Lösungskonzepts soll zur Steigerung der Qualität des Arbeitsergebnisses beitragen. Es resultiert aus dem Nutzungsfall 5.2, bei welchem festgestellt wird, dass die maximale Ausprägung des Funktionsmerkmals in der Nutzung nicht verwendet wird. Hinsichtlich der Desirability stellt sich demnach die Fragestellung: "Welche Schwachstellen in der Qualität des Arbeitsergebnisses, welche sich momentan aus der maximalen Merkmalsausprägung ergeben, sollen durch ein verändertes Lösungskonzept adressiert und behoben werden?“. Hinsichtlich der Feasibility leitet sich daraus die folgende Fragestellung ab: „Gibt es ein alternatives Lösungskonzept für die Funktion, welches diese Schwachstellen adressieren und beheben würde?“.

[448] Vgl. Marchthaler et al. (2011), Funktionen-Potenzial-Analyse und Funktionenkostenanalyse, S. 70f.
[449] Vgl. Ponn und Lindemann (2011), Konzeptentwicklung und Gestaltung technischer Produkte, S. 66.

Zur Ermittlung der spezifischen Schwachstellen, welche sich in der aktuellen Maschine aus einer maximalen Merkmalsausprägung ergeben und somit der Grund für Nutzungsfall 5.2 sind, eignet sich bspw. die Methode der Fokusgruppeninterviews. Da durch die aufgenommenen Nutzungsinformationen bekannt ist, welche Nutzer dem Nutzungsfall 5.2 zugeordnet werden können, lassen sich diese gezielt einladen. Fokusgruppeninterviews bestehen in der Regel aus acht bis zwölf Teilnehmenden und werden von einem Moderator geleitet. Durch die gruppendynamischen Effekte in einem Fokusgruppeninterview lässt sich in kurzer Zeit ein breites Spektrum an Kundenproblemen und -wünschen diskutieren.[450]

Wurden die Schwachstellen in der Erfüllung der Qualitätsanforderungen im Rahmen des Fokusgruppeninterviews identifiziert, gilt es, alternative Lösungskonzepte für die Funktion zu ermitteln, welche diese Schwachstellen beheben würden. Neben klassischen Methoden zur Ideenfindung wie dem Brainstorming wird die SCAMPER-Methode als zielführend erachtet. Die SCAMPER-Methode ist eine Kreativitätstechnik, welche zur strukturierten Ideensammlung und -bewertung in der Produktentwicklung eingesetzt werden kann. Eine Checkliste mit sieben Aspekten unterstützt beim Hinterfragen des Konzeptumfeldes, auch durch bspw. den Einbezug von Wettbewerbslösungen, und realisiert so die Entwicklung kreativer Ideen.[451]

Zur anschließenden Priorisierung und Bewertung verschiedener generierter Ideen für ein neues Lösungskonzept eignet sich die Pugh-Matrix Analyse. Die Pugh-Matrix Analyse ist eine hilfreiche Methode zum strukturierten Vergleich verschiedener Lösungsoptionen basierend auf vordefinierten Kriterien.[452] In einer Matrix werden dazu verschiedene gewichtete Bewertungskriterien, welche in diesem Fall die Adressierung der identifizierten Qualitätsschwachstellen bilden könnten, über den verschiedenen Konzeptideen sowie dem ursprünglichen Konzept aufgetragen. Durch eine Bewertung der Konzepte hinsichtlich der Erfüllung der Bewertungskriterien lässt sich über eine gewichtete Gesamtpunktzahl das optimale Lösungskonzept auswählen.[453]

---

[450] Vgl. Matzler und Bailom (2009), Messung von Kundenzufriedenheit, S. 276.

[451] Vgl. Mollenhauer et al. (2007), Design for Six Sigma+Lean Toolset, S. 150.; Konert und Schmidt (2015), Design for Six Sigma (DFSS), S. 225

[452] Vgl. Cervone (2009), Applied digital library project management, S. 228f.

[453] Vgl. Cervone (2009), Applied digital library project management, S. 229.; Konert und Schmidt (2015), Design for Six Sigma (DFSS), S. 226

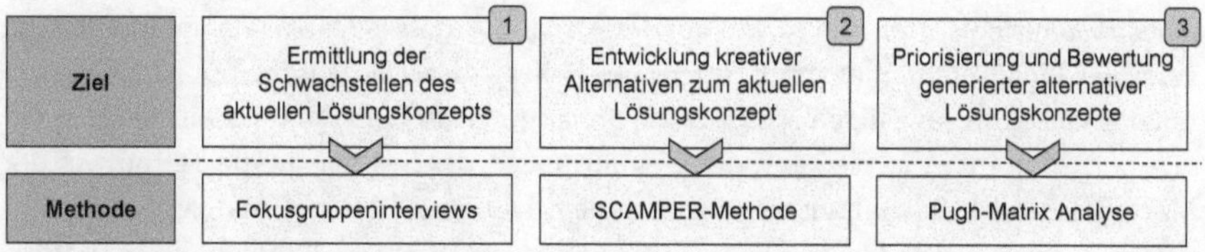

Abbildung 5-30: Vorgehensempfehlung zur Bearbeitung des Innovationspotenzials "Änderung des Lösungskonzepts"

Bearbeitung des Innovationspotenzials „Erweiterung der möglichen Merkmalsausprägung“

Das Innovationspotenzial der Erweiterung der möglichen Merkmalsausprägung ergibt sich aus Nutzungsfall 5.1 und dem Ziel einer gesteigerten Qualität des Arbeitsergebnisses. Zur Bearbeitung dieses Innovationspotenzials stellt sich hinsichtlich der Desirability die folgende Frage: „Ist eine noch höhere Merkmalsausprägung für den Kunden wünschenswert, weil sie bspw. eine gesteigerte Qualität des Arbeitsergebnisses realisieren würde?“. Hinsichtlich der Feasibility gilt es die folgende Fragestellung zu beantworten: „Ist eine noch höhere Merkmalsausprägung technisch realisierbar?“.

Zunächst gilt es zu prüfen, ob die Erweiterung der Merkmalsausprägung eine signifikante Steigerung der Kundenzufriedenheit realisieren würde. Nach KONERT und SCHMIDT eignet sich die Analyse von Kundenwünschen mit dem Kano-Modell nicht nur zur Einordnung von Funktionen (siehe Innovationspotenzial „Eliminierung der Funktion“), sondern auch zur Einordnung einzelner Merkmale als Basis-, Leistungs- und Begeisterungsmerkmale. Anhand dieser Analyse lässt sich demnach zunächst feststellen, ob es sich bei dem zu erweiternden Merkmal um ein Leistungsmerkmal, welches die Zufriedenheit linear je nach Ausprägung steigert, oder sogar um ein Begeisterungsmerkmal, welches zu einer überproportionalen Nutzenstiftung führen kann, handelt.[454] Ergibt sich aus der Analyse, dass es sich bei dem Merkmal um ein Basismerkmal handelt, bei welchem die Nutzensteigerung sehr gering ist, ist die weitere Erweiterung der Merkmalsausprägung kritisch in Gegenüberstellung mit dem Aufwand zu prüfen.

Um auch bei der Einordnung als Leistungs- oder Begeisterungsmerkmal den Entwicklungsaufwand einer Erweiterung der Merkmalsausprägung zu rechtfertigen, kann weiterhin die Conjoint-Analyse angewendet werden. Anhand der Conjoint-Analyse lassen sich Kundenpräferenzen hinsichtlich der Eigenschafts- bzw. Merkmalsausprägungen

[454] Vgl. Konert und Schmidt (2015), Design for Six Sigma (DFSS), S. 232.

eines Systems bewerten. Sie basiert auf der Annahme, dass jedes System einen Verbund variabler Eigenschaften darstellt, wobei der Beitrag dieser Eigenschaften zum Gesamtnutzen von ihrer jeweiligen Ausprägung abhängt. Nach dem dekompositionellen Ansatz der Conjoint-Analyse kann der Gesamtnutzen des Systems in die Teilnutzen der Merkmale und Merkmalsausprägungen zerlegt werden.[455] Hierzu sind zunächst mehrere zu vergleichende Merkmale des Systems auszuwählen. Im Rahmen dieses Innovationspotenzials bietet es sich an, weitere Merkmale von anderen Funktionen auszuwählen, welche ebenfalls zur Erfüllung von Qualitätsanforderungen beitragen (vgl. QFD-Methode im Innovationspotenzial „Erweiterung der Funktion"). Aus diesen Merkmalen sowie verschiedenen Ausprägungen werden Systemprofile zusammengesetzt, welche von Kunden priorisiert werden. Hierbei ist im Sinne des Innovationspotenzials zu beachten, dass die Ausprägung des betrachteten Merkmals in einigen zu bewertenden Systemprofilen über das derzeit realisierte Maximum hinausgeht. Durch die statistische Auswertung der Priorisierungen der Systemprofile können sowohl die Nutzenwerte der einzelnen Merkmale sowie die Teilnutzenwerte ihrer verschiedenen Ausprägungen abgeleitet werden.[456] Somit lässt sich überprüfen, ob das Merkmal und seine Ausprägung im Vergleich zu anderen Merkmalen einen signifikanten Anteil am Gesamtnutzen der Maschine hat und der Entwicklungsaufwand zur Erweiterung der Merkmalsausprägung als gerechtfertigt und lohnenswert eingeschätzt werden kann. Die technische Realisierbarkeit sowie der positive Einfluss einer Erweiterung der Merkmalsausprägung lässt sich final anhand strukturierter Experimente überprüfen (vgl. Innovationspotenzial „Verringerung der Funktion").

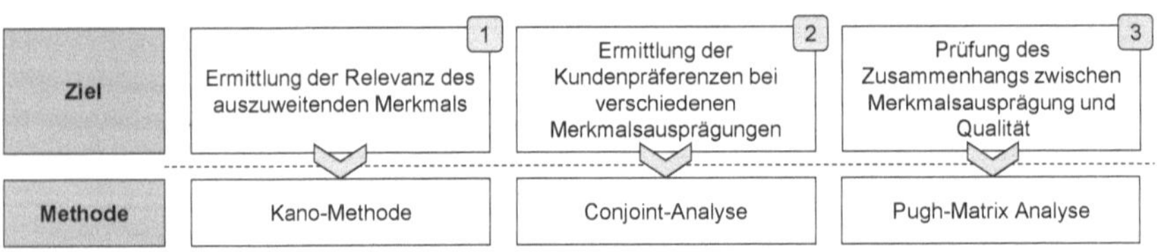

Abbildung 5-31: Vorgehensempfehlung zur Bearbeitung des Innovationspotenzials "Erweiterung der möglichen Merkmalsausprägung"

Bearbeitung des Innovationspotenzials „Verringerung der möglichen Merkmalsausprägung"

Das Innovationspotenzial der Verringerung der möglichen Merkmalsausprägung ergibt sich aus Nutzungsfall 5.2, bei welchem festgestellt wird, dass das Merkmal nie

455 Vgl. Mollenhauer et al. (2007), Design for Six Sigma+Lean Toolset, S. 160.

456 Vgl. Mollenhauer et al. (2007), Design for Six Sigma+Lean Toolset, S. 161ff.

in der angebotenen maximalen Ausprägung genutzt wird. Der Nutzungsfall wurde mit dem Ziel der Reduktion benötigter Ressourcen verbunden.

Bei der Bearbeitung des Innovationspotenzials in der Entwicklung ergibt sich demnach zunächst hinsichtlich der Feasibility die folgende Fragestellung: „Lässt sich durch eine Verringerung der möglichen Merkmalsausprägung der Ressourcenverbrauch senken?“. Anschließend stellt sich hinsichtlich der Desirability die Fragestellung: „Welcher Mehrwert ergibt sich für den Kunden aus der Verringerung der Merkmalsausprägung? Gibt es ein anderes Merkmal, welches im Kontext der gesamten Maschine einen größeren Mehrwert stiftet?“.

Um den Einfluss einer Verringerung der Merkmalsausprägung auf den Ressourcenverbrauch der Funktion zu analysieren, bietet sich die Durchführung von strukturierten Experimenten an (vgl. Innovationspotenzial „Verringerung der Funktion“). Hierbei ist der Ressourcenverbrauch als Zielgröße und die Ausprägung des Merkmals als Einflussgröße zu definieren.[457] Der monetäre Nutzen der Verringerung der Merkmalsausprägung lässt sich anhand der ressourcenorientierten Prozesskostenrechnung ermitteln (vgl. Innovationspotenzial „Verringerung der Funktion“).[458]

Vor der tatsächlichen Umsetzung der Reduktion der möglichen Merkmalsausprägung sollte sichergestellt werden, dass hiermit kein Begeisterungsfaktor für den Kunden wegfällt. Dazu eignet sich die oben vorgestellte Kano-Methode. Es gilt zu vermeiden, dass es sich um ein Merkmal handelt, welches bei höherer Ausprägung einen überproportionalen Beitrag zur Zufriedenheit des Kunden liefert (vgl. Innovationspotenzial „Erhöhung der Merkmalsausprägung“).[459] Wurde dieser Umstand ausgeschlossen, könnte weiterhin geprüft werden, auf welche sonstigen Merkmale alternativ der Entwicklungs- bzw. Marketingfokus in der nächsten Produktgeneration gelegt werden sollte. Dies lässt sich anhand der Conjoint-Methode ermitteln (vgl. Innovationspotenzial „Erhöhung der Merkmalsausprägung“). Durch die Ermittlung der Teilnutzenwerte verschiedener Merkmale sowie ihrer Ausprägungen kann hierbei eine Priorisierung der Merkmale sowie ein Impuls für weitere Entwicklungsaktivitäten im Sinne der möglichen Erhöhung von Merkmalsausprägungen abgeleitet werden.[460]

---

[457] Vgl. Mollenhauer et al. (2007), Design for Six Sigma+Lean Toolset, S. 269.
[458] Vgl. Schuh und Riesener (2018), Produktkomplexität managen, S. 155.
[459] Vgl. Konert und Schmidt (2015), Design for Six Sigma (DFSS), S. 232.
[460] Vgl. Mollenhauer et al. (2007), Design for Six Sigma+Lean Toolset, S. 160.

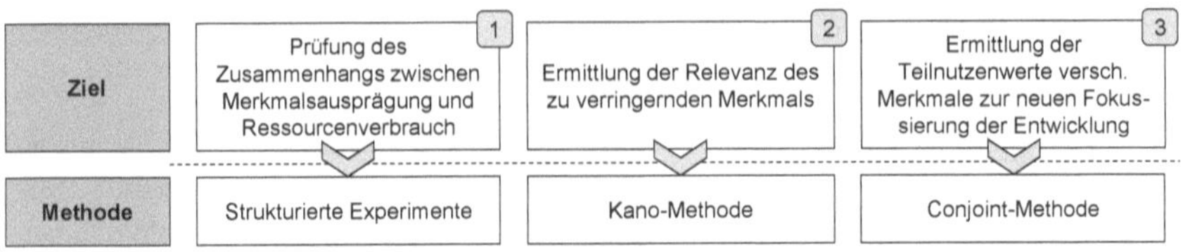

Abbildung 5-32: Vorgehensempfehlung zur Bearbeitung des Innovationspotenzials "Verringerung der möglichen Merkmalsausprägung"

Bearbeitung des Innovationspotenzials „Erhöhung der möglichen Inputmenge"

Das Innovationspotenzial der Erhöhung der möglichen Inputmenge ergibt sich aus den Nutzungsfällen 1.4 und 3.1, bei welchen die Nutzungsdauer der Funktion verlängert wird und somit mehr Input zu einem höheren Output verarbeitet werden soll.

Im Rahmen der Bearbeitung des Innovationspotenzials stellt sich demnach zunächst hinsichtlich der Feasibility die Frage: „Lässt sich durch die Erhöhung der Inputmenge der Output der Maschine bzw. des Gesamtprozesses erhöhen?". Hinsichtlich der Desirability lässt sich die Fragestellung formulieren: „Welchen Mehrwert stiftet ein höherer Output für den Kunden?".

Zur Beantwortung dieser Fragestellungen lässt sich zunächst, unter der Annahme der Vereinfachung als einstufiger Produktionsprozess, der Input (Produktionsfaktoren) mit dem Output (zu bearbeitendes Produkt) über den Transformationsprozess, also die Funktion oder die Summe der Funktionen der Maschine, verknüpfen.[461] Produktionsfaktoren sind dabei „Güter oder Dienstleistungen, die in den Transformationsprozess eingehen und zur Herstellung anderer Sachgüter oder Dienstleistungen dienen."[462] Die mögliche Produktions- oder Ausbringungsmenge X entspricht nun einer Funktion der verschiedenen Produktionsfaktoren $i(i = 1, \dots, l)$, welche mit entsprechenden Faktoreinsatzmengen r_i in den Prozess eingehen:[463]

$$\boldsymbol{X = f(r_1, \dots, r_i, \dots r_l)} \qquad \textbf{(5.18)}$$

Dies bedeutet, dass die Höhe der Einsatzmengen der Produktionsfaktoren einen direkten Einfluss auf die Ausbringungsmenge der Maschine bzw. des Gesamtprozesses hat.

[461] Vgl. Kiener et al. (2018), Produktionsmanagement, S. 5.

[462] Kiener et al. (2018), Produktionsmanagement, S. 5.

[463] Vgl. Kiener et al. (2018), Produktionsmanagement, S. 101.

Unter der Annahme, dass es sich bei den Produktionsfaktoren um limitationale Faktoren handelt, lässt sich mit Hilfe der Leontief-Produktionsfunktion die maximale Ausbringungsmenge unter Berücksichtigung aller im Prozess benötigter Produktionsfaktoren sowie ihrer Produktionskoeffizienten a_i bestimmen:[464]

$$X = \frac{r_1}{a_1} = \frac{r_2}{a_2} \tag{5.19}$$

Die Einsatzmenge eines Produktionsfaktors begrenzt dabei die Outputmenge und damit auch die Menge der anderen Produktionsfaktoren. Gleichzeitig erreicht die Outputmenge eine Limitation, wenn einer der Produktionsfaktoren nicht in ausreichendem Maße zur Verfügung steht.[465] Im Kontext des Innovationspotenzials gilt es demnach zu prüfen, ob die weiteren, in den anderen Funktionen benötigten Produktionsfaktoren, ebenfalls erhöht werden können oder ob hier eine Limitation vorliegt. Die maximal mögliche Ausbringungsmenge kann somit bestimmt werden.

Wurde die Möglichkeit einer höheren Ausbringungsmenge bestätigt, kann dadurch die Produktionskapazität erhöht werden. Diese wird, neben der Produktionsdauer und der Produktionsgeschwindigkeit, durch den Produktionsquerschnitt bestimmt, welcher das zu einem Zeitpunkt existierende Durchlassvermögen eines Produktionsprozesses definiert.[466] Der Nutzen für den Kunden, welcher mit einer höheren Produktionskapazität verbundenen möglichen absetzbaren Produktmenge einhergeht, lässt sich bspw. mit dem erreichbaren Deckungsbeitrag beziffern. Die mögliche abgesetzte Menge geht über den Preis in die Höhe des Deckungsbeitrags ein und dient so dazu, die fixen Kosten der Produktion zu decken sowie mit dem zusätzlichen Betrag einen Gewinn zu erzielen.[467]

---

[464] Vgl. Kiener et al. (2018), Produktionsmanagement, S. 304.

[465] Vgl. Kiener et al. (2018), Produktionsmanagement, S. 304.

[466] Vgl. Jung (2010), Arbeitsbuch Controlling, S. 225.

[467] Vgl. Kiener et al. (2018), Produktionsmanagement, S. 14.

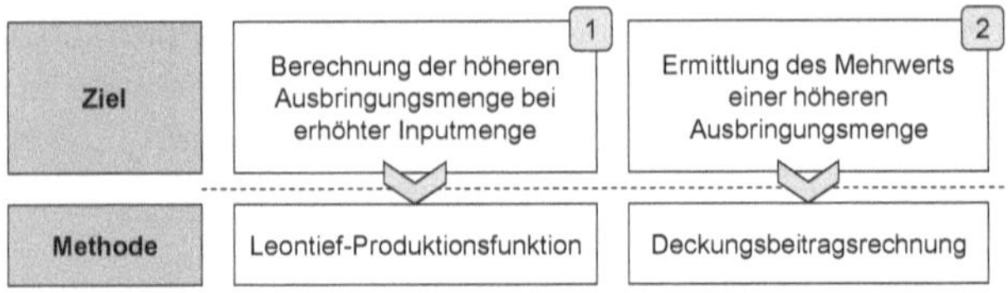

Abbildung 5-33: Vorgehensempfehlung zur Bearbeitung des Innovationspotenzials "Erhöhung der möglichen Inputmenge"

Bearbeitung des Innovationspotenzials „Implementierung zusätzlicher Einstellungsmöglichkeiten“

Das Innovationspotenzial der Implementierung zusätzlicher Einstellungsmöglichkeiten für Funktion und Merkmale resultiert aus dem Nutzungsfall 2.1 und dient der Reduktion der Bearbeitungszeit und Einsparung von Ressourcen. Hinsichtlich der Desirability lässt sich die folgende Fragestellung formulieren: „Welche zusätzlichen Einstellungen in Nutzungsdauer und Merkmalsausprägung sind für den Kunden wünschenswert?“. Hinsichtlich der Feasibility lässt sich die Frage stellen: „Lassen sich diese Einstellungen technisch realisieren und tragen sie zur Reduktion der Bearbeitungszeit sowie zur Einsparung benötigter Ressourcen bei?“.

Zur Identifizierung geeigneter zusätzlicher Einstellungsmöglichkeiten ist zunächst zu ermitteln, welche Einstellungen den Präferenzen der Nutzer entsprechen. Hierfür bietet es sich an, aus den im Nutzungsfall 2.1 aufgenommenen Informationen zu Nutzungsdauer und Merkmalsausprägungen die am häufigsten vorkommenden Ausprägungen zu identifizieren. Mathematisch wird dieser Wert als Modus bzw. Modalwert bezeichnet und bildet grafisch das Maximum der Häufigkeitsverteilung (vgl. Abschnitt 5.2.2).[468] Der Modalwert berechnet sich nach der folgenden Formel:[469]

$$x_{mod} = x_i \; mit \; h(x_i) > h(x_k), für \; alle \; k \neq i \tag{5.20}$$

x_{mod}: Modalwert einer Stichprobe
x_i, x_k: Werte der Stichprobe
$h(x)$: Häufigkeit des Wertes x

[468] Vgl. Schmitt (2015), Basiswissen Qualitätsmanagement, S. 143.
[469] Schmitt (2015), Basiswissen Qualitätsmanagement, S. 143.

Der Einfluss einer veränderten Nutzungsdauer und Merkmalsausprägung entsprechend der identifizierten Modalwerte auf den Ressourcenverbrauch der Funktion lässt sich durch strukturierte Experimente testen. Wie in den Ausführungen zu den Bearbeitungsempfehlungen für das Innovationspotenzial „Verringern der Funktion" sind die Nutzungsdauer und Merkmalsausprägung als Einflussfaktoren zu definieren und hier mit den identifizierten Modalwerten zu belegen. Die Zielgrößen sind die in der Durchführung der Funktion verbrauchten Ressourcen.[470] Basierend auf der Definition der Bearbeitungszeit als diejenigen Zeitabschnitte der Durchlaufzeit, in welchen die Produkte gefertigt werden, wird ein linearer Zusammenhang zwischen Nutzungsdauer der Funktion und verkürzter Bearbeitungszeit angenommen.[471]

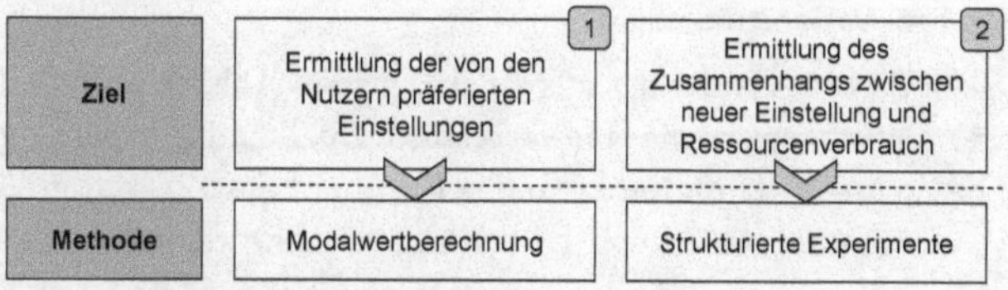

Abbildung 5-34: Vorgehensempfehlung zur Bearbeitung des Innovationspotenzials "Implementierung zusätzlicher Einstellungsmöglichkeiten"

In Abschnitt 5.4.5 wurde für jedes der Innovationspotenziale eine Vorgehensempfehlung erarbeitet. Diese Vorgehensempfehlungen sichern eine effiziente Prüfung und Bearbeitung der Innovationspotenziale in der Entwicklung der Maschinen und adressieren damit das vierte Potenzial der übergeordneten Methodik (vgl. Unterkapitel 4.1). Die Ausarbeitungen in Unterkapitel 5.4 werden im Folgenden anhand des Beispiels der Big Bag-Entleeranlage demonstriert.

5.4.6 Vorgehensbeispiel zur Identifizierung und Bearbeitung von Innovationspotenzialen

In Abschnitt 5.3.3 wurde im Rahmen des Vorgehensbeispiels festgestellt, dass die reale Nutzungsdauer der Funktion „Schüttgut leiten" um 17,42 % signifikant vom Erwartungswert $\mu_{0,Nutzungsdauer}$ abweicht.

Identifizierung des Nutzungsfalls

Gemäß Abbildung 5-20 liegt der generische Nutzungsfall 3 vor, da lediglich eine Abweichung in einer Information der Funktion vorliegt. Weiterhin handelt es sich gemäß

[470] Vgl. Mollenhauer et al. (2007), Design for Six Sigma+Lean Toolset, S. 269.

[471] Vgl. Best und Weth (2009), Geschäftsprozesse optimieren, S. 80.

Abbildung 5-22 um den Nutzungsfall 3.1, da die Funktion signifikant länger genutzt wird als angenommen.

Prüfung der Korrelation und Kausalität

Bei den Nutzungsfällen 3 bzw. 3.1 handelt es sich um unabhängige Nutzungsfälle, da die Abweichung der Nutzungsdauer nicht durch eine Abweichung in der Transition ausgelöst wird und selbst auch keine Abweichung in den Merkmalsausprägungen bedingt. Es wurde lediglich eine Abweichung in der Information der Funktion festgestellt. Es ist daher in diesem Fall keine Prüfung von Korrelationen und Kausalitäten zu anderen Abweichungen innerhalb dieses Prozessabschnitts notwendig.

Ableitung von Innovationspotenzialen

Die antizipierten Ziele des Nutzungsfalls 3.1 sind gemäß Abbildung 5-24 die Verarbeitung größerer Inputmengen sowie eine verbesserte Qualität des Arbeitsergebnisses. Im Kontext der betrachteten Funktion kann der Fokus auf das Ziel der größeren Inputmenge gelegt werden, da das Leiten des Schüttguts keine relevante Verbindung zur Erreichung einer höheren Qualität des Arbeitsergebnisses aufweist. Gemäß Abbildung 5-26 ergibt sich hieraus das Innovationspotenzial der Erhöhung der möglichen Inputmenge.

Bearbeitung des Innovationspotenzials

In Abschnitt 5.4.5 wurden verschiedene Bearbeitungsempfehlungen für die verschiedenen Innovationspotenziale erarbeitet. Die Bearbeitungsempfehlungen wurden jeweils auf Fragestellungen aufgebaut, welche es im Rahmen der Entwicklung der nächsten Maschinengeneration frühzeitig zu beantworten gilt, um die Sinnhaftigkeit und Umsetzbarkeit der Innovation fallspezifisch zu überprüfen. Im Fall des identifizierten Innovationspotenzials „Erhöhung der möglichen Inputmenge“ stellen sich hinsichtlich Feasibility und Desirability die Fragen, ob sich durch die Erhöhung der Inputmenge der Output der Maschine bzw. des Gesamtprozesses erhöht sowie welchen Mehrwert der höhere Output für den Kunden stiften würde.

In dem vorliegenden Fall ist davon auszugehen, dass die Big Bag-Entleeranlage lediglich den ersten Schritt eines größeren Produktionsprozesses darstellt, da sie lediglich die Gesamtaufgabe des Entleerens des Schüttgutbehältnisses erfüllt. Es ist daher gemäß der Leontief-Produktionsfunktion (vgl. Formel 5.19) der gesamte Produktionsprozess zu analysieren und sämtliche weitere Produktionsfaktoren dieses Prozesses in die Ermittlung der möglichen erhöhten Ausbringungsmenge einzubeziehen. An der Entleeranlage selbst fließen keine weiteren Produktionsfaktoren in den Prozess zur Erfüllung der Gesamtaufgabe der Anlage ein. Wurde die mögliche Erhöhung der Ausbringungsmenge des Gesamtprozesses ermittelt, kann über die erhöhte Produktionskapazität die mögliche höhere absetzbare Produktmenge und somit der positive Einfluss auf den Deckungsbeitrag errechnet werden.

In den Abschnitten 5.1.4, 5.2.3, 5.3.3 sowie 5.4.6 wurde die Anwendung der Ergebnisse aus den zuvor erarbeiteten Teilmodellen der Methodik an einem Vorgehensbeispiel demonstriert. Es zeigte sich bereits, dass die Methodik durchgängig effizient und effektiv anwendbar ist. Eine weitere Überprüfung dieser Anwendbarkeit erfolgt an einem realen Projektbeispiel bei der Folienanlagen GmbH, welches in Kapitel 6 beschrieben wird.

5.5 Zwischenfazit: Methodik zur Identifizierung von Innovationspotenzialen

In Kapitel 5 wurde die Methodik zur Identifizierung von Innovationspotenzialen durch die Analyse von Produktnutzungsinformationen detailliert. Aufbauend auf den in Unterkapitel 4.4 definierten Teilmodellen wurde in Unterkapitel 5.1 die Methode zur Beschreibung des Nutzungszyklus erarbeitet. Für die Definition des Betrachtungsbereichs wurde zunächst der Nutzungszyklus systemtheoretisch in die Produktnutzungsphase eingeordnet. Anschließend wurden Anforderungen zur Modellierung dieses Nutzungszyklus erarbeitet und mit den in Abschnitt 2.2.3 vorgestellten bestehenden Ansätzen verglichen. Geeignete Elemente der bestehenden Ansätze wurden übernommen und zu einem eigenen Ansatz zur Modellierung des Nutzungszyklus erweitert. Abschließend wurde im ersten Teilmodell ausgearbeitet, auf welche Arten der Nutzer die Maschine während des Nutzungszyklus beeinflussen kann, da nur solche Elemente des Nutzungszyklus für die übergeordnete Methodik relevant sind. Es wurden drei Variabilitätsarten definiert, welche im Nutzungszyklus auftreten können, und jeweils durch Fragestellungen ergänzt, mit denen sie im Nutzungszyklus jeder Maschine identifiziert werden können.

Aufbauend auf der Modellierung des Nutzungszyklus wurde im Erklärungsmodell des Unterkapitels 5.2 der Informationsbedarf zur Beschreibung der Produktnutzung ausgearbeitet. Hierzu wurden Funktionen, Merkmale sowie Transitionen als Informationsträger definiert und den drei Variabilitätsarten gegenübergestellt. Es wurden jeweils relevante Produktnutzungsinformationen abgeleitet, um die Zustände der Informationsträger während der Produktnutzung zu beschreiben.

Die Beschreibung des Nutzungszyklus sowie die Ermittlung des Informationsbedarfs dienten als Grundlage zur Formulierung und Überprüfung der Nutzungshypothese im Unterkapitel 5.3. Es wurden zunächst inhaltliche Anforderungen an die Formulierung der Annahmen zur Produktnutzung als Nutzungshypothese ausgearbeitet, welche sich vornehmlich aus der Auswahl des Einstichproben-t-Tests als geeignetes Testverfahren ergaben. Anschließend wurde dargestellt, wie die relevanten Produktnutzungsinformationen aus den Nutzungen einer oder verschiedener Maschinen aufzunehmen und zu aggregieren sind. Zur Überprüfung der Nutzungshypothese durch die aufgenommenen Informationen wurde ein Vorgehen vorgestellt, mit welchem statistisch signifikante Abweichungen zwischen Nutzungshypothese und realer Produktnutzung identifiziert und quantifiziert werden können.

Auf Basis der signifikanten Abweichungen zwischen Nutzungshypothese und realer Produktnutzung wurde in Unterkapitel 5.4 ein Vorgehensmodell zur Identifizierung sowie Empfehlungen zur Bearbeitung von Innovationspotenzialen ausgearbeitet. Hierzu wurde, im Kontext der Finalität und Kausalität des menschlichen Handelns, den Ausführungen des Unterkapitels zunächst zugrunde gelegt, dass die auftretenden Abweichungen zur Nutzungshypothese vom Nutzer in dessen Absicht vorgenommen wurden. Auf dieser Annahme aufbauend wurde eine Hierarchie von Zielen in Unternehmen erarbeitet und potenzielle Ziele des Nutzers auf der Ebene der Nutzung von Maschinen eingeordnet. Mögliche Abweichungen in einem Prozessabschnitt innerhalb des Nutzungszyklus sowie ihre Kombinationen wurden als generische Nutzungsfälle definiert und mit möglichen Zielen des Nutzers verbunden. Aus der Verbindung von Nutzungsfällen und Zielen wurden acht Innovationspotenziale abgeleitet, welche dazu dienen sollen, die vom Nutzer im Nutzungsfall verfolgten Ziele in der nächsten Maschinengeneration gezielt zu adressieren. Um dies effektiv und effizient in der Entwicklung dieser Maschinengeneration realisieren zu können, wurden abschließend Vorgehensempfehlungen zur Bearbeitung der Innovationspotenziale ausgearbeitet.

6 Validierung und kritische Reflexion

In Kapitel 5 wurde eine allgemeingültige Methodik entwickelt, welche Unternehmen des Maschinen- und Anlagenbaus dazu befähigt, Innovationspotenziale aus der Analyse von Produktnutzungsinformationen zu identifizieren. Die Methodik wurde jeweils zum Abschluss der vier Unterkapitel anhand eines durchgängigen Vorgehensbeispiels angewendet. Das vorliegende Kapitel 6 dient der Validierung der Methodik durch die Anwendung in der Industrie sowie der kritischen Reflexion der Anwendungserfahrung. Dazu wird in Unterkapitel 6.1 zunächst die Ausgangssituation in der Folienanlagen GmbH erläutert, in welcher im Rahmen des Forschungsprozesses eine weitere durchgängige Anwendung der Methodik vorgenommen wurde. Anschließend wird in Unterkapitel 6.2 die Methodik in anonymisierter Form detailliert erprobt und validiert. Hierzu werden die in Kapitel 5 erarbeiteten vier Teilschritte durchgeführt sowie ihre Ergebnisse dargestellt. In Unterkapitel 6.3 werden abschließend die Erkenntnisse der Methodik bei der Folienanlagen GmbH bewertet und die Anwendung der Methodik kritisch reflektiert.

6.1 Ausgangssituation der Folienanlagen GmbH

Die Folienanlagen GmbH ist ein international tätiger Hersteller von Anlagen zur Verarbeitung von thermoplastischen Kunststoffen zu Verpackungsfolien. Das Verarbeitungsprinzip beruht auf der Verfahrenstechnik „Extrusion".[472] Unter Extrudieren wird in der Kunststofftechnik das „kontinuierliche Austragen von Kunststoffschmelze zu einem endlosen Halbzeug" verstanden.[473] Extrusionsanlagen, wie jene der Folienanlagen GmbH, enthalten neben dem Extruder in der Regel ein formgebendes Werkzeug, eine Kalibrierung, eine Kühlstrecke sowie Vorrichtungen zum Abziehen und Trennen der Kunststoffhalbzeuge.[474] Die Folienanlagen GmbH strebt strategisch an, aufgenommene Produktnutzungsinformationen verstärkt in die Entwicklung zurückzuführen

[472] Vgl. Greif et al. (2018), Technologie der Extrusion, 34-35.

[473] Greif et al. (2018), Technologie der Extrusion, S. 35.

[474] Vgl. Greif et al. (2018), Technologie der Extrusion, S. 36.

und zur gezielten Weiterentwicklung bestehender Produkte zu verwenden. Produktnutzungsinformationen werden hierfür bereits aufgenommen. Die Entwickler der Folienanlagen GmbH bestätigen jedoch ebenso die in Unterkapitel 1.1 dargestellte Motivation zur Identifizierung von Innovationspotenzialen durch die Analyse von Produktnutzungsinformationen sowie die in Unterkapitel 3.1 vorgestellten Herausforderungen in der industriellen Praxis. So sind bei der Folienanlagen GmbH die für die Identifizierung von Innovationspotenzialen relevanten Produktnutzungsinformationen nicht bekannt und werden nicht gezielt aufgenommen. Durch sonstige Analysen generierte Erkenntnisse werden nicht strukturiert in die Produktentwicklung zurückgeführt und dort bearbeitet. Dies resultiert in dem Unternehmen häufig in dem in Unterkapitel 1.1 beschriebenen Over-Engineering von Produktfunktionen sowie ihren Merkmalen.

6.2 Anwendung der Methodik zur Identifizierung von Innovationspotenzialen

In den folgenden Abschnitten wird die Anwendung der Methodik bei der Folienanlagen GmbH dargestellt. Die in Kapitel 5 erarbeiteten Teilmodelle werden angewendet und die jeweiligen Ergebnisse vorgestellt.

6.2.1 Beschreibung des Nutzungszyklus zur Identifizierung von Innovationspotenzialen

Im ersten Teilschritt der Methodik wird der Nutzungszyklus modelliert sowie die Variabilität entsprechend der in Unterkapitel 5.1 definierten Variabilitätsarten identifiziert.

Modellierung des Nutzungszyklus

Es werden zunächst Anfangs- und Endzustand des Nutzungszyklus definiert. Entsprechend der Ausführungen in Abschnitt 5.1.2.2 stellt der Anfangszustand den Anfang der von der Anlage zu lösenden technischen Aufgabe dar. Im Falle der betrachteten Folienanlage besteht diese in der Verarbeitung von Kunststoffgranulaten zu einer dem Anwendungszweck entsprechenden Verpackungsfolie. Demnach beginnt die Aufgabe mit einem oder mehreren mit Kunststoffgranulat gefüllten Vorratsbehältern. Zuvor wird das Granulatmaterial mit Sauglanzen aus bspw. Big Bags (vgl. Abschnitt 5.1.4) in die Vorratsbehälter gesaugt. Da dieser Teilprozess der Nutzung der Folienanlage vorgelagert ist, wird er aus der Modellierung des Nutzungszyklus ausgegrenzt. Der

Endzustand, welcher das Ende der zu lösenden technischen Aufgabe abbildet, ist im Falle der Folienanlage der transportbereite Folienwickel.

Im Anschluss an die Definition des Anfangs- und Endzustands werden die Funktionen und Transitionen des Nutzungszyklus der Folienanlage modelliert. Das Kunststoffgranulat wird nach der Betätigung eines Hebels in Dosierungsvorrichtungen und anschließend in einen oder mehrere Extruder geleitet. Nach der Aktivierung am Bedientouchpad wird das Material im Extruder aufgeschmolzen. Im Anschluss kann der Nutzer durch die Betätigung eines Schalters oder das Abwarten einer Übergangszeit das Formen des Folienschlauchs starten. Durch die Bedienung des Touchpads wird die Kühlung des Folienschlauchs aktiviert und der Folienschlauch in die Höhe gezogen. Nach einer Übergangszeit wird das Walzen des Folienschlauchs gestartet. Über das Bedientouchpad kann der Nutzer die Profildickentoleranz des gewalzten Folienschlauchs messen oder alternativ über einen Schalter zur Führung der Folie über Umlenkwalzen übergehen. Im Anschluss kann ebenso über das Touchpad die Vorbehandlungsfunktion gestartet werden für den Fall, dass die Folie bedruckt werden soll. Alternativ kann über die Betätigung eines Schalters direkt zum Aufwickeln der Folie übergegangen werden. Zuletzt kann der Nutzer durch die Betätigung eines Schalters den Folienwickel zuschneiden oder durch eine Übergangszeit zum Ende des Nutzungszyklus gelangen. Der transportbereite Folienwickel kann anschließend von der Anlage abtransportiert werden. Dieser Schritt wird aus der Betrachtung ausgeschlossen, da er keine Verbindung mit der beschriebenen Bedienung der Anlage aufweist. Der modellierte Nutzungszyklus ist im Anhang A.5 dieser Arbeit dargestellt.

Bestimmung der Variabilität

In Abschnitt 5.1.3 wurden verschiedene Arten von Variabilität, also Arten der Möglichkeit zur Einflussnahme durch den Nutzer, definiert. Die in diesem Abschnitt erarbeiteten Fragestellungen dienen im Folgenden dazu, die Variabilität im oben beschriebenen Nutzungszyklus der Folienanlage zu bestimmen.

Zunächst wurde mit den Mitarbeitenden der Folienanlagen GmbH die quantitative Variabilität im Nutzungszyklus erörtert. Hierfür wurde entsprechend der Ausführungen in Abschnitt 5.1.3 die Fragestellung „Kann der Nutzer auf die Ausprägung eines oder mehrerer Merkmale der Funktionen während der Nutzung Einfluss nehmen?" diskutiert. In dem aufgenommenen Nutzungszyklus ist zunächst die Funktion „Material aufschmelzen" hinsichtlich der Förderrate bzw. Schneckendrehzahl des Extruders vom Nutzer beeinflussbar. Bei der anschließenden Formung des Folienschlauchs sind insbesondere die Temperatur sowie der Druck einzustellen. Merkmale, welche zur

Kühlung des Folienschlauchs beeinflussbar sind, sind die Temperatur sowie die Volumina des eingeblasenen sowie abgesaugten Kühlluftstroms. Anschließend sind Ziehgeschwindigkeit und Walzdruck zum Ziehen und Walzen des Folienschlauchs einzustellen. Zuletzt kann die Funktion „Folienwickel zuschneiden", sofern sie verwendet wird, in der Schneidbreite sowie der Schneidgeschwindigkeit beeinflusst werden.

Es wurde anschließend die optionale Variabilität im Nutzungszyklus anhand der in Abschnitt 5.1.3 definierten Fragestellung „Kann der Nutzer im Anschluss an eine Funktion zwischen verschiedenen Aktivitäten wählen, um in einen oder mehrere unterschiedliche angeschlossene Zustände oder Funktionen übergehen?" diskutiert. Im aufgenommenen Nutzungszyklus lässt sich hiermit in mehreren Prozessabschnitten eine optionale Variabilität identifizieren. So kann der Nutzer im Anschluss an das Aufschmelzen des Granulatmaterials entweder eine Übergangszeit abwarten oder durch die Betätigung eines Schalters zum Formen des Folienschlauchs übergehen. Nach dem Walzen des Folienschlauchs kann entweder mit der Messung der Profildickentoleranz oder direkt mit dem Führen der Folie durch Umlenkwalzen fortgefahren werden. Anschließend lässt sich durch das Bedientouchpad entweder die Vorbehandlung der Folie aktivieren oder durch einen Schalter direkt zum Aufwickeln der Folie übergegangen werden. Ebenso lässt sich am Ende des Nutzungszyklus durch einen Schalter optional das Zuschneiden des Folienwickels aktivieren oder durch das Abwarten einer Übergangszeit der Prozess beenden.

Abschließend wurde die zeitliche Variabilität anhand der Fragestellung „Kann der Nutzer eine Funktion im Nutzungszyklus durch eine Aktivität vorzeitig beenden?" ermittelt. Im aufgenommenen Nutzungszyklus sind die Funktionen „Material in Dosierung leiten", „Material aufschmelzen", „Folienschlauch walzen", „Folie mit Umlenkwalzen führen" sowie „Folie aufwickeln" zeitlich variabel, da der Nutzer durch die Betätigung entsprechender Schalter oder Hebel jederzeit zur jeweils nächsten Funktion übergehen kann. Zudem kann in der Nutzung der Folienanlage jede Funktion durch die Betätigung des Not-Aus-Schalters abgebrochen werden, wodurch für jede Funktion eine zeitliche Variabilität festzustellen ist.

Die mit den Mitarbeitenden der Folienanlagen GmbH ermittelte Variabilität im Nutzungszyklus wird im Anhang A.6 dieser Arbeit dargestellt.

6.2.2 Bestimmung des Informationsbedarfs

Im Anschluss an die Ermittlung der Variabilität wurde in Anlehnung an die Ausführungen in Unterkapitel 5.2 der Informationsbedarf zur Beschreibung der Produktnutzung für die Folienanlage bestimmt.

In Absatz 6.2.1 wurde festgestellt, dass verschiedene Funktionen des Nutzungszyklus eine quantitative Variabilität aufweisen. Aus dieser Variabilität ergibt sich ein erster Informationsbedarf. Zunächst kann das Aufschmelzen des Materials über die Förderrate bzw. die Schneckendrehzahl des Extruders beeinflusst werden. Relevante Merkmale sind hierbei die Förderrate $[kg/s]$ bzw. die Schneckendrehzahl $[min^{-1}]$. Bei der anschließenden Formung des Folienschlauchs lässt sich die Temperatur [°C] sowie der Druck $[Pa]$ einstellen. Die Kühlung des Folienschlauchs lässt sich über die Temperatur des Luftstroms [°C] sowie die Volumina des eingeblasenen und abgesaugten Luftstroms $[m^3/s]$ regulieren. Die Ziehgeschwindigkeit, welche beim Ziehen des Folienschlauchs eingestellt werden kann, wird in der Einheit $[m/s]$ definiert. Beim anschließenden Walzen des Folienschlauchs kann der Walzdruck $[Pa]$ reguliert werden. Abschließend lässt sich das Zuschneiden des Folienwickels, sofern die Funktion genutzt wird, durch die Schneidbreite $[cm]$ sowie die Schneidgeschwindigkeit $[m/s]$ beeinflussen.

Sämtliche Ausprägungen der identifizierten Merkmale können als reelle Zahlen entsprechend ihres Zahlenwertes in auf- oder absteigender Folge eingeordnet werden. Ihre Abstände sind interpretierbar. Es handelt sich somit um metrisch skalierte Merkmale, woraus sich das arithmetische Mittel für jedes dieser Merkmale als relevante Information ergibt. Ebenso kann das Maximum der Ausprägungen jedes Merkmals als relevante Information identifiziert werden. Weiterhin lassen sich sämtliche aufgenommenen Funktionen entweder durch entsprechende angeschlossene Transitionen oder durch den Not-Aus-Schalter frühzeitig beenden. Hieraus ergibt sich im Kontext der zeitlichen Variabilität die Nutzungsdauer als relevante Information. Hinsichtlich der optionalen Variabilität lässt sich bei den Transitionen, welche sich an die Funktionen „Material aufschmelzen", „Folienschlauch walzen", „Folie mit Umlenkwalzen führen" sowie „Folie aufwickeln" anschließen, die absolute bzw. relative Nutzungshäufigkeit als relevante Information ermitteln. Weiterhin können über die Nutzung dieser Transitionen die drei Funktionen „Profildickentoleranz messen", „Folie für Bedrucken vorbehandeln" und „Folienwickel zuschneiden" optional genutzt werden. Hieraus ergibt sich ebenso für diese drei Funktionen die Nutzungshäufigkeit als relevante Information.

6.2.3 Formulierung und Überprüfung der Nutzungshypothese

Im Anschluss an die Bestimmung sämtlicher relevanter Informationen zur Beschreibung der Anlagennutzung innerhalb des Nutzungszyklus wurden für verschiedene Prozessabschnitte Nutzungshypothesen definiert und überprüft. Hierfür wurde eine Anlage zur Herstellung von Verpackungsfolie für die Lebensmittelindustrie bei einem spezifischen Kunden betrachtet. Aus Platzgründen wird im Folgenden der Fokus auf den letzten Prozessabschnitt, d.h. die Transitionen „Schalter betätigen“ und „warten“ sowie die Funktion „Folienwickel zuschneiden“ gelegt.

Definition der Erwartungswerte μ_0 sowie der Null- und Alternativhypothesen

Zunächst wurden, in Anlehnung an die Ausführungen in Abschnitt 5.3.1, die Erwartungswerte μ_0 für die Informationen in diesem Prozessabschnitt definiert sowie die jeweilige Null- und Alternativhypothese formuliert.

Es wird angenommen, dass die Transition „Schalter betätigen“ in jeder Nutzung und die Transition „warten“ nicht verwendet wird. Entsprechend lautet die Annahme, dass die Funktion „Folienwickel zuschneiden“ in jeder Nutzung der Anlage verwendet wird. Eine Nutzungsdauer von 35 $sek.$ wurde angenommen. Für die Ausprägungen des Merkmals „Schneidbreite“ wird ein arithmetisches Mittel von 180 cm sowie eine maximale Ausprägung von 250 cm angenommen. Das arithmetische Mittel der Ausprägungen der „Schneidgeschwindigkeit“ wird mit 0,2 m/s sowie ihr Maximum mit 0,5 m/s angenommen.

In Anlehnung an die Definitionen in Abschnitt 5.3.1 werden die Erwartungswerte der Informationen sowie ihre jeweiligen Null- und Alternativhypothesen in Abbildung 6-1 zusammengefasst. Die Informationen zu den in der Abbildung dargestellten Werten wurden aus verschiedenen Nutzungen der Anlage aufgenommen. Hierbei wurde festgestellt, dass insbesondere in den Nutzungshäufigkeiten der Transitionen und der Funktionen Abweichungen auftreten. Im Folgenden wird daher der Fokus auf die Auswertung dieser Nutzungsinformationen gelegt.

	Erwartungswert μ_0	Nullhypothese H_0	Alternativhypothese H_A
Transition „Schalter betätigen"	$\mu_{0,abs.Nutzungshäufigkeit} = 1$	$H_0: \overline{x} = 1$	$H_A: \overline{x} \neq 1$
	$\mu_{0,rel.Nutzungshäufigkeit} = 1$	$H_0: \overline{x} = 1$	$H_A: \overline{x} \neq 1$
Transition „warten"	$\mu_{0,abs.Nutzungshäufigkeit} = 0$	$H_0: \overline{x} = 0$	$H_A: \overline{x} \neq 0$
	$\mu_{0,rel.Nutzungshäufigkeit} = 0$	$H_0: \overline{x} = 0$	$H_A: \overline{x} \neq 0$
Funktion „Folienwickel zuschneiden"	$\mu_{0,abs.Nutzungshäufigkeit} = 1$	$H_0: \overline{x} = 1$	$H_A: \overline{x} \neq 1$
	$\mu_{0,Nutzungsdauer} = 35$ sek.	$H_0: \overline{x} = 35$ sek.	$H_A: \overline{x} \neq 35$ sek.
Merkmal „Schneidbreite"	$\mu_{0,arith.Mittel} = 180$ cm	$H_0: \overline{x} = 180$ cm	$H_A: \overline{x} \neq 180$ cm
	$\mu_{0,Maximum} = 250$ cm	$H_0: \overline{x} = 250$ cm	$H_A: \overline{x} \neq 250$ cm
Merkmal „Schneid-geschwindigkeit"	$\mu_{0,arith.Mittel} = 0{,}2\, m/s$	$H_0: \overline{x} = 0{,}2\, m/s$	$H_A: \overline{x} \neq 0{,}2\, m/s$
	$\mu_{0,Maximum} = 0{,}5\, m/s$	$H_0: \overline{x} = 0{,}5\, m/s$	$H_A: \overline{x} \neq 0{,}5\, m/s$

Abbildung 6-1: Erwartungswerte, Nullhypothesen und Alternativhypothesen der fokussierten Informationen

Berechnung der Stichprobenmittelwerte

In der Anwendung der Methodik bei der Folienanlagen GmbH wurden an einer Anlage Informationen in 40 Nutzungen aufgenommen. Die aufgenommenen Informationen sind im Anhang der Arbeit einzusehen (vgl. Anhang A.7). Zunächst soll die Annahme zur Nutzungshäufigkeit der Funktion „Folienwickel zuschneiden" überprüft werden. Hierzu wird der Stichprobenmittelwert $\overline{x_{NH,F}}$ berechnet.

In Anwendung der in Abschnitt 5.3.2.1 definierten Formel 5.5 ergibt sich mit einer Rundung des Ergebnisses auf zwei Nachkommastellen:

$$\overline{x_{NH,F}} = \frac{\sum_{t=1}^{40} x_{NH,F,t}}{40} = 0,30 \quad (6.1)$$

Gleichermaßen berechnet sich der Stichprobenmittelwert $\overline{x_{NH,TR1}}$ der Nutzungshäufigkeit der ersten Transition „Schalter betätigen“ mit einer Rundung des Ergebnisses auf zwei Nachkommastellen:

$$\overline{x_{NH,TR1}} = \frac{\sum_{t=1}^{40} x_{NH,TR1,t}}{40} = 0,38 \quad (6.2)$$

Die zweite, optionale Transition „warten“ wird jeweils dann genutzt, wenn der Schalter nicht betätigt wird. Aus dem aufgenommenen Informationssatz ergibt sich mit einer Rundung des Ergebnisses auf zwei Nachkommastellen der Stichprobenmittelwert $\overline{x_{NH,TR2}}$ der Nutzungshäufigkeit der zweiten Transition „warten“:

$$\overline{x_{NH,TR2}} = \frac{\sum_{t=1}^{40} x_{NH,TR2,t}}{40} = 0,63 \quad (6.3)$$

Berechnung der Standardabweichung und des t-Werts

Mit den errechneten Stichprobenmittelwerten lassen sich die Standardabweichungen und t-Werte der jeweiligen Informationssätze berechnen. Für die Funktion „Folienwickel zuschneiden“ ergibt sich gemäß der in Abschnitt 5.3.1.1 definierten Formeln eine Standardabweichung von:

$$s = \sqrt{\frac{1}{39} * 8,4} = 0,46 \quad (6.4)$$

sowie ein t-Wert von:

$$t = \frac{|0,3 - 1|}{0,46} * \sqrt{40} = 9,62 \quad (6.5)$$

Gleichermaßen kann die Standardabweichung für die Transition „Schalter betätigen" berechnet werden zu:

$$s = \sqrt{\frac{1}{39} * 9,376} = 0,50 \tag{6.6}$$

Der t-Wert berechnet sich wie folgt:

$$t = \frac{|0,38 - 1|}{0,50} * \sqrt{40} = 7,84 \tag{6.7}$$

Zuletzt berechnet sich die Standardabweichung der Transition „warten" zu:

$$s = \sqrt{\frac{1}{39} * 9,376} = 0,50 \tag{6.8}$$

sowie der t-Wert derselben Transition zu:

$$t = \frac{|0,63 - 0|}{0,50} * \sqrt{40} = 8,0 \tag{6.9}$$

Definition der Ablehnungsbereiche und Überprüfung der Nullhypothesen

Im Anschluss an die Berechnung der t-Werte der drei Informationssätze wird überprüft, ob die t-Werte im Ablehnungsbereich der Nullhypothesen liegen. Es wurde ein Signifikanzniveau α von 0,05 (5 %) angesetzt. Wie bereits im Vorgehensbeispiel (vgl. Abschnitt 5.3.3) können auch im Anwendungsfall bei der Folienanlagen GmbH die Grenzen für den Ablehnungsbereich nicht unmittelbar aus der t-Tabelle abgelesen werden. Aus einer Stichprobengröße $n = 40$ ergibt sich ein Freiheitsgrad $\upsilon = 39$, welcher nicht in der t-Tabelle (vgl. Anhang A.2) aufgetragen ist. Die Grenzen des Ablehnungsbereichs für $\upsilon = 39$ müssen zwischen den Werten der Freiheitsgrade $\upsilon = 38$, also ±2,024 und $\upsilon = 40$, also ±2,021 liegen. Bei Betrachtung der berechneten t-Werte fällt auf, dass alle drei Werte eindeutig oberhalb von 2,024, d.h. innerhalb des Ablehnungsbereichs der drei Nullhypothesen, liegen (vgl. Abbildung 6-2).

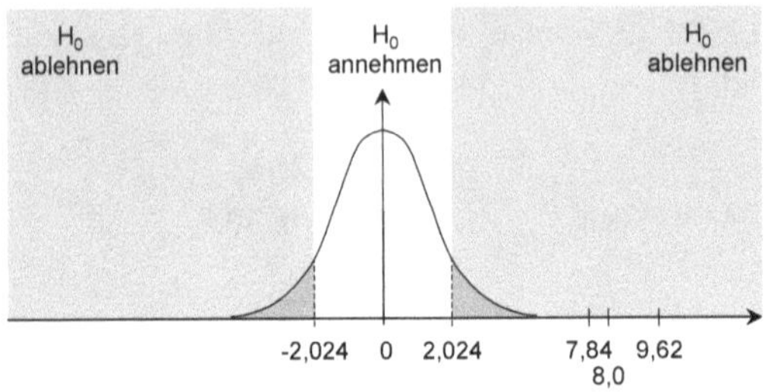

Abbildung 6-2: **Ablehnung der Nullhypothesen im Validierungsbeispiel der Folienanlagen GmbH**

Es kann somit als Ergebnis der Überprüfung der Nullhypothesen H_0 der Nutzungshäufigkeiten der Funktion „Folienwickel zuschneiden“ sowie der Transitionen „Schalter betätigen“ und „warten“ festgehalten werden, dass die Nullhypothesen H_0 verworfen werden und die jeweiligen Alternativhypothesen H_A zur Geltung kommen. Es wird damit angenommen, dass eine signifikante Abweichung zwischen den jeweiligen Erwartungswerten μ_0 der Nutzungshäufigkeiten und den aufgenommenen Nutzungshäufigkeiten in der realen Anlagennutzung besteht.

6.2.4 Identifizierung und Bearbeitung der Innovationspotenziale

Bei der Überprüfung der Nullhypothesen konnte festgestellt werden, dass die realen Nutzungshäufigkeiten der Funktion „Folienwickel zuschneiden“ sowie der Transition „Schalter betätigen“ signifikant von den jeweiligen Erwartungswerten abweichen. Gemäß Formel 5.6 können die Abweichungen zu -70 % bzw. -62.5 % quantifiziert werden. Entsprechend der in Abbildung 5-22 definierten Nutzungsfälle könnte der Nutzungsfall 1.2 vorliegen.

Prüfung der Korrelation und Kausalität

In Abschnitt 5.4.3.1 wurde definiert, dass zur Bestätigung des Vorliegens abhängiger Nutzungsfälle wie Nutzungsfall 1.2 zunächst die Korrelation zwischen den Abweichungen der einzelnen Informationen zu analysieren ist. Hierfür wird anhand des Korrelationskoeffizienten r nach BRAVAIS PEARSON die statistische Abhängigkeit zwischen den Nutzungsinformationen der Funktion „Folienwickel zuschneiden“ und der Transition „Schalter betätigen“ bewertet. Unter Anwendung der Formeln 5.16 bzw. 5.17 ergibt sich ein Korrelationskoeffizient $r = 0{,}85$. Gemäß Abbildung 5-23 bedeutet dies eine hohe Korrelation zwischen den beiden Informationssätzen.

Nach der Bestätigung der Korrelation ist die Kausalität innerhalb des Nutzungsfalls 1.2 zu prüfen. Bei Betrachtung des Prozessabschnitts kann davon ausgegangen werden, dass die erste der in Abschnitt 5.4.3.1 definierten Interpretationsmöglichkeiten von Kausalität vorliegt. Dies bedeutet, dass der Wirkzusammenhang zwischen der negativen Abweichung der Transition „Schalter betätigen“ und der negativen Abweichung der Funktion „Folienwickel zuschneiden“ anzunehmen ist, da die Variation in der Nutzungshäufigkeit der Funktion durch die Variation in der Nutzungshäufigkeit der Transition verursacht wird. Die Modellierung des Prozessabschnitts verdeutlicht, dass die Funktion in der Regel nur genutzt wird, wenn der Schalter hierfür betätigt wird. Wird die optionale Transition „warten“ verwendet, wird die Funktion übersprungen. Einzelne wenige Nutzungen, in denen der Schalter betätigt, die Funktion jedoch nicht genutzt wurde, lassen auf einen vorzeitigen Abbruch der Funktion schließen. Die Kausalhypothese, welche Nutzungsfall 1.2 zugrunde liegt, kann somit bestätigt werden und der Nutzungsfall als vorliegend angesehen werden.

Ableitung von Innovationspotenzialen

In Abschnitt 5.4.1 wurde anhand der Finalität des menschlichen Handelns dargelegt, dass die möglichen Variabilitäten innerhalb des Nutzungszyklus bewusst vom Nutzer wahrgenommen werden, um verschiedene Ziele zu erreichen. Die im Rahmen des Nutzungsfalls 1.2 antizipierten Ziele sind gemäß Abbildung 5-24 das Verkürzen der Bearbeitungszeit sowie die Reduktion von Ressourcen. Nach Diskussion mit dem Entwicklungsteam der Folienanlagen GmbH wurde in diesem Fall insbesondere die Verkürzung der Bearbeitungszeit als relevantes Ziel angesehen. Aus Abbildung 5-26 kann hieraus das Innovationspotenzial der Eliminierung der Funktion „Folienwickel zuschneiden“ aus der Funktionsstruktur bzw. dem Nutzungszyklus der Folienanlage abgeleitet werden, welches im weiteren Verlauf der Validierung geprüft wurde.

Bearbeitung des Innovationspotenzials „Eliminierung der Funktion“

Zur Prüfung des Innovationspotenzials wurde das in Abbildung 5-29 vorgeschlagene Vorgehen gemeinsam mit dem Entwicklungsteam erprobt. Die Ergebnisse hieraus werden im Folgenden in verkürzter Form vorgestellt.

Das Vorgehen schlägt zunächst eine Prüfung der Relevanz der Funktion für den Kunden anhand der Kano-Methode vor. Diese wird im Anhang A.4 dieser Arbeit in einem Methodensteckbrief beschrieben. Demnach werden zunächst relevante Kunden identifiziert. Im Validierungsfall bei der Folienanlagen GmbH konnte insbesondere derjenige Kunde in Anspruch genommen werden, bei welchem der beschriebene Nutzungsfall 1.2 auftrat. Seine Einordnung wurde mit weiteren Stichproben aus dem

Kundenkreis der Folienanlagen GmbH abgeglichen. Gemäß dem Methodensteckbrief wurde die Relevanz der Funktion „Folienwickel zuschneiden" anhand einer funktionalen Frage „Wie bewerten Sie das Vorhandensein der Funktion, welche das Zuschneiden des Folienwickels realisiert, in Ihrer Folienanlage?" sowie einer dysfunktionalen Frage „Wie bewerten Sie das Fehlen der Funktion, welche das Zuschneiden des Folienwickels realisiert, in Ihrer Folienanlage?" abgefragt. Wie in Abbildung 6-3 dargestellt wird, wurde hierauf meist mit „ist mir gleichgültig" sowie „könnte ich in Kauf nehmen" geantwortet, was zur Einordnung als indifferente Antwort führt. Die Funktion stellt damit für diese Kunden weder ein Basis-, noch ein Begeisterungs- oder Leistungsmerkmal in ihrer Anlage dar.

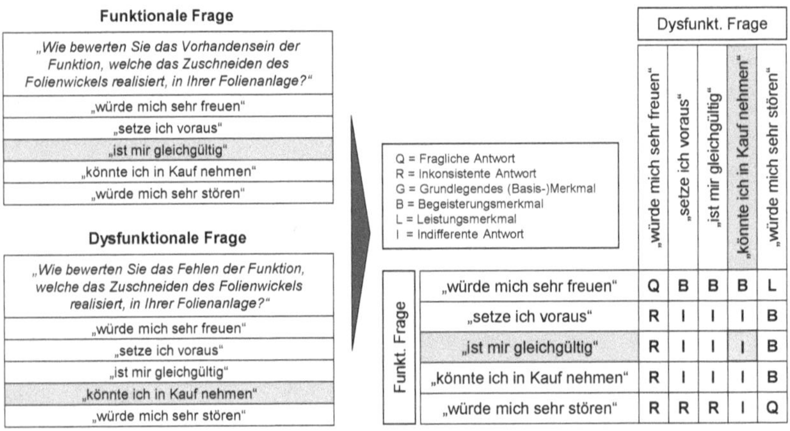

Funkt. Frage \ Dysfunkt. Frage	„würde mich sehr freuen"	„setze ich voraus"	„ist mir gleichgültig"	„könnte ich in Kauf nehmen"	„würde mich sehr stören"
„würde mich sehr freuen"	Q	B	B	B	L
„setze ich voraus"	R	I	I	I	B
„ist mir gleichgültig"	R	I	I	I	B
„könnte ich in Kauf nehmen"	R	I	I	I	B
„würde mich sehr stören"	R	R	R	I	Q

Abbildung 6-3: Überprüfung der Relevanz der Funktion "Folienwickel zuschneiden" durch die Kano-Methode

Im Anschluss an die Analyse der Relevanz der Funktion durch die Kano-Methode wurde das Einsparpotenzial durch die Eliminierung der Funktion „Folienwickel zuschneiden" anhand der Funktionenkostenanalyse untersucht. Gemäß dem in dem Methodensteckbrief vorgeschlagenen Vorgehen wurde hierzu die Funktion mit den realisierenden Baugruppen verknüpft. Die Funktion „Folienwickel zuschneiden" kann in die Teilfunktionen „Folienwickel halten", „Folie schneiden" sowie „Folienreste absaugen" aufgeteilt werden. Die Funktion bzw. ihre Teilfunktionen werden vornehmlich von den Baugruppen „Haltevorrichtung", „Schneidvorrichtung" sowie „Absaugvorrichtung" realisiert. In Anlehnung an Abbildung 2-8 aus den Grundlagen dieser Arbeit werden der relevante Teil der Produktarchitektur sowie die Anteile, mit welchen die

Baugruppen in die Realisierung der Teilfunktionen von „Folienwickel zuschneiden“ einfließen, in Abbildung 6-4 dargestellt.

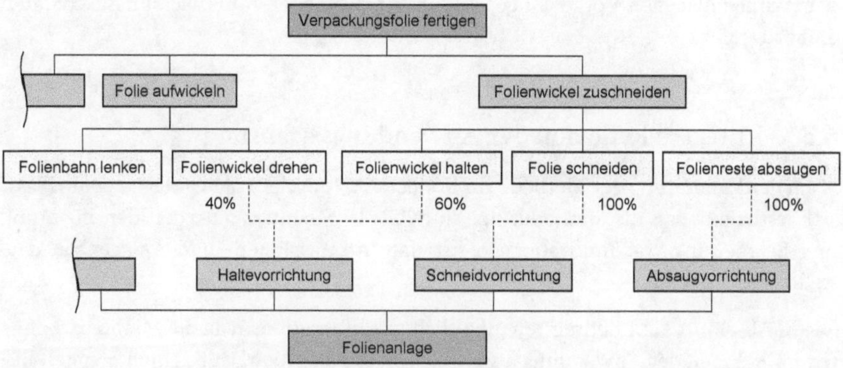

Abbildung 6-4: Ausschnitt der Produktarchitektur einer Folienanlage

Gemäß dem vorgeschlagenen Vorgehen im Methodensteckbrief wurden die Kosten der drei Baugruppen tabellarisch auf die Funktionen aufgeteilt (vgl. Abbildung 6-5). Hieraus ergeben sich in Summe Funktionenkosten der Funktion „Folienwickel zuschneiden“ von 31.748 €, welche im Falle der Eliminierung der Funktion eingespart werden könnten.

	Kosten Baugruppe	Folie aufwickeln		Folienwickel zuschneiden		Summe der Zeile
		in %	in €	in %	in €	
Haltevorrichtung	11.580 €	40 %	4.632 €	60 %	6.948 €	100 %
Schneidvorrichtung	15.000 €	0 %	0 €	100 %	15.000 €	100 %
Absaugvorrichtung	9.800 €	0 %	0 €	100 %	9.800 €	100 %
Summe	36.380 €	13 %	4.632 €	87 %	31.748 €	100 %

Abbildung 6-5: Funktionenkostenanalyse der Funktion."Folienwickel zuschneiden"

Zuletzt gilt es, anhand der relationsorientierten Funktionsmodellierung sicherzustellen, dass die Funktion „Folienwickel zuschneiden“ im Rahmen der Gesamtfunktionalität der Maschine verzichtbar ist. Unabhängig von der Einordnung durch die Kano-Methode stellt die Funktion „Folienwickel zuschneiden“ durchaus eine nützliche Funktion dar. In der Diskussion mit dem Entwicklungsteam der Folienanlagen GmbH konnte jedoch festgestellt werden, dass die Funktion weder zur Realisierung anderer nützlicher Funktionen noch zur Vermeidung schädlicher Funktionen benötigt wird.

Die Funktion kann damit im Kontext der Gesamtfunktionalität als verzichtbar angesehen werden. Das Innovationspotenzial „Eliminierung der Funktion“ wurde gemäß dem vorgeschlagenen Vorgehen geprüft und in die weiteren Entwicklungsaktivitäten einbezogen.

6.3 Kritische Reflexion der Anwendungserfahrung

Nach der Validierung der Methodik in Kooperation mit der Folienanlagen GmbH lässt sich festhalten, dass die Methodik eine sinnvolle Unterstützung bei der Identifizierung und Bearbeitung von Innovationspotenzialen im Maschinen- und Anlagenbau darstellt.

Die in Abschnitt 4.2.1 definierten inhaltlichen Anforderungen an die Methodik konnten im Rahmen der Anwendung als erfüllt bewertet werden. Durch die im ersten Beschreibungsmodell erarbeitete Modellierungsmethode konnte der Nutzungszyklus der Anlage leicht aufgenommen werden. Die formulierten Fragestellungen zur Identifizierung der quantitativen, zeitlichen und optionalen Variabilität ermöglichten eine effiziente Ermittlung der Variabilitäten im spezifischen Nutzungszyklus der Folienanlage. Die relevanten Produktnutzungsinformationen, welche aufgenommen werden mussten, konnten anhand der ermittelten Variabilitäten strukturiert abgeleitet werden. Die anhand des vorgeschlagenen Vorgehens formulierten Null- und Alternativhypothesen der Produktnutzungsinformationen konnten durch die ausgewählte Testmethode des Einstichproben-t-Tests effizient überprüft werden. Die zwölf definierten Nutzungsfälle sowie die acht abgeleiteten Innovationspotenziale realisierten in der praktischen Anwendung die aufwandsarme und zielgerichtete Auswertung der aufgenommenen Produktnutzungsinformationen. Zuletzt demonstrierte die beispielhafte Bearbeitung eines der identifizierten Innovationspotenziale anhand der definierten Vorgehensempfehlungen, dass diese eine strukturierte und effiziente Weiterentwicklung der Maschinen und Anlagen unterstützen. Die Adressierung der Defizite in Praxis und Theorie (vgl. Abbildung 4-4) sowie die Erschließung der vier angestrebten Nutzenpotenziale (vgl. Unterkapitel 4.1) wurde somit als bestätigt erachtet.

Ebenso werden die in Abschnitt 4.2.2 definierten formalen Anforderungen an die Methodik erfüllt. Die empirische Richtigkeit wurde als bestätigt angesehen, da der modellierte Nutzungszyklus durch die erarbeitete Modellierungsmethode sehr realitätsnah abgebildet werden konnte. Die formale Richtigkeit wurde gewährleistet, indem die Modelle personenunabhängig reproduzierbar sind sowie die Ergebnisse insbesondere in den identifizierten Abweichungen zwischen Nutzungshypothese und realer

Produktnutzung in quantitativer Form bereitstellten. Weiterhin wurde die Zweckbezogenheit der Modelle bestätigt, da alle vier Teilmodelle die an sie gestellten Fragestellungen in der Anwendung vollumfassend und zielgerichtet beantworten konnten. Ebenso wurde in der Anwendung die intuitive Anwendbarkeit der Modelle und die einfache Verständlichkeit der Ergebnisse bestätigt, wodurch die Nutzerfreundlichkeit bestätigt wurde. Durch die gezielte Eingrenzung aufzunehmender Produktnutzungsinformationen sowie die vordefinierten Nutzungsfälle und Innovationspotenziale bestätigte sich in der Anwendung die Wirtschaftlichkeit der Methodik, da der Anwendungsaufwand minimiert werden konnte.

Im Rahmen der Validierung der Methodik in der industriellen Praxis haben sich Anknüpfungspunkte zur weiteren Verbesserung und Erweiterung der Methodik ergeben. In der Anwendung der Methodik bei der Folienanlagen GmbH musste die Formulierung der Nutzungshypothese auf einen Kunden mit einem spezifischen Anwendungsfall fokussiert werden. Dies resultiert daraus, dass die aufgenommenen Produktnutzungsinformationen aus Nutzungen eines identischen Anwendungsfalls stammen sollen. Um die Methodik hinsichtlich dieser Limitation zu erweitern, könnte die Formulierung der Nutzungshypothese um Variablen verschiedener Anwendungsfälle und Umwelteinflüsse ergänzt werden, sodass auch Maschinen und Anlagen verschiedener Kunden, deren Anwendungsfälle ggfs. leicht voneinander abweichen, verglichen werden können. Die Identifizierung von Innovationspotenzialen sowie die Entscheidung für ihre Bearbeitung in der Entwicklung könnte basierend auf einer ausgeweiteten Stichprobe an mehreren Maschinen noch fundierter getroffen werden. Weiteres Optimierungspotenzial ergab sich hinsichtlich der Auswertung der aufgenommenen Produktnutzungsinformationen. In der Anwendung bei der Folienanlagen GmbH wurden die Informationen händisch in gängigen Datenauswertungsprogrammen bearbeitet. Eine Automatisierung dieser Auswertung sowie die Erstellung eines Informationscockpits würde die Effizienz und die Anwendungsfreundlichkeit der Methodik weiter steigern. Insbesondere bei umfangreicheren Nutzungszyklen könnte ein solches Informationscockpit dazu dienen, ermittelte Abweichungen zwischen Nutzungshypothesen und realer Nutzung und die daraus resultierenden Innovationspotenziale transparent darzustellen und anhand verschiedener Kriterien zu priorisieren.

7 Zusammenfassung und Ausblick

Durch die steigende Wettbewerbsintensität im Maschinen- und Anlagenbau müssen Hersteller in dieser Branche sowohl günstige, als auch qualitativ hochwertige und kundenspezifische Produkte anbieten. Gleichzeitig gewinnt insbesondere die ökologische und ökonomische Nachhaltigkeit in Unternehmen des Maschinen- und Anlagenbaus zunehmend an Bedeutung. Aktivitäten zur Adressierung der Nachhaltigkeit sind in diesen Unternehmen vornehmlich in der Entwicklung und dem Innovationsmanagement verankert. Vor diesem Hintergrund stehen Maschinen- und Anlagenbauer vor der Herausforderung, die Effektivität und Effizienz in ihrer Forschung und Entwicklung zu steigern. Insbesondere die schnelle und aufwandsarme Überführung identifizierter Kundenbedürfnisse in erfolgreiche Innovationen hat sich zu einem entscheidenden Erfolgsfaktor im Wettbewerb entwickelt. Entwicklungsaktivitäten im Kontext des Innovationsmanagements sind daher u.a. gezielt auf diejenigen Funktionen auszurichten, welche einen positiven Einfluss auf die Erfüllung der Kundenbedürfnisse aufweisen. Eine gezielte Auslegung der Maschinen und Anlagen muss vor allem dazu beitragen, ein Over-Engineering in diesen Funktionen und ihren Ausprägungen zu verhindern. Es gilt, die Kundenbedürfnisse in der späteren Maschinennutzung bereits in der Entwicklung zu antizipieren. Widersprüchlich hierzu besitzen Unternehmen in dieser Phase häufig noch keine Kenntnis darüber, welche Funktionen in welcher Ausprägung in der Nutzung der Maschinen tatsächlich benötigt und verwendet werden. Die Ableitung von Erkenntnissen aus Kundenbefragungen oder unstrukturiertem Feedback von Händlern oder Servicepartnern erweist sich oft als nicht zielführend. Dies resultiert häufig darin, dass Maschinen- und Anlagenbauer die Funktionen und Ausprägungen ihrer Produkte im Sinne eines „Entwicklerquartetts“ maximal möglich auslegen und somit eine erhebliche Verschwendung materieller, zeitlicher und personeller Ressourcen verzeichnen.

Um dies zu verhindern, birgt die Transformation von mechatronischen Maschinen und Anlagen zu Cyber-Physischen Systemen ein erhebliches Potenzial. Durch ihren vernetzten Charakter wird ein Zugriff auf Informationen aus ihrer Nutzungsphase ermöglicht, sodass die reale Nutzung der Maschinen und Anlagen analysiert werden kann.

Annahmen über die Produktnutzung, welche in der Entwicklungsphase getroffen werden müssen, können gezielt überprüft und die Erkenntnisse in die Weiterentwicklung der Maschinen und Anlagen einbezogen werden.

Vor diesem Hintergrund bestand das übergeordnete Ziel der vorliegenden Arbeit darin, eine Methodik zur Identifizierung von Potenzialen für Innovationen durch die Analyse von Produktnutzungsinformationen zu erarbeiten. Die Methodik sollte dazu so aufgebaut werden, dass aus dem modellierten Nutzungszyklus der Maschine jeweils ein spezifischer Informationsbedarf abgeleitet werden kann. Hierbei sollten nur Informationen über jene Elemente des Nutzungszyklus fokussiert werden, welche der Nutzer in der Maschinennutzung aktiv beeinflussen kann. Weiterhin sollte die Methodik dabei unterstützen, strukturierte Hypothesen über die angenommene Nutzung zu definieren sowie die zu ihrer Überprüfung notwendigen Produktnutzungsinformationen aufzunehmen und zu aggregieren. Abweichungen zwischen Hypothesen und realer Produktnutzung sollten in Nutzungsfällen zusammengefasst und in Innovationspotenziale überführt werden, um Empfehlungen über die weitere Bearbeitung der Potenziale in der Entwicklung aussprechen zu können. Auf diese Weise strebte die Methodik an, die Effektivität und Effizienz in der Identifizierung und Bearbeitung von Innovationspotenzialen zu steigern und somit die oben vorgestellten heutigen Herausforderungen im Maschinen- und Anlagenbau gezielt zu adressieren.

Im ersten Kapitel dieser Arbeit wurden zunächst die Motivation und Einleitung zum Themengebiet vorgestellt und die Zielstellung wurde abgeleitet. Die der Arbeit zugrundeliegende Forschungskonzeption und der daraus resultierende Aufbau der Arbeit wurde vorgetragen.

Das Ziel des zweiten Kapitels bestand in der Vermittlung relevanter Grundlagen zur Identifizierung von Innovationspotenzialen durch die Analyse von Produktnutzungsinformationen sowie in der Definition der erforderlichen Begriffe im Kontext dieser Arbeit. Einleitend wurden die Grundlagen zu Innovationen vorgestellt. Innovationen wurden durch verschiedene Dimensionen und weitere Kriterien beschrieben sowie die Entwicklung von Innovationen in gängige Definitionen von Innovationsprozessen eingebettet. Der Begriff des Innovationspotenzials im Kontext dieser Arbeit wurde anschließend in die Dimensionen und Prozesse eingeordnet. Weiterhin wurde in Grundlagen der Produktnutzung eingeführt. Hierzu wurde zunächst der Produktbegriff im Kontext des Maschinen- und Anlagenbaus definiert sowie die Charakteristika von Cyber-Physischen Systemen und Produktfunktionen beschrieben. Anschließend wurde die Phase der Produktnutzung in den Kontext des gesamten Produktlebenszyklus eingeordnet und beschrieben. Als Grundlage für die spätere Ausarbeitung der Methodik wurden verschiedene bestehende Methoden zur Modellierung der Produktnutzung detailliert vorgestellt sowie der Begriff der Nutzungshypothese im Kontext dieser Arbeit definiert. Das letzte Teilkapitel diente zur Einführung in den Begriff der Produktnutzungsinformationen. Nach einer Einordnung von Daten und Informationen wurden die Begrifflichkeiten der Informationsträger und des Informationsbedarfs im Kontext dieser Arbeit definiert. Abschließend wurde der Informationsbegriff in die Nutzung von Maschinen und Anlagen eingeordnet und Produktnutzungsinformationen für die weitere Methodik definiert. Auf diese Weise wurde im zweiten Kapitel in sämtliche relevanten Grundlagen zur Ausarbeitung der Methodik eingeführt.

Das Ziel des dritten Kapitels bestand in der Aufbereitung des Praxis- und des Theoriedefizits, um die praktische Relevanz sowie den Forschungsbedarf im Kontext der Identifizierung von Innovationspotenzialen durch die Analyse von Produktnutzungsinformationen darzulegen. Die Erarbeitung der Herausforderungen in der Praxis erfolgte basierend auf der Auswertung einer durch die Autorin durchgeführte Benchmarking-Studie sowie auf zahlreichen Gesprächen mit Experten aus der Industrie. Die Herausforderungen konnten in zwei Bereiche, die gezielte Identifizierung und Aufnahme relevanter Produktnutzungsinformationen sowie die Generierung und Verwendung von Erkenntnissen in der Produktentwicklung, eingeordnet werden. Als maßgebliche Herausforderungen wurden die Antizipation und gezielte Aufnahme relevanter Informationen sowie ihre strukturierte Analyse und Rückführung in die Produktentwicklung herausgestellt. Zum Abgleich der ermittelten Praxisdefizite mit Lösungsmöglichkeiten aus der Theorie wurden bestehende wissenschaftliche Ansätze analysiert und hinsichtlich des Objekt- und Zielbereichs sowie der Lösungshypothese dieser Arbeit bewertet. Die maßgeblichen Forschungsdefizite konnten hieraus abgeleitet werden. Es wurde festgestellt, dass das wesentliche Defizit in der strukturierten Aufnahme relevanter Produktnutzungsinformationen sowie in der gezielten Analyse zur Identifizierung von Innovationspotenzialen besteht.

Auf Basis der ermittelten Praxis- und Theoriedefizite sowie der Objekt- und Zielbereiche der Arbeit bestand das Ziel des vierten Kapitels in der Konzeption der Methodik zur Identifizierung von Innovationspotenzialen. Basierend auf Grundlagen des zweiten Kapitels wurde ein Zielbild für die übergeordnete Methodik entwickelt und verschiedene Nutzenpotenziale der Methodik aufgezeigt. Zur strukturierten Konzeption wurden inhaltliche und formale Anforderungen an die Methodik definiert. Aufbauend auf Zielbild und Anforderungen wurde ein Grobkonzept entwickelt sowie die Teilschritte der Methodik erläutert, anhand derer vier auszuarbeitende Teilmodelle abgeleitet wurden.

Das Ziel des fünften Kapitels bestand in der Detaillierung der Methodik zur Identifizierung von Innovationspotenzialen durch die Analyse von Produktnutzungsinformationen und bildet somit den Kern der vorliegenden Arbeit. Entsprechend der definierten Teilschritte der Methodik wurde zunächst ein Beschreibungsmodell zur Beschreibung des Nutzungszyklus erarbeitet. Die im zweiten Kapitel vorgestellten Modellierungsmethoden wurden dazu verwendet, zielgerichtet eine Methode zur Modellierung des Nutzungszyklus für den Anwendungsfall der Arbeit zu entwickeln. Anschließend wurden verschiedene Arbeiten von Variabilitäten, welche im Nutzungszyklus durch die Beeinflussung des Nutzers auftreten können, ermittelt und beschrieben. Hierauf aufbauend wurde im zweiten Teilmodell der Informationsbedarf zur Beschreibung der Produktnutzung ermittelt. Funktionen, Funktionsmerkmale und Transitionen wurden als relevante Informationsträger definiert und aus einer Gegenüberstellung mit den Variabilitätsarten die relevanten Produktnutzungsinformationen abgeleitet. Basierend auf der Methode zur Modellierung des Nutzungszyklus und dem ermittelten Informationsbedarf wurde im dritten Teilmodell eine Methode zur Formulierung und Überprüfung der Nutzungshypothese entwickelt. Basierend auf dem Einstichproben-t-Test wurde ein Vorgehen zur Identifizierung statistisch relevanter Abweichungen zwischen Nutzungshypothese und realer Produktnutzung erarbeitet. Im vierten Teilmodell wurden verschiedene mögliche Abweichungen in Nutzungsfällen zusammengefasst und konkretisiert. Anschließend wurden aus einer Verknüpfung der Nutzungsfälle mit antizipierten Zielen der Nutzung von Maschinen und Anlagen acht generische Innovationspotenziale abgeleitet. Um mit der Methodik eine effiziente Bearbeitung dieser Innovationspotenziale zu unterstützen, wurde abschließend für jedes Innovationspotenzial eine Vorgehensempfehlung erarbeitet. Sämtliche im fünften Kapitel erarbeiteten Inhalte wurden an einem Vorgehensbeispiel am Ende jedes Unterkapitels angewendet. Dies diente sowohl zur Etablierung eines umfassenden Verständnisses beim Leser als auch zur unmittelbaren Überprüfung der Anwendbarkeit der Ergebnisse.

Mit dem Ziel der weiteren Sicherstellung der Anwendbarkeit wurde im sechsten Kapitel die entwickelte Methodik zur Identifizierung von Innovationspotenzialen durch die Analyse von Produktnutzungsinformationen bei einem produzierenden Unternehmen validiert. Hierfür wurden die vier Teilschritte der Methodik bei der Folienanlagen GmbH angewendet. Die erlangten Erkenntnisse wurden kritisch reflektiert und Limitationen der Methodik sowie weiteres Optimierungspotenzial hergeleitet.

Im Folgenden wird weiterer Forschungsbedarf im Kontext dieser Arbeit dargelegt. Zunächst bietet es sich an, die antizipierten Ziele der zwölf spezifischen Nutzungsfälle (vgl. Abschnitt 5.4.3) durch Studien und Interviews mit Unternehmen des Maschinen- und Anlagenbaus zu reflektieren und bei Bedarf zu erweitern. Dies würde ebenso eine Schärfung bzw. Erweiterung der Zielcluster, welche die Grundlage zur Ableitung der Innovationspotenziale bilden, unterstützen. Auf diese Weise könnten sich die acht generischen Innovationspotenziale ggfs. um zusätzliche interessante Ansätze erweitern lassen. Hierüber hinaus ergibt sich weiterer Forschungsbedarf aus der Einbettung der Methodik in aktuelle Forschungsansätze zur Weiterentwicklung von Maschinen und Anlagen in der laufenden Nutzung. Durch die entwickelte Methodik werden Innovationspotenziale identifiziert, deren Implementierung bisher vornehmlich im Rahmen der nächsten Produktgeneration vorgesehen ist. Angelehnt an die Softwarebranche, in welcher es heute bereits üblich ist, das Softwareprodukt basierend auf Nutzungsanalysen während der gesamten Nutzungsphase kontinuierlich weiterzuentwickeln, streben dies auch Unternehmen des Maschinen- und Anlagenbaus vermehrt an. So definierte das Unternehmen Siemens bereits im Jahr 2019 die Vision, seine Maschinen als „Minimal Marketable Product" in möglichst kurzer Entwicklungszeit auf den Markt zu bringen und anschließend einen kontinuierlichen Wertstrom in Form neuer Funktionen, Updates und Verbesserungen zu realisieren.[475] Im Kontext dieser Arbeit bedeutet dies, dass eine Weiterentwicklung der Maschine basierend identifizierten Innovationspotenzialen nicht erst in die nächste Produktgeneration, sondern in die Nutzung der aktuellen Maschine einfließen würde. Hierzu gilt es, die Methodik in einen übergeordneten methodischen Rahmen einzubetten, welcher zunächst eine gezielte Auslegung des „Minimum Marketable Product" unterstützt, sodass eine Nutzungshypothese definiert und Innovationspotenziale identifiziert werden können. Weiterhin müssten die in dieser Arbeit erarbeiteten Innovationspotenziale hinsichtlich ihrer Eignung überprüft werden, in einen laufenden Maschinenbetrieb implementiert zu werden. Die acht Innovationspotenziale sind hierzu kritisch zu reflektieren und ggfs. anzupassen.

[475] Vgl. Fassbinder (2019), Continuous Delivery and DevOps in industrial environments, S. 6.

Literaturverzeichnis

Abramovici, M.; Herzog, O., Engineering im Umfeld von Industrie 4.0 - Einschätzungen und Handlungsbedarf München: Herbert Utz Verlag GmbH; acatech, 2016.

Abramovici, M.; Lindner, A., Providing product use knowledge for the design of improved product generations, In: CIRP annals, Jg. 60 Nr. 1, 2011, S. 211-214.

Abramovici, M.; Stark, R., Smart Product Engineering - Proceedings of the 23rd CIRP Design Conference, Bochum, Germany, March 11th-13th, 2013, Springer Science & Business Media, 2013.

acatech - Deutsche Akademie der Technikwissenschaften, Cyber-Physical Systems - Innovationsmotor für Mobilität, Gesundheit, Energie und Produktion, Berlin, Heidelberg: Springer, 2011.

acatech - Deutsche Akademie der Technikwissenschaften, Engineering smarter Produkte und Services Plattform Industrie 4.0 STUDIE, München: PRpetuum GmbH, 2018.

Ackoff, R., From data to wisdom, In: Journal of applied systems analysis, Jg. 16 Nr. 1, 1989, S. 3-9.

Albach, H., Culture and technical innovation: a cross-cultural analysis and policy recommendations, Walter de Gruyter, 1994.

Albers, S.; Brockhoff, K.; Hauschildt, J., Technologie-und Innovationsmanagement: Leistungsbilanz des Kieler Graduiertenkollegs, Wiesbaden: Deutscher Universitätsverlag, 2001.

Alpar, P.; Alt, R.; Bensberg, F.; Grob, H. L.; Weimann, P.; Winter, R., Anwendungsorientierte Wirtschaftsinformatik - Strategische Planung, Entwicklung und Nutzung von Informationssystemen, 8. Aufl., Wiesbaden: Springer Vieweg, 2016.

Ayoub, J.; Zhou, F.; Xu, Q.; Yang, J., Analyzing Customer Needs of Product Ecosystems using Online Product Reviews, In: International design engineering technical conferences and computers and information in engineering conference, 1. Aufl., 2019.

Bahl, A.; Sachdeva, A.; Garg, R., Availability analysis of distillery plant using petri nets, In: International Journal of Quality & Reliability Management, 2018.

Baker, M., Writing a Literature Review, In: The Marketing Review, Jg. 1 Nr. 2, 2000, S. 219-247.

Barg, S., Kontextbezogene Auslegung von Produktbaukästen, Dissertation, Rheinisch-Westfälische Technische Hochschule Aachen, 2018.

Becker, J.; Winkelmann, A., Controlling - eine Bestandsaufnahme, In: Becker, J.; Winkelmann, A. (Hrsg.), In: Handelscontrolling - Optimale Informationsversorgung mit Kennzahlen, 3. Aufl.; Berlin, Heidelberg: Springer-Verlag, 2014, S. 1-51.

Berndt, R.; Cansier, A., Produktion und Absatz, 2. Aufl., Berlin Heidelberg New York: Springer, 2007.

Bernhard, J.; Dragan, M.; Wenzel, S., Evaluation und Erweiterung der Kriterien zur Klassifizierung von Visualisierungsverfahren für GNL - Sonderforschungsbereich 559, Universität Dortmund, 2005.

Best, E.; Weth, M., Geschäftsprozesse optimieren - Der Praxisleitfaden für erfolgreiche Reorganisation, 3. Aufl., Wiesbaden: Gabler Verlag, 2009.

Biemann, T., Logik und Kritik des Hypothesentestens, In: Albers, S.; Klapper, D.; Konradt, U.; Walter, A.; Wolf, J. (Hrsg.), In: Methodik der empirischen Forschung, 3. Aufl.; Wiesbaden: Gabler Verlag, 2009, S. 205-220.

Billing, F., Koordination in radikalen Innovationsvorhaben, Springer-Verlag, 2013.

Binder, V. A.; Kantowsky, J., Technologiepotentiale - Neuausrichtung der Gestaltungsfelder des strategischen, Wiesbaden: Deutscher Universitätsverlag, 1996.

Blalock, H. M., Causal models in the social sciences, 2. Aufl., Washington: Transaction Publishers, 1985.

Bloech, J.; Bogaschewsky, R.; Buscher, U.; Daub, A.; Götze, U.; Roland, F., Einführung in die Produktion, 7. Aufl., Berlin, Heidelberg: Springer Gabler, 2014.

Bourier, G., Beschreibende Statistik - Praxisorientierte Einführung, 7. Aufl., Wiesbaden: Gabler Verlag, 2008.

Branchendienst der Sparkassen-Finanzgruppe, Branchenreport Maschinenbau 2021, 1st ed., Stuttgart: Deutscher Sparkassenverlag GmbH, 2021.

Brockhoff, K., Forschung und Entwicklung: Planung und Kontrolle, 5. Aufl., München: R. Oldenbourg Verlag, 1999.

Brown, M.; Svenson, R., Measuring R&D Productivity, In: Research-Technology Management, Jg. 31 Nr. 4, 1988, S. 11-15.

Brown, T.; Kätz, B., Change by design - How design thinking transforms organizations and inspires innovation, 1. Aufl., New York: Harper Business, 2009.

Broy, M., Cyber-Physical Systems - Innovation durch softwareintensive eingebettete Systeme, Berlin, Heidelberg: Springer Berlin Heidelberg, 2010.

Bu, L.; Chen, C.-H.; Zhang, G.; Liu, B.; Dong, G.; Yuan, X., A hybrid intelligence approach for sustainable service innovation of smart and connected product: A case study, In: Advanced Engineering Informatics, Jg. 46, 2020, S. 101163.

Cervone, H., Applied digital library project management: Using Pugh matrix analysis in complex decision-making situations, In: OCLC Systems & Services: International digital library perspectives, 2009, S. 228-232.

Chen, H.; Zhang, L.; Chu, X., Performance Assessment of Product Modules Based on Usage Data Collected Through Embedded Sensors, In: 2018 IEEE International Conference on Industrial Engineering and Engineering Management (IEEM), IEEE, 2018, S. 1801-1805.

Cleff, T., Deskriptive Statistik und Explorative Datenanalyse - Eine computergestützte Einführung mit Excel, SPSS und STATA, 3. Aufl., Wiesbaden: Springer Gabler, 2015.

Cooper, R.; Edgett, S.; Kleinschmidt, E., Optimizing the stage-gate process: What best-practice companies do, In: Research-Technology Management, Jg. 45 Nr. 6, 2002, S. 43-49.

Davis, G., Strategies for information requirements determination, In: IBM systems journal, Jg. 21 Nr. 1, 1982, S. 4-30.

Deng, Q.; Wellsandt, S.; Hribernik, K. A.; Thoben, K.-D., Towards Understanding the Role of Product Usage Information in Product Design Improvement, In: Fortin, C.; Rivest, L.; Bernard, A.; Bouras, A. (Hrsg.), In: Product Lifecycle Management in the Digital Twin Era - 16th IFIP WG 5.1 International Conference, PLM 2019, Moscow, Russia, July 8-12, 2019, Revised Selected Papers, Springer Nature, 2020, S. 369-378.

Deutsches Institut für Normung e. V., DIN EN 81346-1 - Industrielle Systeme, Anlagen und Ausrüstungen und Indutsrieprodukte - Strukturierungsprinzipien und Referenzkennzeichnung, 1. Aufl., Berlin: Beuth Verlag GmbH, 2010.

Deutsches Institut für Normung e. V., ISO 9000:2015 - Qualitätsmanagementsysteme - Grundlagen und Begriffe, 1. Aufl., Berlin: Beuth Verlag GmbH, 2015.

Deutsches Institut für Normung e. V., DIN EN ISO 9241-11: Ergonomie der Mensch-System-Interaktion - Teil 11: Gebrauchstauglichkeit: Begriffe und Konzepte, Berlin: Beuth Verlag GmbH, 2018.

Diehl, J. M.; Arbinger, R., Einführung in die Inferenzstatistik, Eschborn: Verlag Dietmar Klotz, 1992.

Dienst, S., Analyse von Maschinendaten zur Entscheidungsunterstützung bei der Produktverbesserung durch die Anwendung eines Feedback Assistenz Systems, Dissertation, Universität Siegen, 2014.

Dölle, C., Projektsteuerung in der Produktentwicklung mittels Predictive Analytics, Dissertation, Rheinisch-Westfälische Technische Hochschule Aachen, 2018.

Dong, Y.; Liu, W., A research of multisensory user experience indicators in product usage scenarios under cognitive perspective, In: International Journal on Interactive Design and Manufacturing (IJIDeM), Jg. 11 Nr. 4, 2017, S. 751-759.

Döring, N.; Bortz, J., Forschungsmethoden und Evaluation in den Sozial- und Humanwissenschaften, 3. Aufl., Berlin Heidelberg: Springer, 2002.

Dorociak, R.; Dumitrescu, R.; Gausemeier, J.; Iwanek, P., Specification Technique CONSENS for the Description of Self-optimizing Systems, In: Gausemeier, J.; Rammig, F. J.; Schäfer, W. (Hrsg.), In: Design Methodology for Intelligent Technical Systems - Develop Intelligent Technical Systems of the Future, Berlin Heidelberg New York: Springer, 2014, S. 119-127.

Dudenredaktion (o.J.) "variabel" auf Duden online, "variabel" auf Duden online. URL: https://www.duden.de/node/193205/revision/513174 [Zuletzt geprüft: 02.04.2022].

Eckstein, P. P., Repetitorium Statistik - Deskriptive Statistik, Stochastik, Induktive Statistik, 2. Aufl., Wiesbaden: Gabler Verlag, 1998.

Edler, A., Nutzung von Felddaten in der qualitätsgetriebenen Produktentwicklung und im Service, Dissertation, Technische Universität Berlin, 2001.

Ehrlenspiel, K.; Meerkamm, H., Integrierte Produktentwicklung - Denkabläufe, Methodeneinsatz, Zusammenarbeit, 5. Aufl., München Wien: Carl Hanser Verlag, 2013.

Einbock, S., Statistik der Betriebsfestigkeit, 2. Aufl., Norderstedt: Books on Demand, 2018.

Ewald, O., Lösungssammlungen für das methodische Konstruieren, Düsseldorf: VDI-Verlag, 1975.

Fassbinder, P., Continuous Delivery and DevOps in industrial environments, Siemens AG, 2019.

Feldhusen, J.; Grote, K.-H., Konstruktionslehre, Berlin, Heidelberg: Springer, 2013.

Fowler, M., UML konzentriert - Eine kompakte Einführung in die Standard-Objektmodellierungssprache, München: Pearson Deutschland GmbH, 2004.

Gadatsch, A., Datenmodellierung für Einsteiger - Einführung in die Entity-Relationship-Modellierung und das Relationenmodell, Wiesbaden: Springer Vieweg, 2017.

Garfield, E., Reviewing Review Literature. Part 1. Definitions and Uses of Reviews, In: Essays of an Information Scientist, Vol. 10, 1987, S. 113-116.

Gaubinger, K., Grundlagen des Innovations- und Produktmanagements, In: Gaubinger, K.; Werani, T.; Rabl, M. (Hrsg.), In: Praxisorientiertes Innovations- und Produktmanagement - Grundlagen und Fallstudien aus B-to-B-Märkten, 1. Aufl.; Wiesbaden: Gabler Verlag, 2009, S. 3-31.

Gausemeier, J.; Frank, U.; Donoth, J.; Kahl, S., Specification technique for the description of self-optimizing mechatronic systems, In: Research in Engineering Design, Jg. 20 Nr. 4, 2009, S. 201.

Gausemeier, J.; Iwanek, P.; Trächtler, A.; Lüke, C.; Timmermann, J.; Dumitrescu, R., Paradigma der Selbstoptimierung, In: Trächtler, A.; Gausemeier, J. (Hrsg.), In: Steigerung der Intelligenz mechatronischer Systeme - Intelligente Technische Systeme - Lösungen aus dem Spitzencluster it's OWL, Berlin: Springer Vieweg, 2018, S. 19-39.

Gausemeier, J.; Trächtler, A.; Schäfer, W.; Anacker, H., Semantische Technologien im Entwurf mechatronischer Systeme - Effektiver Austausch von Lösungswissen in Branchenwertschöpfungsketten, [Elektronische Ressource], München: Hanser, 2014.

Gehlen, P., Funktionale Sicherheit von Maschinen und Anlagen - Umsetzung der europäischen Maschinenrichtlinie in der Praxis, 2. Aufl., Erlangen: Publicis Publishing, 2010.

Gerpott, T. J., Strategisches Technologie-und Innovationsmanagement, Stuttgart: Schäffer-Poeschel Verlag, 1999.

Giua, A.; Pilloni, M.; Seatzu, C., Modelling and simulation of a bottling plant using hybrid Petri nets, In: International journal of production research, Jg. 43 Nr. 7, 2005, S. 1375-1395.

Gommel, H., Transparenz über den Innovationsprozess mithilfe der Wertstromanalyse, In: Abele, T. (Hrsg.), In: Die frühe Phase des Innovationsprozesses - Neue, praxiserprobte Methoden und Ansätze, Wiesbaden: Springer Gabler, 2016, S. 142-161.

Göpfert, J., Modulare Produktentwicklung - Komplexitätsbewältigung durch die gemeinsame Modularisierung von Produkt und Entwicklungsorganisation, In: Franke, N.; von Braun, C.-F. (Hrsg.), In: Innovationsforschung und Technologiemanagement, 1. Aufl.; Berlin Heidelberg: Springer, 1998, S. 139-151.

Greif, H.; Limper, A.; Fattmann, G., Technologie der Extrusion - Lern- und Arbeitsbuch für die Aus- und Weiterbildung, 2. Aufl., München: Carl Hanser Verlag, 2018.

Grochla, E., Grundlagen der organisatorischen Gestaltung, Stuttgart: Poeschel, 1982.

Gronau, N., Wandlungsfähige Informationssystemarchitekturen - Nachhaltigkeit bei organisatorischem Wandel, 2. Aufl., Berlin: GITO-Verlag, 2006.

Gubbi, J.; Buyya, R.; Marusic, S.; Palaniswami, M., Internet of Things (IoT): A vision, architectural elements, and future directions, In: Future Generation Computer Systems, Jg. 29 Nr. 7, 2013, S. 1645-1660.

Häfner, C.; Hopmann, C.; Rumpe, B.; Brockmann, M.; Wortmann, A.; Maibaum, J.; Dalibor, M.; Bibow, P.; Sapel, P.; Kröger, M., Effizientere Produktion mit Digitalen Schatten, In: Zeitschrift für wirtschaftlichen Fabrikbetrieb Nr. s1, 2020, S. 105-107.

Hagiu, A.; Wright, J., Die Daten-Illusion, In: Harvard Business Manager, Jg. 2020 Nr. 3, 2020, 42-39.

Hartel, D. H., Projektmanagement in Logistik und Supply Chain Management - Praxisleitfaden mit Beispielen aus Industrie, Handel und Dienstleistungen, 2. Aufl., Wiesbaden: Springer Gabler, 2019.

Hartmann, N., Teleologisches Denken, Berlin: DE GRUYTER, 1951.

Härtter, E., Wahrscheinlichkeitsrechnung für Wirtschafts- und Naturwissenschaftler, Göttingen: Vandenhoeck & Ruprecht, 1974.

Hauschildt, J., Innovationsmanagement, 3. Aufl., München: Vahlen, 2004.

Hauschildt, J., Dimensionen der Innovation, In: Albers, S.; Gassmann, O. (Hrsg.), In: Handbuch Technologie- und Innovationsmanagement - Strategie - Umsetzung - Controlling, 1. Aufl.; Wiesbaden: Gabler Verlag, 2005, S. 23-41.

Hauschildt, J.; Salomo, S., Innovationsmanagement, 4. Aufl., München: Verlag Franz Vahlen, 2007.

Hauschildt, J.; Salomo, S.; Kock, A.; Schultz, C., Innovationsmanagement, 6. Aufl., München: Verlag Franz Vahlen, 2016.

Hedderich, J.; Sachs, L., Angewandte Statistik - Methodensammlung mit R, 16. Aufl., Heidelberg: Springer Spektrum, 2018.

Heinen, E., Betriebswirtschaftliche Führungslehre - Grundlagen-Strategien-Modelle: Ein entscheidungsorientierter Ansatz, 2. Aufl., Wiesbaden: Gabler Verlag, 1984.

Heinrich, L. J.; Riedl, R.; Stelzer, D., Informationsmanagement: Grundlagen, Aufgaben, Methoden, München: Oldenbourg Wissenschaftsverlag GmbH, 2014.

Hering, E.; Vogt, A.; Bressler, K., Handbuch der elektrischen Anlagen und Maschinen, 1. Aufl., Berlin, Heidelberg: Springer, 1999.

Hering, E.; Vogt, A.; Bressler, K., Handbuch der Elektrischen Maschinen und Anlagen, Berlin Heidelberg New York: Springer, 1999.

Herterich, M.; Uebernickel, F.; Brenner, W., Nutzenpotentiale cyber-physischer Systeme für industrielle Dienstleistungen 4.0, In: HMD Praxis der Wirtschaftsinformatik, Jg. 52 Nr. 5, 2015, S. 665-680.

Hevner, A.; March, S.; Park, J.; Ram, S., Design Science in Information Systems Research, In: MIS quarterly, Jg. 28, 2004, S. 75-105.

Hribernik, K.; Franke, M.; Klein, P.; Thoben, K.-D.; Coscia, E., Towards a platform for integrating product usage information into innovative product-service design, In: 2017 International Conference on Engineering, Technology and Innovation (ICE/ITMC), IEEE, 2017, S. 1407-1413.

Hubka, V.; Eder, W. E., Design Science - Introduction to the Needs, Scope and Organization of Engineering Design Knowledge, 2. Aufl., London: Springer, 1996.

International Organization for Standardization, ISO/IEC 25024 - Systems and software engineering - Systems and software Quality Requirements and Evaluation (SQuaRE) - Measurement of data quality, Geneva, Switzerland: ISO copyright office, 2015.

Jun, H.-B.; Kiritsis, D.; Xirouchakis, P., Research issues on closed-loop PLM, In: Computers in industry, Jg. 58 Nr. 8-9, 2007, S. 855-868.

Jung, H., Arbeitsbuch Controlling, München: Oldenbourg Wissenschaftsverlag GmbH, 2010.

Kähler, W.-M., Einführung in die statistische Datenanalyse - Grundlegende Verfahren und deren EDV-gestützter Einsatz, Braunschweig Wiesbaden: Springer Vieweg, 2013.

Kanellos, M., 152,000 Smart Devices Every Minute in 2025: IDC Outlines The Future of Smart Things, In: Forbes, 2016.

Kano, N., Attractive quality and must-be quality, In: Hinshitsu (Quality, the Journal of Japanese Society for Quality Control), Jg. 14, 1984, S. 39-48.

Kartika, S. I., Methodik zur Analyse des Baukastenpotentials bei bestehender Produktvielfalt, Dissertationsschrift, Rheinisch-Westfälische Technische Hochschule Aachen, 2010.

Kiener, S.; Maier-Scheubeck, N.; Obermaier, R.; Weiß, M., Produktionsmanagement - Grundlagen der Produktionsplanung und -steuerung, 11. Aufl., Oldenburg: DE GRUYTER, 2018.

Klein, P.; van der Vegte, W.; Hribernik, K.; Klaus-Dieter, T., Towards an approach integrating various levels of data analytics to exploit product-usage information in product development, In: Proceedings of the Design Society: International Conference on Engineering Design,, 2019, S. 2627-2636.

Koller, R., Konstruktionslehre für den Maschinenbau - Grundlagen zur Neu- und Weiterentwicklung technischer Produkte mit Beispielen, 3. Aufl., Berlin Heidelberg: Springer-Verlag, 1994.

Koller, R.; Kastrup, N., Prinziplösungen zur Konstruktion technischer Produkte, 1. Aufl., Berlin Heidelberg New York: Springer, 1994.

Konert, T.; Schmidt, A., Design for Six Sigma (DFSS), In: Kaminske, G. F. (Hrsg.), In: Handbuch QM-Methoden - Die richtige Methode auswählen und erfolgreich umsetzen, 3. Aufl.; München: Carl Hanser Verlag, 2015, 219-235.

König, H., Protocol Engineering - Prinzip, Beschreibung und Entwicklung von Kommunikationsprotokollen, 1. Aufl., Stuttgart, Leipzip, Wiesbaden: Teubner, 2003.

Koreimann, D. S., Methoden der Informationsbedarfsanalyse, Berlin, New York: Walter de Gruyter GmbH & Co KG, 1976.

Krause, D.; Gebhardt, N., Methodische Entwicklung modularer Produktfamilien - Hohe Produktvielfalt beherrschbar entwickeln, Berlin: Springer Vieweg, 2018.

Krcmar, H., Grundlagen des Informationsmanagements, In: Krcmar, H. (Hrsg.), In: Einführung in das Informationsmanagement, 2. Aufl.; Berlin Heidelberg: Springer Gabler, 2015, S. 1-12.

Kreutzer, R., Methodik zur Bestimmung der Nutzenpotenziale von Felddaten cyberphysischer Systeme, Dissertationsschrift, Rheinisch-Westfälische Technische Hochschule Aachen, 2019.

Kubicek, H., Heuristische Bezugsrahmen und heuristisch angelegte Forschungsdesigns als Elemente einer Konstruktionsstrategie empirischer Forschung, In: Köhler, R. (Hrsg.), In: Empirische und handlungstheoretische Forschungskonzeption in der Betriebswirtschaftslehre - Bericht über d. Tagung in Aachen, 1. Aufl.; Stuttgart: Poeschel, März 1976, S. 3-36.

Kuhn, T. S., Die Struktur wissenschaftlicher Revolutionen, 21. Aufl., Frankfurt: Suhrkamp, 2001.

Lachmayer, R.; Gottwald, P., Integrated development by the consideration of product experiences, In: Proceedings of the 10th International Workshop on Integrated Design Engineering, 1. Aufl., 2014, S. 73-82.

Lang-Koetz, C., Neue Technologien als Befähiger für ressourceneffiziente Produkte und Dienstleistungen - Perspektivwechsel durch Life Cycle Thinking, In: Abele, T. (Hrsg.), In: Die frühe Phase des Innovationsprozesses - Neue, praxiserprobte Methoden und Ansätze, Wiesbaden: Springer Gabler, 2016.

Lang-Koetz, C.; Schimpf, S., Nachhaltigkeit im Innovationsmanagement - Eine Studie zur Untersuchung der Integration von Nachhaltigkeitsaspekten im Innovationsmanagement deutscher Industrieunternehmen, Stuttgart: Fraunhofer-Verbund Innovationsforschung, 2019.

Lee, E., Cyber physical systems: Design challenges, In: 2008 11th IEEE International Symposium on Object and Component-Oriented Real-Time Distributed Computing (ISORC), 1. Aufl., 2008, S. 363-369.

Levy, Y.; Ellis, T., A Systems Approach to Conduct an Effective Literature Review in Support of Information Systems Research, In: Informing Science Journal, Jg. 2006 Nr. 9, 2006, S. 181-212.

Littkemann, J., Innovationscontrolling, München: Verlag Franz Vahlen, 2005.

Lunau, S., Design for Six Sigma Toolset, In: Lunau, S. (Hrsg.), In: Design for Six Sigma Toolset - Mindset für erfolgreiche Innovationen, Wiesbaden: Springer Gabler, 2013, S. 3-17.

Lützenberger, J.; Klein, P.; Hribernik, K.; Thoben, K.-D., Improving Product-Service Systems by Exploiting Information From The Usage Phase. A Case Study, In: Procedia CIRP, Jg. 47, 2016, S. 376-381.

Ma, H.; Chu, X.; Lyu, G.; Xue, D., An Integrated Approach for Design Improvement Based on Analysis of Time-Dependent Product Usage Data, In: Journal of Mechanical Design, Jg. 139 Nr. 11, 2017.

Mamrot, M.; Nicklas, J.-P.; Schlüter, N.; Winzer, P.; Lindner, A.; Abramovici, M., Concept for a Sustainable Industrial Product Service Systems based on Field Data, In: Procedia CIRP, Jg. 40, 2016, S. 687-692.

Marchthaler, J.; Wigger, T.; Lohe, R., Funktionen-Potenzial-Analyse und Funktionenkostenanalyse, In: VDI - Gesellschaft Produkt- und Prozessgestaltung (Hrsg.),

In: Wertanalyse – das Tool im Value Management, 6. Aufl.; Berlin, Heidelberg: Springer Berlin Heidelberg, 2011, S. 68-73.

Massmann, M.; Meyer, M.; Dumitrescu, R.; Enzberg, S. v.; *Frank, M.; Koldewey, C.; Kühn, A.; Reinhold, J.*, Significance and Challenges of Data-driven Product Generation and Retrofit Planning, In: Procedia CIRP, Jg. 84, 2019, S. 992-997.

Matzler, K.; Bailom, F., Messung von Kundenzufriedenheit, In: Hinterhuber, H. H.; Matzler, K. (Hrsg.), In: Kundenorientierte Unternehmensführung - Kundenorientierung - Kundenzufriedenheit - Kundenbindung, 6. Aufl.; Wiesbaden: Gabler Verlag, 2009, S. 267-299.

Meyer, M.; Frank, M.; Massmann, M.; Wendt, N.; Dumitrescu, R., Data-Driven Product Generation and Retrofit Planning, In: Procedia CIRP, Jg. 93, 2020, S. 965-970.

Michels, J. S., Vom Kunden zu Lastenheft - Systems Engineering in den frühen Phasen der Entwicklung intelligenter technischer Systeme, In: Abele, T. (Hrsg.), In: Die frühe Phase des Innovationsprozesses - Neue, praxiserprobte Methoden und Ansätze, Wiesbaden: Springer Gabler, 2016, S. 163-189.

Mingers, J.; Standing, C., What is information? Toward a theory of information as objective and veridical, In: Journal of Information Technology, Jg. 33 Nr. 2, 2018, S. 85-104.

Mittag, H.-J., Statistik - Eine Einführung mit interaktiven Elementen, 3. Aufl., Berlin Heidelberg: Springer, 2014.

Mohr, D.; Möller, T.; Wee, D.; Bertoncello, M.; Camplone, G.; Gao, P.; Kaas, H.-W., Monetizing car data - New services business opportunities to create new customer benefits, In: Advanced Industries, McKinsey &Company, Jg. 2016, 2016.

Mollenhauer, J.-P.; Staudter, C.; Meran, R.; Hamalides, A.; Roenpage, O.; Hugo, C. von, Design for Six Sigma+Lean Toolset - Innovationen erfolgreich realisieren, Berlin, Heidelberg: Springer Berlin Heidelberg, 2007.

Möller, K.; Janssen, S., Performance Measurement von Produktinnovationen: Konzepte, Instrumente und Kennzahlen des Innovationscontrollings, In: Controlling: Zeitschrift für erfolgsorientierte Unternehmenssteuerung, Jg. 21 Nr. 2, 2009, S. 89-96.

Möller, K.; Menninger, J.; Robers, D., Innovationscontrolling: Erfolgreiche Steuerung und Bewertung von Innovationen, Stuttgart: Schäffer-Poeschel Verlag, 2011.

Möller, K.; Schmälzle, H., Messung und Steuerung im Innovationsprozess - Research Paper Nr. 2 des Schwerpunkt Unternehmensführung der Wirtschaftswissenschaftlichen Fakultät der Georg-August-Universität Göttingen, 2008.

Morinaga, E.; Wakamatsu, H.; Abiru, H.; Arai, E., Behavior modeling method for functional verification of product considering ways of usage, In: Journal of Advanced Mechanical Design, Systems, and Manufacturing, Jg. 11 Nr. 5, 2017, 1-16.

North, K.; Brandner, A.; Steininger, T., Die Wissenstreppe: Information-Wissen-Kompetenz, In: Wissensmanagement für Qualitätsmanager, Springer, 2016, S. 5-8.

Object Management Group, UML 2.0 Superstructure Specification (Unified Modeling Language: Superstructure, version 2.0, final Adopted Specification, 2. Aufl., Milford: Object Management Group, 2003.

Olsen, D., The Lean Product Play Book - How to innovate with minimum viable products and rapid customer feedback, New Jersey: John Wiley & Sons, Ltd, 2015.

Opresnik, D.; Hirsch, M.; Zanetti, C.; Taisch, M., Information-the hidden value of servitization, In: IFIP International Conference on Advances in Production Management Systems, 1. Aufl., 2013, S. 49-56.

Patzak, G., Systemtechnik - Planung komplexer innovativer Systeme - Grundlagen, Methoden, Techniken, Berlin Heidelberg New York: Springer-Verlag, 1982.

Peirce, C. S.; Hartshorne, C.; Weiss, P., Pragmatism and Pragmaticism and Scientific metaphysics, In: Collected papers of Charles Sanders Peirce Nr. 5 und 6, 1960.

Peirce, C. S.; Walther, E., Die Festigung der Überzeugung und andere Schriften, Baden-Baden: Agis-Verlag, 1967.

Petersen, M.; Bandak, B.; Gausemeier, I.; Iwanek, D.-I.; Schneider, M., Methodik zur Berücksichtigung von Wechselwirkungen zwischen Produkt und Produktionssystem in den frühen Phasen der Produktentwicklung - Ein Praxisbeispiel, In: Digitales Engineering zum Planen, Testen und Betreiben technischer Systeme, Fraunhofer IFF, IFF-Wissenschaftstage, Jg. 17, 2014, S. 13-21.

Philipp, K., Experimentelles Denken - Theoretische und empirische Konkretisierung einer mathematischen Kompetenz, Wiesbaden: Springer Fachmedien, 2013.

Picot, A., Die Planung der Unternehmensressource" Information", In: 2. Internationales Management-Symposium "Erfolgsfaktor Information", 1988, S. 223-250.

Piller, F.; Jarke, M.; Becker, A.; Mertens, M.; Hinke, C.; Gorißen, L.; Flaig, R.; Lüttgens, D.; Millan, M.; Christou, E.; Koren, I.; Wiesch, M., Design Elements of a Platform-Based Ecosystem for Industry Applications, In: Brecher, C.; Schuh, G.; Van der Aalst, W.; Jarke, M.; Piller, F.; Buchsbaum, M. (Hrsg.), In: Internet of Production - Fundamentals, Applications and Proceedings, 1. Aufl.; Springer, 2022.

Pleschak, F., Innovationsmanagement, Stuttgart: Uni-Taschenbücher-GmbH, 1996.

Ponn, J.; Lindemann, U., Konzeptentwicklung und Gestaltung technischer Produkte - Systematisch von Anforderungen zu Konzepten und Gestaltlösungen, 2. Aufl. 2011, Berlin, Heidelberg: Springer Berlin Heidelberg, 2011.

Porter, M. E.; Heppelmann, J. E., How Smart, Connected Products Are Transforming Competition, In: Harvard business review, Jg. 92 Nr. 11, 2014, S. 64-88.

Porter, M. E.; Heppelmann, J. E., Wie smarte Produkte Unternehmen verändern, In: Harvard Business Manager, Jg. 2018 Nr. 3, 2108, S. 6-23.

Ram, S.; Jung, H.-S., The conceptualization and measurement of product usage, In: Journal of the Academy of Marketing Science, Jg. 18 Nr. 1, 1990, S. 67-76.

Reichle, M., Konstruktionslehre - Konstruktionssystematik, Stuttgart: , o.J.

Reitzer, A., Allgemeine Modelltheorie. Eine neupragmatische Herausforderung, In: Zeitschrift für philosophische Forschung Nr. 2, 1975, S. 257-270.

Reschke, R., Gestaltungsmodell der Kennzahlen und Indikatoren bei der Einführung und Weiterentwicklung von Qualitätsmanagementsystemen für deutsche Hochschulen, Apprimus Wissenschaftsverlag, 2019.

Riesener, M.; Dölle, C.; Becker, A.; Gorbatcheva, S.; Rebentisch, E.; Schuh, G., Application of natural language processing for systematic requirement management in model-based systems engineering, In: INCOSE International Symposium, 1. Aufl., 2021, S. 806-815.

Riesener, M.; Dölle, C.; Becker, A.; Perau, S.; Schuh, G., Concept for the Usage Data-Based Advancement of Minimum Viable Products in the Context of the Internet of Production, In: Piller, F.; Pollok, P.; Diener, K. (Hrsg.), In: 18th Open and User Innovation Conference, 1. Aufl., 2021, S. 53.

Riesener, M.; Dölle, C.; Becker, A.; Schuh, G., Framework for the Continuous Increase of Product Performance by Analyzing Product Usage Data, In: 2019 IEEE International Conference on Industrial Engineering and Engineering Management (IEEM), 1. Aufl., 2019, S. 1084-1088.

Riesener, M.; Dölle, C.; Becker, A.; Schuh, G., Modeling of Usage Hypotheses for the Identification of Innovation Potential, In: 9th International Conference on Mass Customization and Personalization - Community of Europe (MCP-CE 2020) - Reinnovating Business in the Digital Era, 1. Aufl., 2020.

Ropohl, G., Allgemeine Technologie - Eine Systemtheorie der Technik, 3. Aufl., Karlsruhe: Universitätsverlag Karlsruhe, 2009.

Roth, K., Konstruieren mit Konstruktionskatalogen - Band 2: Kataloge, 3. Aufl., Berlin Heidelberg: Springer, 2001.

Rowley, J., The wisdom hierarchy: representations of the DIKW hierarchy, In: Journal of Information Science, Jg. 33 Nr. 2, 2007, S. 163-180.

Rumbaugh, J.; Jacobson, I.; Booch, G., The Unified Modeling Language Reference Manual, 2. Aufl., Boston: Addison Wesley, 2005.

Salomo, S.; Gemünden, H.; Billing, F., Dynamisches Schnittstellenmanagement radikaler Innovationsvorhaben, In: Management der frühen Innovationsphasen, Springer, 2007, S. 215-248.

Schawel, C.; Billing, F., Entscheidungsbaum, In: Schawel, C.; Billing, F. (Hrsg.), In: Top 100 Management Tools - Das wichtigste Buch eines Managers Von ABC-Analyse bis Zielvereinbarung, 5th ed (Online-Ausg.); Dordrecht: Springer, 2014, S. 91-94.

Schlaak, T. M., Der Innovationsgrad als Schlüsselvariable - Perspektiven für das Management von Produktentwicklungen, Wiesbaden: Springer, 1999.

Schmitt, R., Basiswissen Qualitätsmanagement, 1. Aufl., Düsseldorf: Symposion Publishing GmbH, 2015.

Schmitt, R.; Pfeifer, T., Qualitätsmanagement: Strategien-Methoden-Techniken, München: Carl Hanser Verlag GmbH Co KG, 2015.

Schneeweis, T., Das Innovations-und Investitionsverhalten von Unternehmen: eine theoretische und empirische Untersuchung für die Bundesrepublik Deutschland, Berlin: Duncker & Humblot, 2000.

Scholz, U.; Pastoors, S.; Becker, J. H.; Hofmann, D.; van Dun, R., Praxishandbuch Nachhaltige Produktentwicklung - Ein Leitfaden mit Tipps zur Entwicklung und Vermarktung nachhaltiger Produkte, 1. Aufl., Berlin: Springer Gabler, 2018.

Schrey, E., Lebenszyklusübergreifende Informationsstrukturierung für Produktbaukästen, Apprimus Verlag, 2017.

Schuh, G., Innovationsmanagement: Handbuch Produktion und Management 3, 2. Aufl., Berlin Heidelberg: Springer-Verlag, 2012.

Schuh, G., Lean Innovation, Berlin Heidelberg: Springer Vieweg, 2013.

Schuh, G.; Ays, J.; Becker, A.; Britz, A.; Dölle, C.; Hegener, G.; Hermann, U.; Wlecke, S., Always Beta - DevOps für cyber-physische Produkte, In: Bergs, T.; Brecher, C.; Schmitt, R. H.; Schuh, G. (Hrsg.), In: Internet of Production - Turning Data into Value - Statusberichte aus der Produktionstechnik 2020, 1. Aufl., 2020, S. 114-136.

Schuh, G.; Dölle, C.; Becker, A.; Jank, M.-H.; Kress, J.; Kuhn, M., Sustainable Innovation - Nachhaltig Werte schaffen, 2. Auflage, Berlin: Springer Berlin; Springer Vieweg, 2021.

Schuh, G.; Kuhn, M.; Becker, A.; Keuper, A., Konsortial-Benchmarking Studie "Market Intelligence" - Ergebnisbericht, 1. Aufl., Aachen: Werkzeugmaschinenlabor WZL der RWTH Aachen, 2020.

Schuh, G.; Prote, J.-P.; Gützlaff, A.; Thomas, K.; Sauermann, F.; Rodemann, N., Internet of Production: Rethinking production management, In: Production at the leading edge of technology - Proceedings of the 9th Congress of the German Academic Association for Production Technology (WGP), Berlin, Heidelberg: Springer Vieweg, 2019, S. 533-542.

Schuh, G.; Prote, J.-P.; Molitor, M.; Cremer, S., Internet of Production – Steigerung des Wertschöpfungsanteils durch domänenübergreifende Kollaboration, In: Vogel-Heuser, B.; Bauernhansl, T.; Hompel, M. ten (Hrsg.), In: Handbuch Industrie 4.0 - Produktion, Automatisierung und Logistik, Living Reference Work, continuously updated edition; Berlin, Heidelberg: Springer, 2016, S. 1-34.

Schuh, G.; Riesener, M., Produktkomplexität managen - Strategien - Methoden - Tools, 3. Aufl., München: Carl Hanser Verlag, 2018.

Schuh, G.; Riesener, M.; Prote, J.-P.; Dölle, C., Industrie 4.0: Agile Entwicklung und Produktion im Internet of Production, In: Frenz, W. (Hrsg.), In: Handbuch Industrie 4.0: Recht, Technik, Gesellschaft, Berlin: Springer Nature, 2020, S. 467-486.

Schulte, S., Integration von Kundenfeedback in die Produktentwicklung zur Optimierung der Kundenzufriedenheit, Dissertation, Ruhr-Universität Bochum, 2006.

Schulte-Zurhausen, M., Organisation, 6. Aufl., München: Vahlen, 2014.

Schulze, D., Pulver und Schüttgüter - Fließeigenschaften und Handhabung, 4. Aufl., Heidelberg: Springer Vieweg, 2019.

Schumpeter, J. A., Business cycles, New York: McGraw-Hill, 1939.

Shin, J.-H.; Kiritsis, D.; Xirouchakis, P., Design modification supporting method based on product usage data in closed-loop PLM, In: International Journal of Computer Integrated Manufacturing, Jg. 28 Nr. 6, 2015, S. 551-568.

Song, X.; Montoya-Weiss, M., Critical development activities for really new versus incremental products, In: Journal of Product Innovation Management: An International Publication Of The Product Development & Management Association, Jg. 15 Nr. 2, 1998, S. 124-135.

Specht, G.; Beckmann, C., F&E-Management, 2. Aufl., Schäffer-Poeschel Stuttgart, 2002.

Stachowiak, H., Allgemeine Modelltheorie, Wien New York: Springer-Verlag, 1973.

Staud, J. L., Unternehmensmodellierung - Objektorientierte Theorie und Praxis mit UML 2.0, Heidelberg: Springer, 2010.

Steiner, F.; Tarman, R.; Ihl, J.; Piller, F., Learning from the Customer: Identifying Changing User Needs during Product Usage through Embedded Toolkits for User Innovation, In: PICMET'09-2009 Portland International Conference on Management of Engineering & Technology, 1. Aufl., 2009, S. 706-716.

Strauch, B., Entwicklung einer Methode für die Informationsbedarfsanalyse im Data Warehousing, Dissertationsschrift, Universität St. Gallen, 2002.

Strauch, B.; Winter, R., Vorgehensmodell für die Informationsbedarfsanalyse im Data Warehousing, In: von Maur, E.; Winter, R. (Hrsg.), In: Vom Data Warehouse zum Corporate Knowledge Center - Proceedings der Data Warehousing 2002, Berlin Heidelberg: Springer-Verlag, 2002, S. 359-378.

Sun, H., Improving product performance by integration use tasks during the design phase: a behavioural design approach, Dissertation, Universität Strasbourg, 2012.

Taschner, A., Management Reporting - Erfolgsfaktor internes Berichtswesen, Wiesbaden: Springer Gabler, 2013.

Teti, R.; Jemielniak, K.; O'Donnell, G.; Dornfeld, D., Advanced monitoring of machining operations, In: CIRP annals, Jg. 59 Nr. 2, 2010, S. 717-739.

Tönnes, C. C., Datenbasierte Informationsmodelle zur explorativen Analyse von Anlagenkonfigurationen, Apprimus Wissenschaftsverlag, 2021.

Ulrich, H., Management, In: Dyllick, T.; Probst, G. J. B. (Hrsg.), In: Schriftenreihe Unternehmung und Unternehmungsführung, Bern: Haupt, 1984, S. 1-368.

Ulrich, K. T.; Eppinger, S. D., Product design and development, 5. Aufl., New York: McGraw-Hill, 2012.

Ulrich, P.; Hill, W., Wissenschaftstheoretische Grundlagen der Betriebswirtschaftslehre, In: Wirtschaftswissenschaftliches Studium: Zeitschrift für Ausbildung und Hochschulkontakt, Jg. 5 Nr. 5, 7+8, 1976, 304–309, 345-350.

Vahs, D.; Burmester, R., Innovationsmanagement: Von der Produktidee zur erfolgreichen Vermarktung, 3. Aufl., Stuttgart: Schäffer-Poeschel Verlag, 2005.

van der Vegte, W.; Kurt, F.; Şengöz, O., Simulations Based on Product-Usage Information From Connected Products to Support Redesign for Improved Performance - Exploration of Practical Application to Domestic Fridge-Freezers, In: International Design Engineering Technical Conferences and Computers and Information in Engineering Conference, 19. Aufl., 2019, 1-11.

Verein Deutscher Ingenieure, VDI 2206 - Entwicklungsmethodik für mechatronische Systeme, Berlin: Beuth Verlag GmbH, 2004.

Verein Deutscher Ingenieure, VDI 5610 - Wissensmanagement im Ingenieurwesen - Grundlagen, Konzepte, Vorgehen, Berlin: Beuth Verlag GmbH, 2009.

Verein Deutscher Maschinen- und Anlagenbauer, VDMA Einheitsblatt 66320 - Beschreibung eines Schemas für Technische Dokumentation im Maschinenbau, 1. Aufl., o.O.: o.Verl., 2006.

Vichare, N.; Rodgers, P.; Eveloy, V.; Pecht, M., Environment and Usage Monitoring of Electronic Products for Health Assessment and Product Design, In: Quality Technology & Quantitative Management, Jg. 4 Nr. 2, 2007, S. 235-250.

Voet, H.; Altenhof, M.; Ellerich, M.; Schmitt, R. H.; Linke, B., A Framework for the Capture and Analysis of Product Usage Data for Continuous Product Improvement, In: Journal of Manufacturing Science and Engineering, Jg. 141 Nr. 2, 2019.

vom Brocke, J.; Simons, A.; Niehaves, B.; Reimer, K.; Plattfaut, R.; Cleven, A., Reconstructing the giant: on the importance of rigour in documenting the literature search process, In: ECIS Proceedings 2009, AIS Electronic Library (AISeL), 2009.

Wäldele, M., Erarbeitung einer Theorie der Eigenschaften technischer Produkte - Ein Beitrag für die konventionelle und algorithmen-basierte Produktentwicklung, Dissertation, Technische Universität Darmstadt, 2012.

Weber, C., Produkte und Produktentwicklungsprozesse abbilden mit Hilfe von Merkmalen und Eigenschaften - eine kritische Zwischenbilanz, In: Krause, D. (Hrsg.), In: DFX 2012: Proceedings of the 23rd Symposium Design for X - Beiträge zum 23. DfX-Symposium Oktober 2012, Hamburg: TuTech Verl., 2012, S. 25-62.

Webster, J.; Watson, R., Analyzing the past to prepare for the future: Writing a literature review, In: MIS quarterly, 2002, S. 13-23.

Weiber, R.; Mühlhaus, D., Strukturgleichungsmodellierung - Eine anwendungsorientierte Einführung in die Kausalanalyse mit Hilfe von AMOS, SmartPLS und SPSS, 2. Aufl., Berlin, Heidelberg: Springer Gabler, 2014.

Weik, E., Ansätze des Verstehens, Hermeneutik und Phänomenologie, In: Weik, E.; Lang, R. (Hrsg.), In: Moderne Organisationstheorien - Eine sozialwissenschaftliche Einführung, 1. Aufl.; Wiesbaden: Gabler Verlag, 2001, S. 96-120.

Wellsandt, S.; Hribernik, K.; Thoben, K.-D., Sources and characteristics of information about product use, In: Procedia CIRP, Jg. 36, 2015, S. 242-247.

Werner, B., Messung und Bewertung der Leistung von Forschung und Entwicklung im Innovationsprozess, Technische Universität Darmstadt, 2002.

Wolf, H.; Roock, S., Scrum - verstehen und erfolgreich umsetzen, 3. Aufl., Heidelberg: dpunkt.verlag, 2021.

Zhan, Y.; Tan, K.; Ji, G.; Chung, L.; Tseng, M., A big data framework for facilitating product innovation processes, In: Business Process Management Journal, 2017.

A Anhang

A.1 Beispielsatz aufgenommener Informationen des Vorgehensbeispiels

Nutzung	Nutzungs-dauer	Nutzung	Nutzungs-dauer	Nutzung	Nutzungs-dauer	Nutzung	Nutzungs-dauer
1	$x_1 = 123\ sek.$	9	$x_9 = 142\ sek.$	17	$x_{17} = 122\ sek.$	25	$x_{25} = 153\ sek.$
2	$x_2 = 140\ sek.$	10	$x_{10} = 134\ sek.$	18	$x_{18} = 134\ sek.$	26	$x_{26} = 168\ sek.$
3	$x_3 = 138\ sek.$	11	$x_{11} = 160\ sek.$	19	$x_{19} = 168\ sek.$	27	$x_{27} = 122\ sek.$
4	$x_4 = 130\ sek.$	12	$x_{12} = 180\ sek.$	20	$x_{20} = 160\ sek.$	28	$x_{28} = 151\ sek.$
5	$x_5 = 150\ sek.$	13	$x_{13} = 128\ sek.$	21	$x_{21} = 148\ sek.$	29	$x_{29} = 147\ sek.$
6	$x_6 = 120\ sek.$	14	$x_{14} = 134\ sek.$	22	$x_{22} = 122\ sek.$	30	$x_{30} = 133\ sek.$
7	$x_7 = 127\ sek.$	15	$x_{15} = 140\ sek.$	23	$x_{23} = 128\ sek.$	31	$x_{31} = 128\ sek.$
8	$x_8 = 148\ sek.$	16	$x_{16} = 153\ sek.$	24	$x_{24} = 150\ sek.$	32	$x_{32} = 129\ sek.$

Abbildung A-1: Beispielsatz des Vorgehensbeispiels zur Information Nutzungsdauer der Funktion „Schüttgut leiten"

A.2 Tabelle der t-Verteilung

α \ υ	0,10	0,05	0,025	0,01	0,005	0,001	0,0005	einseitig
	0,20	0,10	0,05	0,02	0,01	0,002	0,001	zweiseitig
1	3,078	6,314	12,71	31,82	63,66	318,3	636,6	
2	1,886	2,920	4,303	6,965	9,925	22,33	31,56	
3	1,638	2,353	3,182	4,541	5,841	10,22	12,92	
4	1,533	2,132	2,776	3,747	4,604	7,173	8,610	
5	1,476	2,015	2,571	3,365	4,032	5,893	6,869	
6	1,440	1,943	2,447	3,143	3,707	5,208	5,959	
7	1,415	1,895	2,365	2,998	3,499	4,785	5,408	
8	1,397	1,860	2,306	2,896	3,355	4,501	5,041	
9	1,383	1,833	2,262	2,821	3,250	4,297	4,781	
10	1,372	1,812	2,228	2,764	3,169	4,144	4,587	
11	1,363	1,796	2,201	2,718	3,106	4,025	4,437	
12	1,356	1,782	2,179	2,681	3,055	3,930	4,318	
13	1,350	1,771	2,160	2,650	3,012	3,852	4,221	
14	1,345	1,761	2,145	2,624	2,977	3,787	4,140	
15	1,341	1,753	2,131	2,602	2,947	3,733	4,073	
16	1,337	1,746	2,120	2,583	2,921	3,686	4,015	
17	1,333	1,740	2,110	2,567	2,898	3,646	3,965	
18	1,330	1,734	2,101	2,552	2,878	3,610	3,922	
19	1,328	1,729	2,093	2,539	2,861	3,579	3,883	
20	1,325	1,725	2,086	2,528	2,845	3,552	3,850	
21	1,323	1,721	2,080	2,518	2,831	3,527	3,819	
22	1,321	1,717	2,074	2,508	2,819	3,505	3,792	
23	1,319	1,714	2,069	2,500	2,807	3,485	3,768	
24	1,318	1,711	2,064	2,492	2,797	3,467	3,745	
25	1,316	1,708	2,060	2,485	2,787	3,450	3,725	
26	1,315	1,706	2,056	2,479	2,779	3,435	3,707	
27	1,314	1,703	2,052	2,473	2,771	3,421	3,690	
28	1,313	1,701	2,048	2,467	2,763	3,408	3,674	
29	1,311	1,699	2,045	2,462	2,756	3,396	3,659	
30	1,310	1,697	2,042	2,457	2,750	3,385	3,646	
32	1,309	1,694	2,037	2,449	2,738	3,365	3,622	
34	1,307	1,691	2,032	2,441	2,728	3,348	3,601	
36	1,306	1,688	2,028	2,434	2,719	3,333	3,582	
38	1,304	1,686	2,024	2,429	2,712	3,319	3,566	
40	1,303	1,684	2,021	2,423	2,704	3,307	3,551	
42	1,302	1,682	2,018	2,418	2,698	3,296	3,538	
44	1,301	1,680	2,015	2,414	2,692	3,286	3,526	
46	1,300	1,679	2,013	2,410	2,687	3,277	3,515	
48	1,299	1,677	2,011	2,407	2,682	3,269	3,505	
50	1,299	1,676	2,009	2,403	2,678	3,261	3,496	
55	1,297	1,673	2,004	2,396	2,668	3,245	3,476	
60	1,296	1,671	2,000	2,390	2,660	3,232	3,460	
65	1,295	1,669	1,997	2,385	2,654	3,220	3,447	
70	1,294	1,667	1,994	2,381	2,648	3,211	3,435	
80	1,292	1,664	1,990	2,374	2,639	3,195	3,416	
90	1,291	1,662	1,987	2,368	2,632	3,183	3,402	
100	1,290	1,660	1,984	2,364	2,626	3,174	3,390	
150	1,287	1,655	1,976	2,351	2,609	3,145	3,357	
200	1,286	1,653	1,972	2,345	2,601	3,131	3,340	

Abbildung A-2: Tabelle der t-Verteilung mit verschiedenen Signifikanzniveaus und Freiheitsgraden[476]

[476] In Anlehnung an Hedderich und Sachs (2018), Angewandte Statistik, S. 301.

A.3 Entscheidungsbäume zur Konkretisierung der generischen Nutzungsfälle

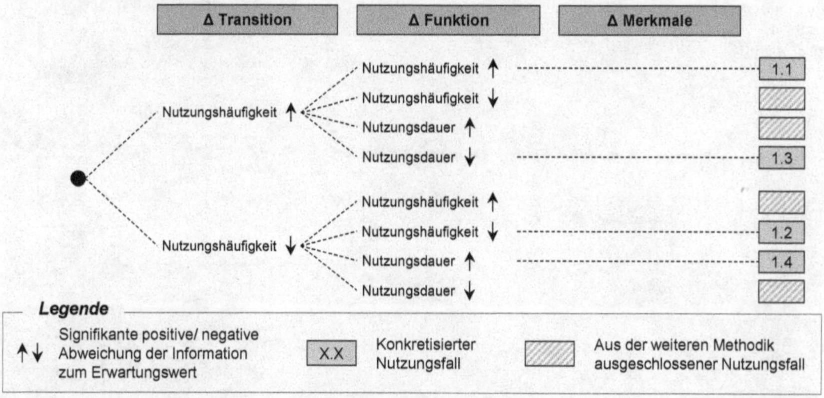

Abbildung A-3: Entscheidungsbaum zur Konkretisierung des generischen Nutzungsfalls 1

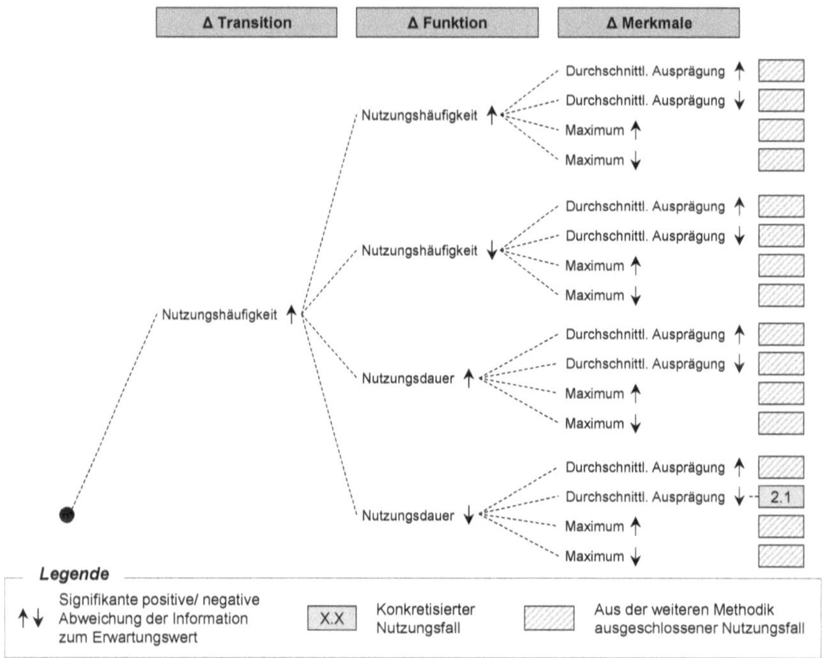

Abbildung A-4: Oberer Abschnitt des Entscheidungsbaums zur Konkretisierung des generischen Nutzungsfalls 2

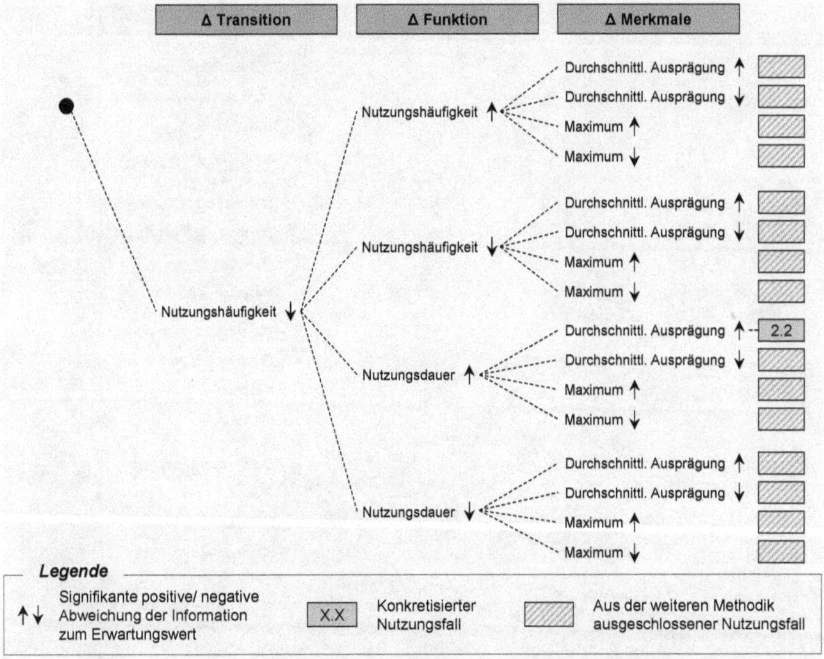

Abbildung A-5: Unterer Abschnitt des Entscheidungsbaums zur Konkretisierung des generischen Nutzungsfalls 2

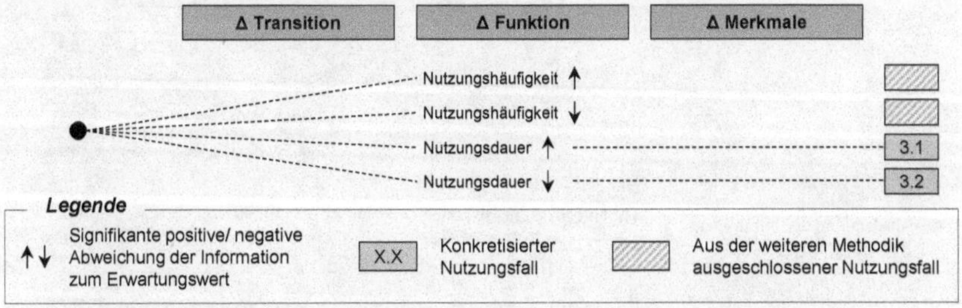

Abbildung A-6: Entscheidungsbaum zur Konkretisierung des generischen Nutzungsfalls 3

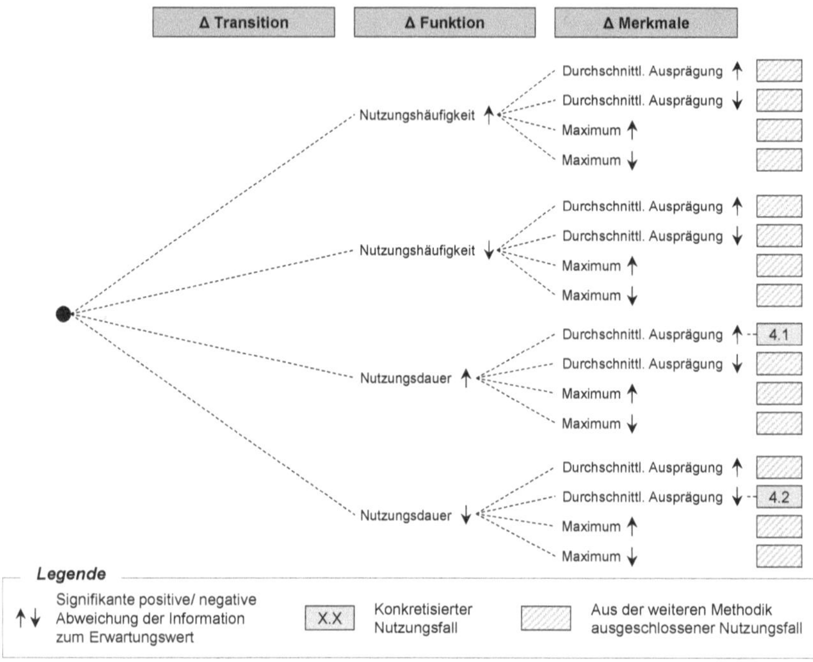

Abbildung A-7: Entscheidungsbaum zur Konkretisierung des generischen Nutzungsfalls 4

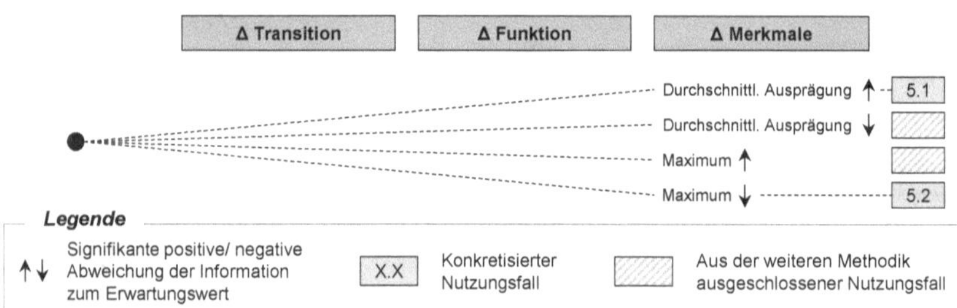

Abbildung A-8: Entscheidungsbaum zur Konkretisierung des generischen Nutzungsfalls 5

A.4 Methodensteckbriefe zur Bearbeitung der Innovationspotenziale

Methodensteckbrief „Quality Function Deployment"

Ziele

- Ganzheitliche Umsetzung von Kundenbedürfnissen
- Systematische Ableitung von Zielwerten
- Strukturierung und Planung des Entwicklungs- und Produktionsprozesses

Vorgehensweise

QFD 1
- Strukturierung und Klassifizierung von Kundenbedürfnissen
- Gewichtung der Kundenbedürfnisse
- Verknüpfung der Kundenbedürfnisse mit qualitätskritischen Produktmerkmalen („CTQ's")
- Ableitung von Messgrößen, Prioritäten und Zielwerten

QFD 2
- Übernahme der priorisierten Messgrößen aus QFD 1
- Verknüpfung der Messgrößen mit Systemfunktionen
- Ableitung priorisierter Systemfunktionen

QFD 3
- Übernahme der priorisierten Systemfunktionen aus QFD 2
- Verknüpfung der Systemfunktionen mit Designelementen
- Ableitung priorisierter Designelemente

QFD 4
- Übernahme der priorisierten Designelemente aus QFD 3
- Verknüpfung der Designelemente mit Schritten des Entwicklungsprozesses
- Ableitung priorisierter Prozessschritte

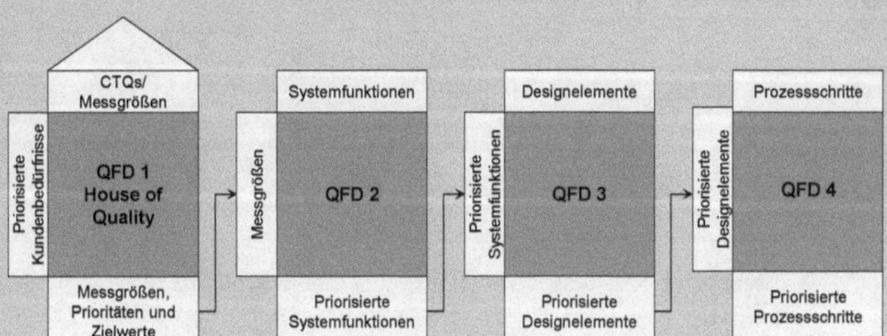

Abbildung A-9: Steckbrief der Methode "Quality Function Deployment"[477]

[477] In Anlehnung an Mollenhauer et al. (2007), Design for Six Sigma+Lean Toolset, S. 104ff.

Methodensteckbrief „MVPs“

Ziele

- Validieren von Entwicklungsergebnissen
- Gewinn von Erkenntnissen durch Einbezug der späteren Kunden
- Frühes Testen einzelner Produktbestandteile abhängig von der zu testenden Fragestellung

Vorgehensweise

1. Definition der Zielkunden durch bspw. Marktsegmentierung und Formulierung von Personas
2. Identifizierung unerfüllter Kundenbedürfnisse durch bspw. die Kano-Methode
3. Definition des Werteversprechens basierend auf identifizierten Kundenbedürfnissen
4. Spezifikation der Funktionalitäten des MVP durch bspw. User Stories
5. Entwicklung und Testen des MVP, bspw. in Anlehnung an unten stehende Matrix

	Qualitative Tests	**Quantitative Tests**
Marketingtests	▪ Marketingmaterialien	▪ Landing page tests ▪ Erklärvideos ▪ Marketing A/B Tests
Produkttests	▪ Wireframes (konzeptioneller Entwurf) ▪ Mockups ▪ Interaktiver Prototyp ▪ Wizard of Oz	▪ Fake Door/404 page ▪ Produktanalysen ▪ A/B Tests

Abbildung A-10: Steckbrief zum Testen von Minimum Viable Products[478]

[478] In Anlehnung an Olsen (2015), The Lean Product Play Book, S. 93.; Schuh et al. (2021), Sustainable Innovation, S. 19

Methodensteckbrief „Strukturierte Experimente"

Ziele

- Datenbasierter Vergleich verschiedener Konzepte
- Ermittlung signifikanter Einflussfaktoren, Effekte und Wechselwirkungen
- Bestimmung optimaler Ausprägungen von Designparametern und optimaler Anlageneinstellungen von Prozessvariablen

Vorgehensweise

1. **Definition der Optimierungsaufgabe und Festlegung der Zielgröße**
   - Zu untersuchendes Produkt/ zu untersuchenden Prozess auswählen
   - Ziele festlegen und Zielgrößen definieren unter Einhaltung der Kriterien „Vollständigkeit", „Verschiedenheit", „Relevanz", „Linearität" und „Quantifizierung"
2. **Identifizierung von Einflussvariablen**
   - Relevante Einflussvariablen mit Hilfe von bspw. strukturiertem Brainstorming, Ursache-Wirkungs-Diagrammen oder FMEA identifizieren
   - Finale Einflussvariablen auswählen anhand der Kriterien „Bedeutung des Faktors", „Genauigkeit der möglichen Einstellung", „Reproduzierbarkeit der Einstellung", „Aufwand für die Veränderung der Stufen"
3. **Bestimmung relevanter Faktorstufen**
   - Ein Maximum und ein Minimum als Faktorstufen festlegen
   - Bei stetigen Einflussgrößen sollten Maximum und Minimum in einem sinnvollen Bereich liegen, sodass die Zielgröße bestimmbar ist
   - Bei diskreten Einflussgrößen liegt der Fokus zunächst auf den zwei wichtigsten Faktorstufen
4. **Ableitung einer Versuchsstrategie**
   - Stichprobengröße festlegen
   - Anzahl der Versuchsblöcke ermitteln
   - Faktorstufenkombinationen festlegen
5. **Sicherstellung der Messsystemfähigkeit**
   - Messsystemanalyse durchführen und Messsystem ggfs. verbessern
6. **Durchführung der Experimente und Erhebung von Daten**
   - Vorlauftests bzw. Pilotexperimente durchführen und Aufwand abschätzen
   - Anschließende Überwachung jedes Experimentes
7. **Analyse der Ergebnisse und Ableitung von Maßnahmen**
   - Ergebnisse nach den Methoden der Regressions- und Varianzanalyse auswerten
   - Ergebnisse überprüfen und weitere Vorgehensweise für nächste Experimentblöcke ableiten

Abbildung A-11: Methodensteckbriefe zur Durchführung von Experimenten[479]

[479] In Anlehnung an Mollenhauer et al. (2007), Design for Six Sigma+Lean Toolset, S. 269ff.

Methodensteckbrief „Kano-Methode“

Ziele

- Klassifizierung von Kundenbedürfnissen zur Bewertung des jeweiligen Beitrags zur Kundenzufriedenheit
- Fokussierung derjenigen Produktmerkmale, welche die relevanten Kundenbedürfnisse erfüllen

Vorgehensweise

1. Identifizierung relevanter Kunden (Lead User)
2. Formulierung einer funktionalen und dysfunktionalen Frage zur analysierten Anforderung
3. Befragung der Kunden anhand der Fragen
4. Einordnung der Antworten in die unten stehende Matrix und Ermittlung der Kategorie der Anforderung
5. Ggfs. Übertragung auf konkrete Produktmerkmale und Priorisierung der Merkmale

Funktionale Frage

„Wie fühlen Sie sich, wenn die Anforderung erfüllt wird?“	„würde mich sehr freuen“
	„setze ich voraus“
	„ist mir gleichgültig“
	„könnte ich in Kauf nehmen“
	„würde mich sehr stören“

Dysfunktionale Frage

„Wie fühlen Sie sich, wenn die Anforderung nicht erfüllt wird?“	„würde mich sehr freuen“
	„setze ich voraus“
	„ist mir gleichgültig“
	„könnte ich in Kauf nehmen“
	„würde mich sehr stören“

Q = Fragliche Antwort
R = Inkonsistente Antwort
G = Grundlegendes (Basis-)Merkmal
B = Begeisterungsmerkmal
L = Leistungsmerkmal
I = Indifferente Antwort

Funkt. Frage \ Dysfunkt. Frage	„würde mich sehr freuen“	„setze ich voraus“	„ist mir gleichgültig“	„könnte ich in Kauf nehmen“	„würde mich sehr stören“
„würde mich sehr freuen“	Q	B	B	B	L
„setze ich voraus“	R	I	I	I	B
„ist mir gleichgültig“	R	I	I	I	B
„könnte ich in Kauf nehmen“	R	I	I	I	B
„würde mich sehr stören“	R	R	R	I	Q

- **Grundlegende (Basis-) Merkmale**: Merkmale, deren Nichterfüllung vom Kunden bemängelt und deren Erfüllung als selbstverständlich erachtet wird
- **Leistungsmerkmal**: Merkmale, die eine positive Reaktion bei Erfüllung und ein Missfallen des Kunden bei Nichterfüllung auslösen. An ihnen wird vom Kunden die Qualität des Produktes bemessen
- **Begeisterungsmerkmal**: Merkmale, die bei Erfüllung Begeisterung des Kunden auslösen. Die Erfüllung wird jedoch nicht als selbstverständlich bewertet und daher oft nicht explizit formuliert. Begeiterungsmerkamle sind oft Differenzierungsmerkmale gegenüber dem Wettbewerb

Abbildung A-12: Methodensteckbrief zur Kano-Methode[480]

[480] In Anlehnung an Schuh (2013), Lean Innovation, S. 35f.; Kano (1984), Attractive quality and must-be quality, S. 39ff.; Feldhusen und Grote (2013), Pahl/Beitz Konstruktionslehre, S. 337

Methodensteckbrief „Funktionenkostenanalyse"

Ziele

- Erweiterung herkömmlicher Verfahren zur Kostenkalkulation, welche auf bauteilbezogenen Betrachtungen basieren
- Identifizierung kostentreibender Funktionen durch Zuordnung von Kosten zu einzelnen Funktionen

Vorgehensweise

1. **Auswahl der zu bewertenden Funktionen durch bspw. Beantwortung der folgenden Fragestellungen**
   - Ist die Funktion für die Gesamtfunktionalität des Produktes wichtig genug?
   - Ist die Funktion im Verhältnis zu den Gesamtkosten des Produktes kostspielig genug?
2. **Prozentuale Verknüpfung der Bauteile mit den Funktionen anhand der folgenden Fragestellung**
   - Mit welchem Anteil ist das betrachtete Bauteil an der Ausführung der jeweiligen Funktion beteiligt?
3. **Berechnung der Kostenanteile der einzelnen Funktionen durch Multiplikation der Gesamtkosten des jeweiligen Bauteils mit den Gesamtkosten des betrachteten Produktes** (bspw. nach unten stehender Abbildung)

	Kosten Bauteil	Funktion 1		Funktion 2		Funktion 3		Summe der Zeile
		in %	in €	in %	in €	in %	in €	
Bauteil 1	40 €	20 %	8 €	30 %	12 €	50 %	20 €	100 %
Bauteil 2	60 €	10 %	6 €	60 %	36 €	30 %	18 €	100 %
Bauteil 3	30 €	40 %	12 €	30 %	9 €	30 %	9 €	100 %
Bauteil 4	40 €	10 %	4 €	5 %	2 €	85 %	34 €	100 %
Bauteil 5	10 €	50 %	5 €	20 %	2 €	30 %	3 €	100 %
Summe	180 €	19 %	35 €	34 %	61 €	47 %	84 €	100 %

Abbildung A-13: Methodensteckbrief zur Funktionenkostenanalyse[481]

[481] In Anlehnung an Marchthaler et al. (2011), Funktionen-Potenzial-Analyse und Funktionenkostenanalyse, S. 71.

Methodensteckbrief „Relationsorientierte Funktionsmodellierung“

Ziele

- Modellierung von Produktfunktionen mit Fokussierung auf Wechselbeziehungen der Funktionen untereinander
- Analyse der technischen Problemstellung als Vorbereitung zur Lösungssuche

Vorgehensweise

1. **Ermittlung relevanter Funktionen des zu analysierenden Produktes**
2. **Einordnung der Funktionen in nützliche und schädliche Funktionen anhand der folgenden Fragestellungen**
   - „Was sind die wesentlichen nützlichen Funktionen des betrachteten Systems?“
   - „Was sind die wesentlichen schädlichen Funktionen des betrachteten Systems?“
3. **Ermittlung von Wechselbeziehungen zwischen den Funktionen anhand der folgenden Fragestellungen**
   - „Wird diese nützliche Funktion für die Erfüllung einer weiteren nützlichen Funktionen benötigt?“
   - „Verursacht diese nützliche Funktion irgendwelche schädlichen Funktionen?“
   - „Wurde diese nützliche Funktion eingeführt, um schädliche Funktionen zu unterdrücken?“
   - „Setzt diese Funktion die Erfüllung weiterer nützlicher Funktionen voraus?“
4. **Modellierung der Funktionen entsprechend ihrer Einordnung und Wechselbeziehungen** (nach unten stehenden Elementen und Symbolen)

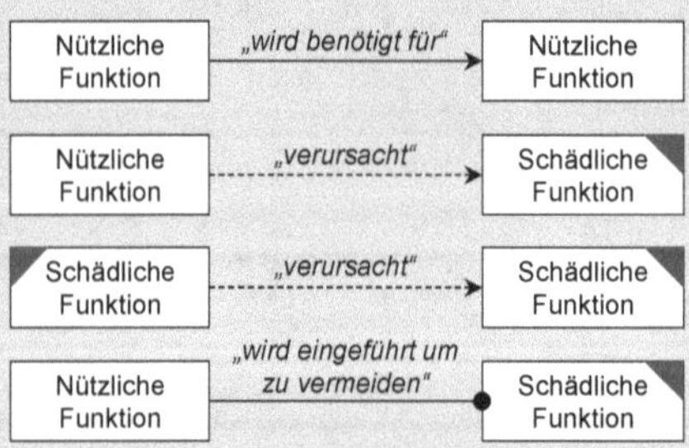

Abbildung A-14: Methodensteckbrief zur relationsorientierten Funktionsmodellierung[482]

[482] In Anlehnung an Ponn und Lindemann (2011), Konzeptentwicklung und Gestaltung technischer Produkte, S. 79.

Methodensteckbrief „Fokusgruppeninterviews“

Ziele

- Ermittlung von Bedürfnissen einer klar definierten Kundengruppe durch Diskussion von Problemen, Wünschen und Erwartungen
- Etablierung eines gemeinsames Verständnisses der zu lösenden Kundenprobleme und Sicherstellung der konsequenten Berücksichtigung während des gesamten Produktentwicklungsprozesses

Vorgehensweise

- Abwägung der Durchführung des Fokusgruppeninterviews bspw. im Vergleich zu 1-zu-1 Interviews oder klassischen Umfragen (s.u.)
- Bildung einer Fokusgruppe bestehend aus ca. 7-13 Teilnehmern
- Definition von Zielen, Agenda und Zeitplan
- Bestimmung eines Moderators
- Durchführung des moderierten Interviews mit der gesamten Gruppe in einem Zeitrahmen von ca. 2-4 Stunden
- Einbezug von bspw. Marketingmitarbeitern oder Technikern zur Etablierung des gemeinsamen Verständnisses von Kundenbedürfnissen

Vorteile von Fokusgruppeninterviews

- Gegenseitige Anregung der Teilnehmer unter der Annahme, dass die Diskussion in der Gruppe aufgrund ihrer eigenen Dynamik weitere Motivationen und Strukturen zutage fördert als durch Einzelinterviews sichtbar gemacht werden können
- Aufdeckung eines breiten Spektrums an Kundenproblemen und -wünschen in kurzer Zeit
- Kostengünstigere Durchführung als die Durchführung von 1-zu-1 Interviews

Nachteile von Fokusgruppeninterviews

- Notwendige Vermeidung von Konflikten oder Wettbewerbssituationen innerhalb der Fokusgruppe
- Gefahr des „Folgens“ der Meinung eines anderen Teilnehmers
- Notwendige Aufteilung der verfügbaren Zeit auf alle Teilnehmer

Abbildung A-15: Methodensteckbrief zur Durchführung von Fokusgruppeninterviews[483]

[483] In Anlehnung an Matzler und Bailom (2009), Messung von Kundenzufriedenheit, S. 276; Mollenhauer et al. (2007), Design for Six Sigma+Lean Toolset, 77.

Methodensteckbrief „SCAMPER"

Ziele

- Ergänzung bestehender Konzeptideen durch strukturiertes Hinterfragen des Konzeptumfelds
- Erzeugung, Kanalisation und Bewertung kreativer Ideen

Vorgehensweise

- Sammlung bestehender Konzeptideen
- Ergänzen/ Hinterfragen bestehender Konzeptideen bzw. Generierung neuer Konzeptideen durch die Analyse der folgenden Leitfragen

Substitute (Ersetzen)	▪ Welche Konzeptideen können ersetzt werden? ▪ Gibt es vergleichbare Konzepte aus anderen Unternehmen, Bereichen etc.
Combine (Kombinieren)	▪ Was lässt sich im Konzept miteinander kombinieren? ▪ Lässt sich dies mit anderen Ideen verbinden oder in Module zerlegen?
Adapt (Anpassen)	▪ Wie können Konzeptelemente angepasst werden? ▪ Lassen sich Parallelen feststellen?
Modify (Modifizieren)	▪ Wie können Konzeptelemente verändert werden (z.B. Änderung der Größe, Gestalt, Farbe, Haptik)?
Put into other uses (andere Verwendung)	▪ Wie können Designelemente zweckentfremdet werden? ▪ Gibt es weitere Gebrauchsmöglichkeiten?
Eliminate (Eliminieren)	▪ Wie können Konzeptelemente eliminiert bzw. beseitigt werden?
Reverse (Umkehren)	▪ Wie wirkt sich die Umkehrung eines Konzeptelementes aus? ▪ Lässt sich die Reihenfolge sinnvoll ändern?

Abbildung A-16: Methodensteckbrief zur SCAMPER-Methode[484]

[484] In Anlehnung an Mollenhauer et al. (2007), Design for Six Sigma+Lean Toolset, S. 150; Konert und Schmidt (2015), Design for Six Sigma (DFSS), S. 225.

Methodensteckbrief „Pugh-Matrix Analyse"

Ziele

- Strukturierte Bewertung und Auswahl des besten Designkonzepts durch direkten Vergleich von Designalternativen basierend auf definierten Kriterien

Vorgehensweise

1. Festlegung eines Referenzkonzepts
2. Eintragung der zu bewertenden Konzepte und Kriterien in die unten stehende Pugh-Matrix
3. Vergleich der Konzepte mit dem Referenzkonzept
4. Auswertung der Plus-, Minus- und Nullbewertungen

	Konzept 1	Konzept 2 (Referenz)	Konzept 3	Priorisierung/ Gewichtung
Kriterium 1	+	0	-	3
Kriterium 2	+	0	-	4
Kriterium 3	0	0	+	2
Kriterium 4	-	0	0	1
Summe +				
Summe -				
Summe 0				
Gewichtete Summe +				
Gewichtete Summe -				

Abbildung A-17: Methodensteckbrief zur Pugh-Matrix[485]

[485] In Anlehnung an Konert und Schmidt (2015), Design for Six Sigma (DFSS), S. 225.; Cervone (2009), Applied digital library project management, S. 228f.

Methodensteckbrief „Conjoint-Analyse"

Ziele

- Statistische Bewertung der Präferenzen von Kunden und Einstellungen eines Systems
- Ermittlung des Beitrags einzelner Systemmerkmale zum Gesamtnutzen des Systems

Vorgehensweise

Grundlegende Annahme: Jedes System ist ein Verbund (engl. Conjoint) aus variablen Eigenschaften. Der Beitrag dieser Eigenschaften zum Gesamtnutzen hängt von ihrer jeweiligen Ausprägung ab. Es ist daher möglich, Aussagen über die Teilnutzen der Systemeigenschaften bzw. ihrer Ausprägungen aus dem Nutzwert eines Systems abzuleiten.

1. **Auswahl von relevanten Eigenschaften und Eigenschaftsausprägungen bspw. anhand folgender Kriterien**
- Die Eigenschaften müssen durch den Hersteller beeinflussbar sein
- Die Eigenschaften sollen voneinander unabhängig sein
- Die Ausprägungen müssen realisierbar sein
- Die Anzahl von Eigenschaften muss begrenzt sein

2. **Festlegung des Erhebungsdesigns**
- Bildung fiktiver Systeme (sogenannter Stimuli) aus verschiedenen Kombinationen der Eigenschaftsausprägungen

3. **Erhebung von Daten**
- Vorstellung der Stimuli gegenüber dem Kunden auf verbale Art, als realisiertes System oder als Computeranimation
- Bewertung durch den Kunden durch bspw. Erstellung einer Rangordnung unter den Stimuli

4. **Schätzung der Nutzenwerte**
- Ermittlung der Gesamtnutzenwerte der Stimuli bzw. der Teilnutzenwerte der einzelnen Eigenschaftsausprägungen anhand der folgenden Formel

$$y_k = \sum_{j=1}^{J} \sum_{m=1}^{M_j} \beta_{jm} * x_{jm} = \beta_{11} * x_{11} + \beta_{12} * x_{12} + \cdots + \beta_{JM_J} * x_{JM_J}$$

y_k : Gesamtnutzenwert für Stimulus k
β_{jm} : Teilnutzenwerte für Ausprägung m von Eigenschaft j
x_{jm} : Binärvariable mit Wert 1 für vorhandene und Wert 0 für nicht vorhandene Eigenschaftsausprägung

Abbildung A-18: Methodensteckbrief zur Conjoint-Analyse[486]

[486] In Anlehnung an Mollenhauer et al. (2007), Design for Six Sigma+Lean Toolset, S. 160.

A.5 Nutzungszyklus des Validierungsbeispiels bei der Folienanlagen GmbH

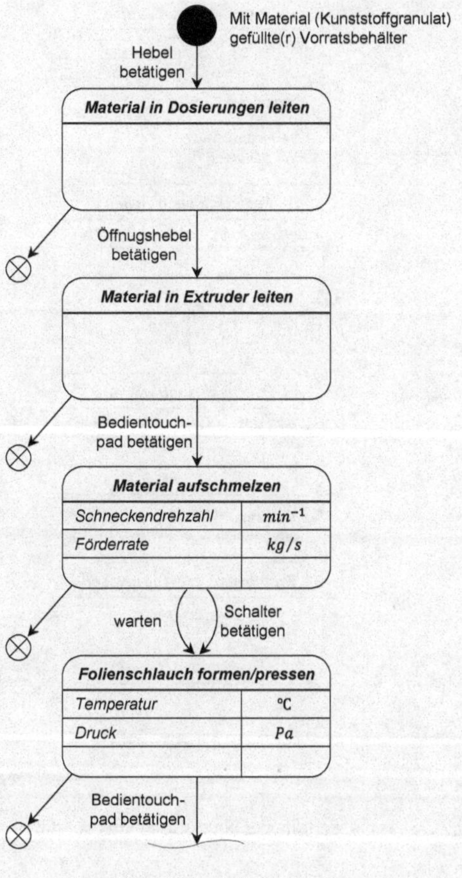

Abbildung A-19: Erster Abschnitt des Nutzungszyklus bei der Folienanlagen GmbH

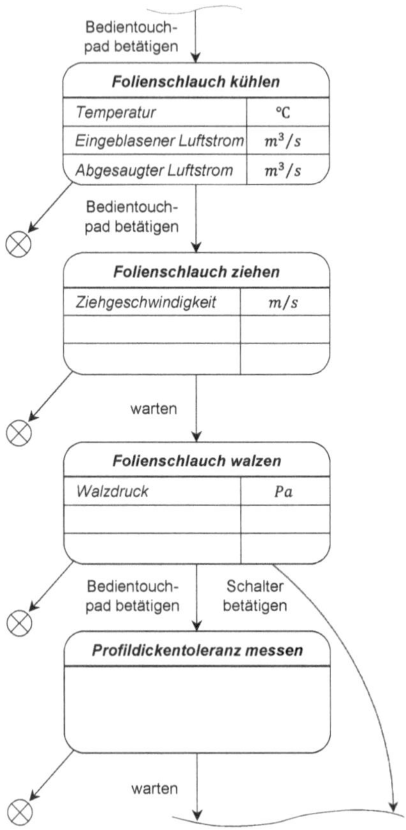

Abbildung A-20: Zweiter Abschnitt des Nutzungszyklus bei der Folienanlagen GmbH

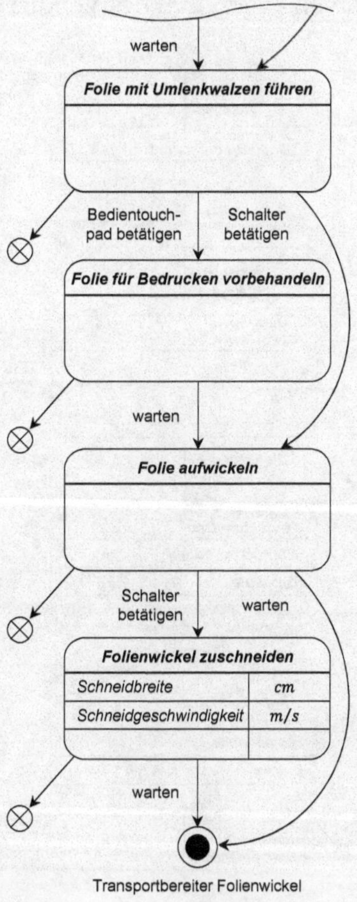

Abbildung A-21: Dritter Abschnitt des Nutzungszyklus bei der Folienanlagen GmbH

A.6 Variabilität im Nutzungszyklus des Validierungsbeispiels

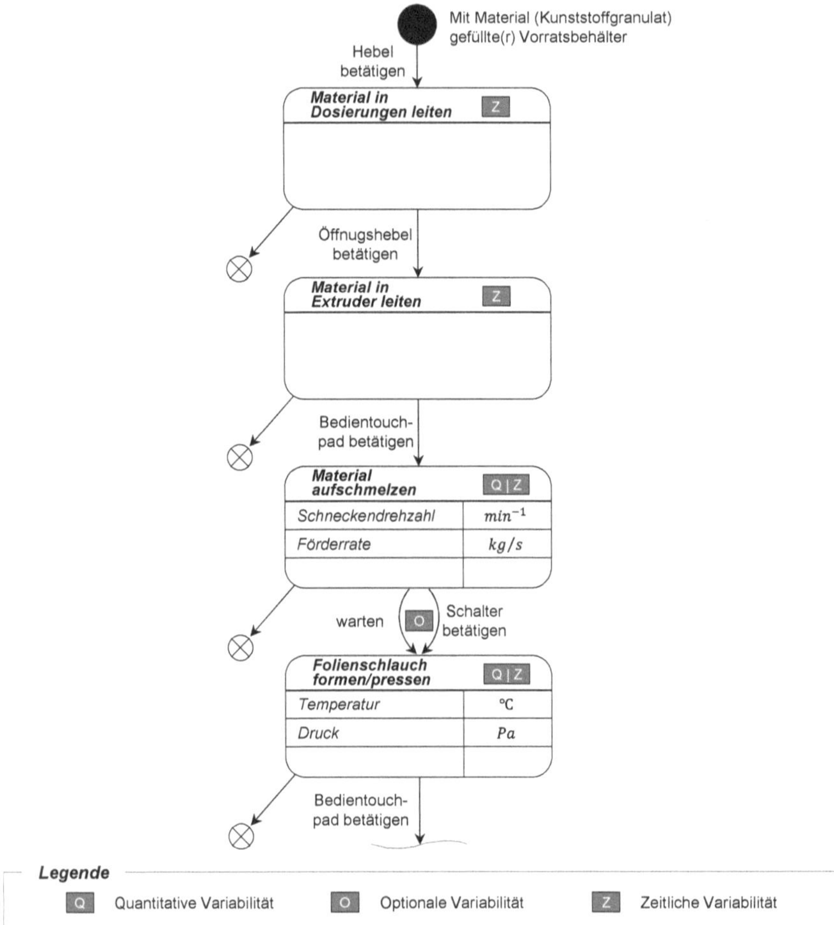

Abbildung A-22: Identifizierte Variabilität im ersten Abschnitt des Nutzungszyklus

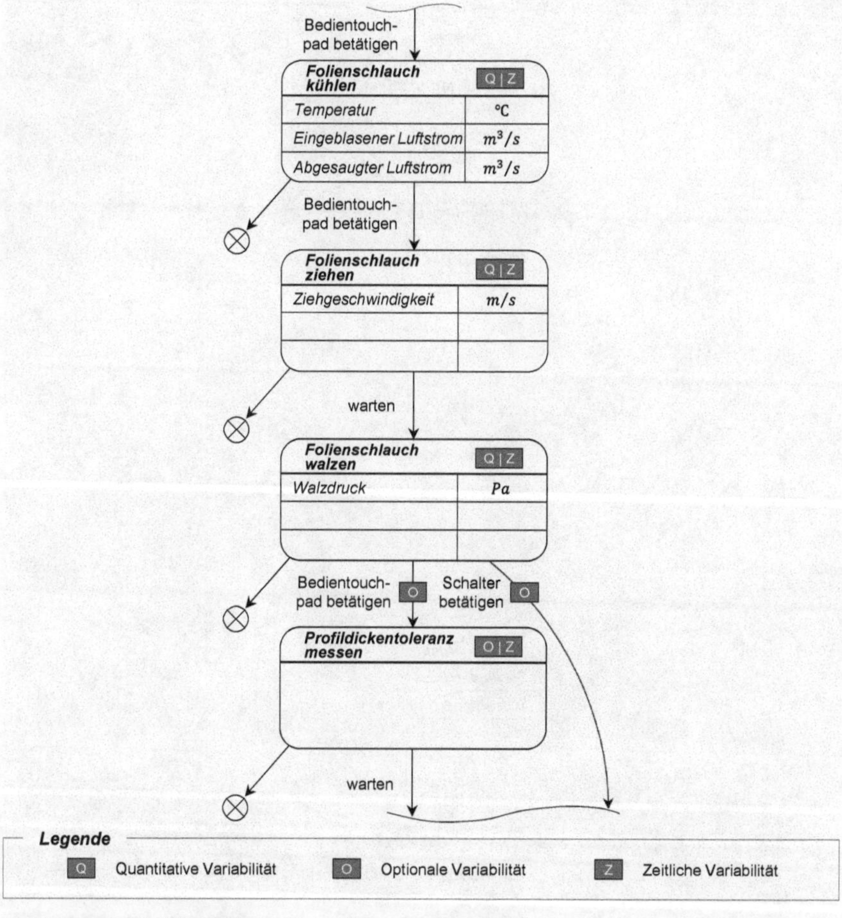

Abbildung A-23: Identifizierte Variabilität im zweiten Abschnitt des Nutzungszyklus

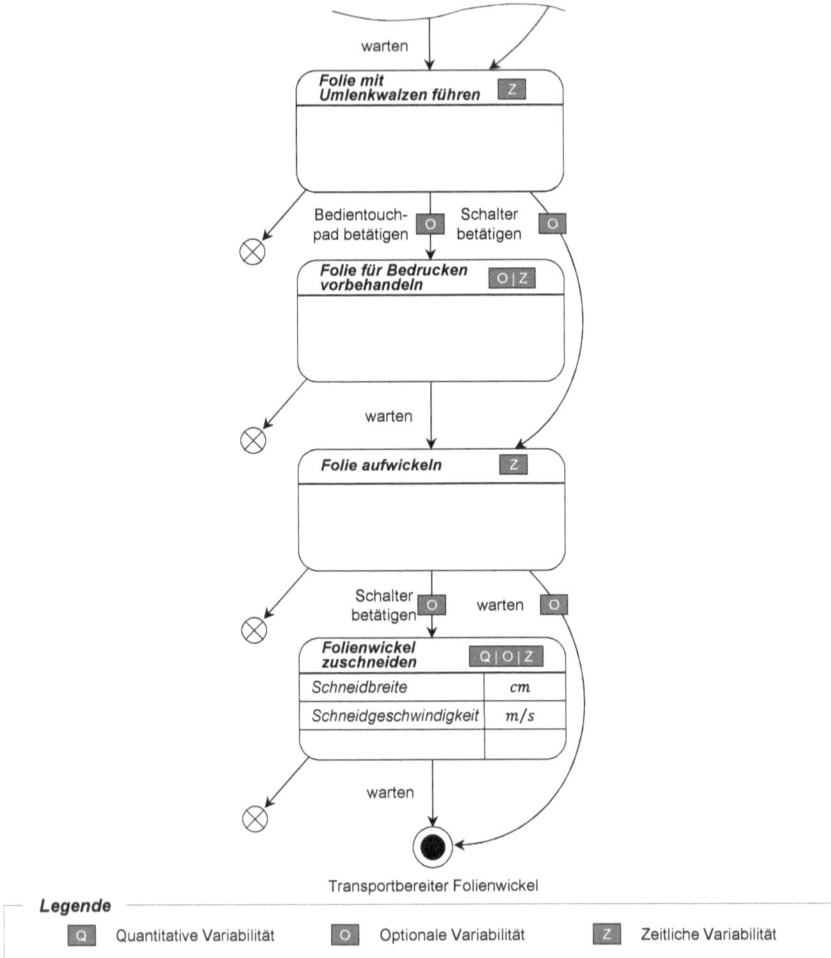

Abbildung A-24: Identifizierte Variabilität im dritten Abschnitt des Nutzungszyklus

A.7 Aufgenommene Nutzungsinformationen bei der Folienanlagen GmbH

Nutzung	Nutzungs-häufigkeit	Nutzung	Nutzungs-häufigkeit	Nutzung	Nutzungs-häufigkeit	Nutzung	Nutzungs-häufigkeit
1	$x_1 = 0$	11	$x_{11} = 1$	21	$x_{21} = 0$	31	$x_{31} = 0$
2	$x_2 = 1$	12	$x_{12} = 0$	22	$x_{22} = 1$	32	$x_{32} = 0$
3	$x_3 = 0$	13	$x_{13} = 0$	23	$x_{23} = 0$	33	$x_{33} = 1$
4	$x_4 = 0$	14	$x_{14} = 0$	24	$x_{24} = 0$	34	$x_{34} = 0$
5	$x_5 = 0$	15	$x_{15} = 0$	25	$x_{25} = 1$	35	$x_{35} = 0$
6	$x_6 = 0$	16	$x_{16} = 0$	26	$x_{26} = 0$	36	$x_{36} = 1$
7	$x_7 = 1$	17	$x_{17} = 1$	27	$x_{27} = 0$	37	$x_{37} = 1$
8	$x_8 = 0$	18	$x_{18} = 0$	28	$x_{28} = 1$	38	$x_{38} = 0$
9	$x_9 = 0$	19	$x_{19} = 0$	29	$x_{29} = 0$	39	$x_{39} = 1$
10	$x_{10} = 0$	20	$x_{20} = 1$	30	$x_{30} = 0$	40	$x_{40} = 0$

Abbildung A-25: Aufgenommene Nutzungsinformationen der Nutzungshäufigkeit der Funktion "Folienwickel zuschneiden"

Nutzung	Nutzungs-häufigkeit	Nutzung	Nutzungs-häufigkeit	Nutzung	Nutzungs-häufigkeit	Nutzung	Nutzungs-häufigkeit
1	$x_1 = 0$	11	$x_{11} = 1$	21	$x_{21} = 0$	31	$x_{31} = 1$
2	$x_2 = 1$	12	$x_{12} = 0$	22	$x_{22} = 1$	32	$x_{32} = 0$
3	$x_3 = 1$	13	$x_{13} = 1$	23	$x_{23} = 0$	33	$x_{33} = 1$
4	$x_4 = 0$	14	$x_{14} = 0$	24	$x_{24} = 0$	34	$x_{34} = 0$
5	$x_5 = 0$	15	$x_{15} = 0$	25	$x_{25} = 1$	35	$x_{35} = 0$
6	$x_6 = 0$	16	$x_{16} = 0$	26	$x_{26} = 0$	36	$x_{36} = 1$
7	$x_7 = 1$	17	$x_{17} = 1$	27	$x_{27} = 0$	37	$x_{37} = 1$
8	$x_8 = 0$	18	$x_{18} = 0$	28	$x_{28} = 1$	38	$x_{38} = 0$
9	$x_9 = 0$	19	$x_{19} = 0$	29	$x_{29} = 0$	39	$x_{39} = 1$
10	$x_{10} = 0$	20	$x_{20} = 1$	30	$x_{30} = 0$	40	$x_{40} = 0$

Abbildung A-26: Aufgenommene Nutzungsinformationen der Nutzungshäufigkeit der Transition "Schalter betätigen"

Nutzung	Nutzungs-häufigkeit	Nutzung	Nutzungs-häufigkeit	Nutzung	Nutzungs-häufigkeit	Nutzung	Nutzungs-häufigkeit
1	$x_1 = 1$	11	$x_{11} = 0$	21	$x_{21} = 1$	31	$x_{31} = 0$
2	$x_2 = 0$	12	$x_{12} = 1$	22	$x_{22} = 0$	32	$x_{32} = 1$
3	$x_3 = 0$	13	$x_{13} = 0$	23	$x_{23} = 1$	33	$x_{33} = 0$
4	$x_4 = 1$	14	$x_{14} = 1$	24	$x_{24} = 1$	34	$x_{34} = 1$
5	$x_5 = 1$	15	$x_{15} = 1$	25	$x_{25} = 0$	35	$x_{35} = 1$
6	$x_6 = 1$	16	$x_{16} = 1$	26	$x_{26} = 1$	36	$x_{36} = 0$
7	$x_7 = 0$	17	$x_{17} = 0$	27	$x_{27} = 1$	37	$x_{37} = 0$
8	$x_8 = 1$	18	$x_{18} = 1$	28	$x_{28} = 0$	38	$x_{38} = 1$
9	$x_9 = 1$	19	$x_{19} = 1$	29	$x_{29} = 1$	39	$x_{39} = 0$
10	$x_{10} = 1$	20	$x_{20} = 0$	30	$x_{30} = 1$	40	$x_{40} = 1$

Abbildung A-27: Aufgenommene Nutzungsinformationen der Nutzungshäufigkeit der Transition "warten"

Lebenslauf

Persönliche Angaben

Name	Annika Kristin Schwarberg, geb. Becker
Geburtsdatum, -ort	23. Oktober 1991 in Bergisch Gladbach
Eltern	Gisela und Prof. Dr. Stefan Becker

Ausbildung

2001 - 2010	Freiherr-vom-Stein Gymnasium Rösrath
2010 - 2014	Bachelorstudium des Wirtschaftsingenieurwesens mit Fachrichtung Maschinenbau an der Universität Siegen
2014 – 2018	Masterstudium des Wirtschaftsingenieurwesens mit Fachrichtung Maschinenbau an der Rheinisch-Westfälischen Technischen Hochschule Aachen

Berufliche Erfahrung

2014	Bachelorarbeiterin bei TRW Body Control Systems, Radolfzell
2015 - 2017	Studentische Hilfskraft am Lehrstuhl für Produktionssystematik am Werkzeugmaschinenlabor WZL der RWTH Aachen
2017	Masterarbeiterin bei der e.GO Mobile AG, Aachen
2017	Praktikantin bei B.Braun Aesculap, Malaysia
2018 - 2022	Wissenschaftliche Mitarbeiterin am Lehrstuhl für Produktionssystematik am Werkzeugmaschinenlabor WZL der RWTH Aachen
2018 - 2022	Trainerin bei der Complexity Management Academy und Leiterin der Fokusgruppen „Produktkomplexität managen“ und „Market Intelligence“
2021 - 2022	Leiterin der Gruppe Komplexitätsmanagement am Werkzeugmaschinenlabor WZL der RWTH Aachen

Köln, im Juli 2023

In der Reihe **Ergebnisse aus der Produktionstechnik** zuletzt erschienen:

Heutmann, Timo:
Proactive Production Control for a Synchronized Tool Production
ISBN: 978-3-98555-164-4
Erscheinungsdatum: 03.08.2023

Müller, Ulrich:
Material Removal and Grinding Wheel Wear Mechanisms during Grinding of Polycrystalline Cubic Boron Nitride
ISBN: 978-3-98555-163-7
Erscheinungsdatum: 01.08.2023

Chavan, Prateek:
Substructuring Methods for Efficient Prediction of Spindle-Holder-Tool Assembly Dynamics
ISBN: 978-3-98555-160-6
Erscheinungsdatum: 05.06.2023

Schneidermann, Dennis:
Orchestration von Vertrauen in interorganisationalen Wissensnetzwerken der Fabrikplanung
ISBN: 978-3-98555-153-8
Erscheinungsdatum: 15.05.2023

Welsing, Martin:
Bewertung der ökologischen Nachhaltigkeit von Produktions-netzwerkkonfigurationen
ISBN: 978-3-98555-155-2
Erscheinungsdatum: 19.04.2023

Schroers, Marius:
Gehörbezogene Auslegung zweistufiger Getriebe unter Berücksichtigung dynamischer Anregungseffekte
ISBN: 978-3-98555-165-1
Erscheinungsdatum: 01.08.2023

Vogel, Paul-Alexander:
Entwicklung eines Prozessmodells für die nicht-isotherme vakuum-unterstützte Dünnglasumformung
ISBN: 978-3-98555-140-8
Erscheinungsdatum: 21.06.2023

Ochel, Tim:
Prognostik zur Resilienzsteigerung im Werkzeugbau
ISBN: 978-3-98555-161-3
Erscheinungsdatum: 22.05.2023

Greipel, Jonathan:
Grouping of Inspection Characteristics to Reduce Costs of Adaptive Inspection Planning in Variant Production
ISBN: 978-3-98555-157-6
Erscheinungsdatum: 03.05.2023

Troß, Nico:
Mehrskalenmodellierung der thermo-mechanischen Werkzeugbelastung beim Trockenwälzfräsen
ISBN: 978-3-98555-158-3
Erscheinungsdatum: 19.04.2023

Edition Wissenschaft
Apprimus

Beckers, Alexander:
Auslegung wirtschaftlich-technologisch optimierter Fertigungsprozessfolgen mittels prozessübergreifender Modellierung
ISBN: 978-3-98555-154-5
Erscheinungsdatum: 18.04.2023

Gipperich, Marius:
Untersuchung eines Zweistrahlprozesses als Ansatz zur Prozessstabilitätserhöhung des drahtbasierten Laserauftragschweißens
ISBN: 978-3-98555-151-4
Erscheinungsdatum: 15.03.2023

Motschke, Tobias:
Analyse und Modellierung der Dämpfungseigenschaften von Spindellagern
ISBN: 978-3-98555-148-4
Erscheinungsdatum: 06.03.2023

Frye, Maik:
Recommending Data Preprocessing Pipelines for Machine Learning Applications in Production
ISBN: 978-3-98555-147-7
Erscheinungsdatum: 15.02.2023

Schmidhuber, Matthias:
Sozio-technische Problemlösungsfähigkeit von PPS-Systemen
ISBN: 978-3-98555- 143-9
Erscheinungsdatum: 07.02.2023

Schwarberg, Thomas:
Bestimmung der Logik von Innovationsideen für technische Systeme
ISBN: 978-3-98555- 142-2
Erscheinungsdatum: 07.02.2023

Nicksch, Christoph:
Konfiguration verteilter Large-Scale Metrology Systeme in rekonfigurierbaren Montageumgebungen
ISBN: 978-3-98555-152-1
Erscheinungsdatum: 20.03.2023

Ahmad, Mubarik:
Anregungsgerechte Auslegung und Tolerierung schnelllaufender Getriebe unter Berücksichtigung kurz- und langwelliger Verzahnungsabweichungen
ISBN: 978-3-98555-130-9
Erscheinungsdatum: 06.03.2023

Priwisch, Martin:
Kontaktfreie Bahnlaufregelung zur Herstellung funktionaler Mehrlagensysteme in einem kontinuierlichen Laminierprozess
ISBN: 978-3-98555-139-2
Erscheinungsdatum: 27.02.2023

Cremer, Sven:
Controlling der Migration in Produktionsnetzwerken
ISBN: 978-3-98555-145-3
Erscheinungsdatum: 09.02.2023

Ohlert, Marius:
Contact between Abrasive Media and Workpiece in Robot-guided Centrifugal Finishing
ISBN: 978-3-98555- 144-6
Erscheinungsdatum: 07.02.2023

Graberg, Tim:
Operationalisierung von digitalen Schatten im Werkzeugbau
ISBN: 978-3-98555-141-5
Erscheinungsdatum: 06.02.2023

Edition Wissenschaft
Apprimus

MIX
Papier | Fördert gute Waldnutzung
FSC® C083411

Zeitfracht Medien GmbH
Ferdinand-Jühlke-Straße 7
99095 Erfurt, Deutschland
produktsicherheit@kolibri360.de